智 慧 林 业 培 训 丛 书

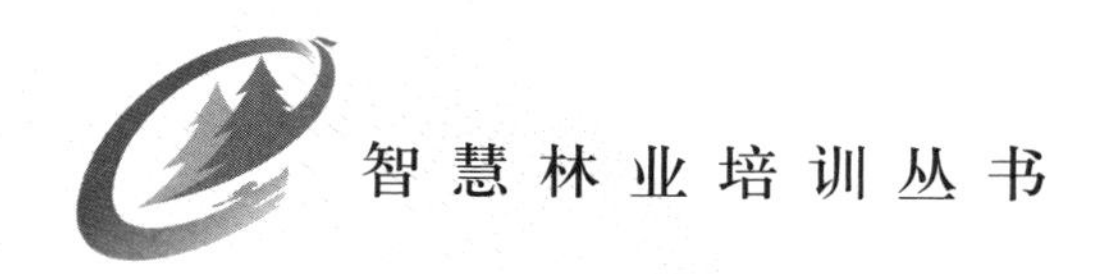


# NETWORK SECURITY OPERATION AND MAINTENANCE

# 网络安全运维

李世东 ◙ 主编

中国林业出版社

**图书在版编目(CIP)数据**

网络安全运维/李世东等著．—北京：中国林业出版社，2017.6

（智慧林业培训丛书）

ISBN 978-7-5038-9069-7

Ⅰ.①网… Ⅱ.①李… Ⅲ.①计算机网络－安全技术 Ⅳ.①TP393.08

中国版本图书馆CIP数据核字（2017）第144489号

**中国林业出版社·生态保护出版中心**

**策划编辑**：刘家玲

责任编辑：刘家玲　诸葛寰宇

---

**出版发行**　中国林业出版社（100009　北京市西城区德内大街刘海胡同7号）

E-mail：wildlife_cfph@163.com　电话：（010）83143519

http：//lycb.forestry.gov.cn

**印　　刷**　北京中科印刷有限公司

**版　　次**　2017年7月第1版

**印　　次**　2017年7月第1次印刷

**开　　本**　700mm×1000mm　1/16

**印　　张**　18

**字　　数**　300千字

**印　　数**　1～3300册

**定　　价**　60.00元

---

# 《网络安全运维》

## 编委会

# 前言

当前，全球已进入信息时代，信息化的触角几乎延伸到方方面面，正深刻改变着我们的工作、学习和生活。提高领导干部的信息化水平，不仅是干部素质教育问题，更是一个牵动全局、影响深远的战略问题。

为深入贯彻落实《“十三五”林业信息化培训方案》要求，形成系统化、常态化的培训机制，强化人才培养和实践锻炼，切实加强领导干部对信息化的认知水平和应用能力，加快建设一支素质过硬的林业信息化人才队伍，满足林业发展和信息化建设的需要，全国林业信息化领导小组办公室结合林业信息化建设和发展实际，本着立足当前、着眼长远、瞄准前沿、务求实用的原则，组织编写了智慧林业培训丛书。

本套丛书包括《智慧林业概论》、《政府网站建设》、《网络安全运维》、《信息项目建设》、《信息标准合作》、《信息基础知识》共6部，以林业信息化业务工作为载体，针对信息化管理和专业岗位需要，以应知应会、实战技能为重点，涵盖了林业信息化顶层设计、网站建设、安全运维、项目建设、技术标准与培训合作、信息化基础知识等多方面内容。丛书内容通俗易懂、信息量大、专业性强，侧重林业信息化管理中的新技术运用和建设中的系统解决方案，具有很强的指导性和实践性。

丛书具有以下三个特点：一是针对岗位需求。根据岗位技能需要确定必备的专业知识，并按照不同类别、不同角度设计培训教材内容和侧重点。二是结合实际工作。立足于行业和地方实际，内容难易适度，具有很强的实用性和操作性，易懂易记。三是形式结构灵活。既重视林业信息化培训的科学性，又适应干部学习的特点，图文并茂，案例经典。

丛书汇集了近年来全国林业信息化建设积累的丰富实践经验和先进实用技术，既可用于林业信息化管理人员、专业技术人员的培训教材，也可作为各级领导干部和综合管理干部学习信息化知识、提升综合素质的重要参考，还可作为高等院校广大师生的教学参考书。

由于时间有限、经验不足，丛书欠缺和疏漏之处，恳请广大读者批评指正！

编委会

2017 年 3 月

# 目录

# 第一章 网络安全概述

## 第一节　网络安全概念

### 一、网络安全的含义

网络安全是指通过采取必要措施，防范对网络的攻击、侵入、干扰、破坏、非法使用以及意外事故，使网络处于稳定可靠运行的状态，保障网络数据的完整性、保密性、可用性的能力。从本质来讲就是网络上的信息安全。从广义上来说，凡与网络信息的保密性、完整性、可用性、可控性和不可否认性相关的技术和理论，都是网络安全涉及的领域(图 1-1)。

### 二、网络安全的基本属性和特征

网络安全的本质是网上斗争，包括网上政治斗争、军事斗争、经济斗争和文化斗争。网络安全包括形态安全、技术安全、数据安全、应用安全、边防安全、资本安全和渠道安全等 7 个重点内容，涉及国家安全(政权、国防、经济、文化)、关键信息基础设施安全、社会公

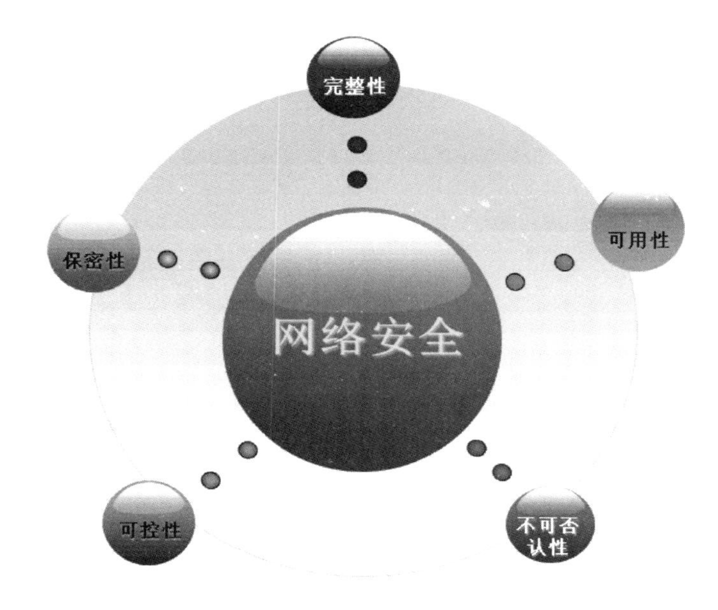


图 1-1　网络安全属性

共安全和公民个人信息安全 4 个层面。

网络安全定义中的保密性、完整性、可用性、可控性、不可否认性，反映了网络信息安全的基本特征和要求，反映了网络安全的基本属性、要素与技术方面的重要特征。

**(一)保密性**

保密性是指保证信息与信息系统不被非授权者所获取与使用。在网络系统的各个层次上都有不同的保密性及相应的防范措施。在物理层，要保证系统实体不以电磁的方式(电磁辐射、电磁泄漏)向外泄露信息，主要的防范措施是电磁屏蔽技术、加密干扰技术等。在运行层面，要保障系统依据授权提供服务，使系统任何时候都不被非授权人使用，对黑客入侵、口令攻击、用户权限非法提升、资源非法使用等采取漏洞扫描、隔离、防火墙、访问控制、入侵检测、审计取证等防范措施，这类属性有时也可称为可控性。在数据处理、传输层面，要保证数据在传输、存储过程中不被非法获取、解析，主要防范措施是数据加密技术。

### （二）完整性

完整性是指信息是真实可信的，其发布者不被冒充，来源不被伪造，内容不被篡改，主要防范措施是校验与认证技术。

在运行层面，要保证数据在传输、存储等过程中不被非法修改，防范措施是对数据的截获、篡改与再送采取完整性标识的生成与检验技术。要保证数据的发送源头不被伪造，对冒充信息发布者的身份、虚假信息发布来源采取身份认证技术、路由认证技术，这类属性也可称为真实性。

### （三）可用性

可用性是指保证信息与信息系统可被授权人正常使用，主要防范措施是确保信息系统处于一个可靠的运行状态之下。

在物理层，要保证信息系统在恶劣的工作环境下能正常运行，主要防范措施是对电磁炸弹、信号插入采取抗干扰技术、加固技术等。在运行层面，要保证系统时刻能为授权人提供服务，对网络被阻塞、系统资源超负荷消耗、病毒、黑客等导致系统崩溃或死机等情况采取过载保护、防范拒绝服务攻击、生存技术等防范措施。保证系统的可用性，使得发布者无法否认所发布的信息内容，接收者无法否认所接收的信息内容，对数据抵赖采取数字签名防范措施，这类属性也成为抗否认性。

从上面的分析可以看出，维护信息载体的安全与维护信息自身的安全两个方面都含有机密性、完整性、可用性这些重要属性。

### （四）可控性

可控性是指对流通在网络系统中的信息传播及具体内容能够实现有效控制的特性，即网络系统中的任何信息要在一定传输范围和存放空间内可控。除了采用常规的传播站点和传播内容监控这种形式外，最典型的如密码的托管政策，当加密算法交由第三方管理时，必须严

格按规定可控执行。

(五)不可否认性

不可否认性，指网络通信双方在信息交互过程中，确信参与者本身，以及参与者所提供信息的真实同一性，即所有参与者都不可能否认或抵赖本人的真实身份，以及提供信息的原样性和完成的操作与承诺。

## 三、网络安全研究目标和涉及范围

网络安全研究的目标是：在计算机和通信领域的信息传输、存储与处理的整个过程中，提供物理上、逻辑上的防护、监控、反应恢复和对抗的能力，以保护网络信息资源的保密性、完整性、可控性和抗抵赖性。网络安全的最终目标是保障网络上的信息安全。解决网络安全问题需要安全技术、管理、法制、教育并举，从安全技术方面解决信息网络安全问题是最基本的方法。

网络信息安全涉及信息传输的安全、信息存储的安全以及对网络传输信息内容的审计等方面，也包括对用户的甄别和授权。在这几个方面中，保障信息传输安全，需采用信息传输加密技术、信息完整性鉴别技术；要保证信息存储的安全，需保障数据库安全和终端安全；信息内容审计，则是实时对进出内部网络的信息进行内容审计，以防止或追查可能的泄密行为；此外，还应通过口令、密钥、智能卡、令牌卡和指纹、声音、视网膜或签字等特征完成对网络中的主体进行甄别、验证和授权。为保证网络信息系统的安全性，目前普遍采用的措施包括但不限于以下几个方面。利用操作系统、数据库、电子邮件、应用系统本身的安全性，对用户进行权限控制；安装反病毒软件、配置防火墙、应用防护网关、入侵检测系统等各种软硬件防护系统；数据存储和传输采用加密措施等等。

# 第二节　网络安全现状

## 一、国外网络安全问题现状

西方发达国家从20世纪七八十年代就开始重视网络安全问题，其采用最先进的基础设施，并制定相关的法案来保证本国的互联网安全，有一些先进的网络安全防护技术还处于保密状态。尽管如此，国外仍然存在着严重的网络安全问题。计算机犯罪日益猖獗，它不仅对社会造成越来越严重的危害，也使受害者造成巨大的经济损失。据有关方面统计，美国每年由于网络安全问题而遭受的经济损失超过170亿美元，德国、英国也均在数十亿美元以上，法国为100亿法郎，日本、新加坡问题也很严重。在国际刑法界列举的现代社会新型犯罪排行榜上，计算机犯罪已名列榜首。

各国加速网络安全战略部署，网络空间的竞争与合作日趋凸显。近年来，在美国的示范效应作用下，先后有50余国家制定并公布了国家安全战略。当前各国相继进入战略核心内容的集中部署期：美国《2014财年国防预算优先项和选择》中提出整编133支网络部队计划；加拿大《全面数字化国家计划》中提出包括加强网络安全防御能力在内的39项新举措；日本《网络安全基本法案》中规划设立统筹网络安全事务的“网络安全战略总部”。与此同时，围绕网络空间的国际竞争与合作也愈演愈烈。欧盟委员会在2014年2月公报中强调网络空间治理中的政府作用；习近平在巴西会议上第一次提出信息主权，明确“信息主权不容侵犯”的互联网信息安全观。日美第二次网络安全综合对话结束，两国在网络防御领域的合作将进一步强化；中日韩建立网络安全事务磋商机制并举行了第一次会议，探讨共同打击网络犯罪和网络恐怖主义，在互联网应急响应方面建立合作。

美国。奥巴马政府高度重视网络安全问题，在其第一任期内基本完成了美国整体网络空间战略的规划与设计。上任伊始，奥巴马便组织专门团队着手制定网络安全政策。2009 年 5 月，美国出台《网络空间政策评估》报告，首次系统阐述美国网络安全战略与举措，明确宣称“美国 21 世纪的经济繁荣依赖于网络空间的安全”“网络威胁已成为美国面临的主要国家安全挑战之一”。由此，美国将网络安全问题提升到前所未有的战略高度。2011 年 5 月，美国政府出台《网络空间国际战略》，该战略超越网络安全范畴，首次全面考量网络空间经济、军事、外交、技术和执法等多领域问题，着眼于打造美国在网络空间的全方位优势；并立足对外布局的需要，提出“与国际伙伴共同应对全方位的网络空间议题”，谋求建立由美国主导的网络空间规则体系。这份战略堪称美国向全球发出的“进攻性网络战略宣言书”。2015 年 2 月奥巴马在网络安全与消费者保护峰会上表示，网络安全威胁是美国面临的最严重的经济和安全挑战之一。此后，美国国防部、国土安全部、商务部、情报机构等关键部门先后制定了基于本部门工作需要的网络空间行动战略，由此美国对网络空间战略的整体规划基本完成，逐渐进入实质性实施的新阶段。美国依托全球互联网域名和地址管理权，并利用其在信息资源、技术、产品、人才方面的优势，全力抵御和消除威胁，维护本国网络安全。

欧盟。2013 年 1 月，欧盟委员会在荷兰首都海牙正式成立欧洲网络犯罪中心，以应对欧洲日益增加的网络犯罪案件。网络犯罪中心连通所有欧盟警务部门的网络，整合欧盟各国的资源和信息，支持犯罪调查，从而在欧盟层面找到解决方案，维护一个自由、开放和安全的互联网，保护欧洲民众和企业不受网络犯罪的威胁。2013 年 4 月，欧洲部分私人网络安全公司联合成立了欧洲网络安全小组，通过联合 600 多名网络安全专家针对问题做出快速有效的反应，建立伙伴关系。

同时利用“一线经验”优势，在网络防御政策、风险预防、缓和实践、跨境信息共享等问题上向政府、企业和监管机构提供更有效和实用的建议。

英国。英国政府高度重视网络安全监管，出台战略规划和立法，加强网络反恐和网络情报能力。2009 年 6 月，英国推出首个国家网络安全战略。另外，英国在其 2010 年发布的《国家网络安全计划》中提出，要将网络安全融入到英国国防理念中。2011 年英国推出《英国网络安全战略——在数字时代保护和推进英国的发展》，指出网络空间与国家安全面临的各种威胁密切相关，强调持续保障网络安全的必要性和重要性，并建立新的网络管理机制。英政府将在未来 4 年拨款 6.5 亿英镑用于提升英国整体网络安全水平，同时还提出了一系列方案，包括成立监测网络，与他国合作制定网络国际标准，加强与工商企业界合作，努力提高网络产品以及相关服务的安全性等等。尽管如此，英国面临的网络安全威胁仍然非常突出。首先，英国面临着网络战威胁。英国政府曾经表示英国网络安全面临的最大威胁是他国支持的网络攻击，另外来自网络恐怖分子的攻击也在增加。其次，英国的商业秘密面临着网络安全威胁。2013 年 7 月，英国议会内政事务委员会的“电子犯罪”相关报告中指出，许多英国民众遭遇低级别的网络金融诈骗行为，陷入了网络诈骗“黑洞”，并且很少向警方报案。再次，英国面临着网络恐怖主义的威胁。有资料显示 2000 年以前恐怖分子或极端主义者的网站还屈指可数，如今类似网站已有成千上万个，网络已成为“全世界圣战者最重要的聚会场所，他们在这里交流、讨论、分享观点”。最后，英国的军事秘密面临的网络安全威胁也在增多。

日本。日本作为信息技术领域的先进国家，在享受网络带来便利的同时，也面临着各种各样的网络安全问题。一方面，日本的网络攻击事件呈现扩大化和多样性，其攻击的目标不仅是政府、军事部门，也扩大到国会、企业、教育科研等部门，而且包括日本国民。2014 年度日本约 10 万网络用户访问了虚假购物网站，176 万网络用户访问了钓鱼诈骗网站，这些非法网站会盗取用户的姓名、银行账户与密码等信息，很可能给用户带来经济损失。另一方面，日本面临的网络安全问题也呈现国际化趋势，网络攻击的目标、源头、传输渠道等，都不仅仅局限于一个国家之内。针对这种情况，日本出台网络安全战略，2013 年 6 月，日本信息安全政策会议正式发表了《网络空间安全战略》，首次将网络安全从信息安全战略中独立出来，上升为日本的国家战略之一。2014 年 11 月，日本国会正式通过了《网络安全基本法》，同时强化网络安全监管力量，加大网络安全经费投入，培养专业技术人员，提升网络安全管理能力。

## 二、国内网络安全问题现状

### (一)国内互联网发展现状

近年来，我国互联网获得爆发式的发展。截至 2016 年 12 月，我国网民规模达7.31 亿。我国互联网普及率达到53.2%，超过全球平均水平 3.1 个百分点，超过亚洲平均水平 7.6 个百分点。

随着移动通讯网络环境的不断完善以及智能手机的进一步普及，我国手机网民规模达 6.95 亿，较 2015 年底增加 7550 万人。网民中使用手机上网人群的占比由 2015 年的 90.1% 提升至 95.1%，提升 5 个百分点，网民手机上网比例在高基数基础上进一步攀升(图 1-2)。

移动互联网应用向用户各类生活需求深入渗透，电子商务应用的快速发展、网上支付厂商不断拓展和丰富线下消费支付场景，以及实施各类打通社交关系链的营销策略，带动非网络支付用户的转化。

### (二)网络安全形势极为严峻

互联网的高速发展给网络安全带来巨大的挑战，网络安全形势极为严峻。1958 年世界首例计算机犯罪在美国发生，1988 年第一个“蠕虫”病毒席卷全球，从僵尸网络“要塞”网上盗窃，到斯诺登棱镜门监

**图 1-2　中国网民规模和互联网普及率**

听事件，网络安全问题正以互联网发展的速度增长。据 360 公司监测，一年时间发现了 800 多万个“木马”后门，一天之内监测到 86 万次的黑客入侵，高峰时刻每小时捕获的恶意软件达到 6. 8 万个。仅 2016 年第三季度，360 互联网安全中心共截获 PC 端新增恶意程序样本 3707 万个，平均每天 40. 3 万个，共拦截恶意程序攻击 153. 0 亿次，平均每天约 1. 7 亿次(图 1-3)。

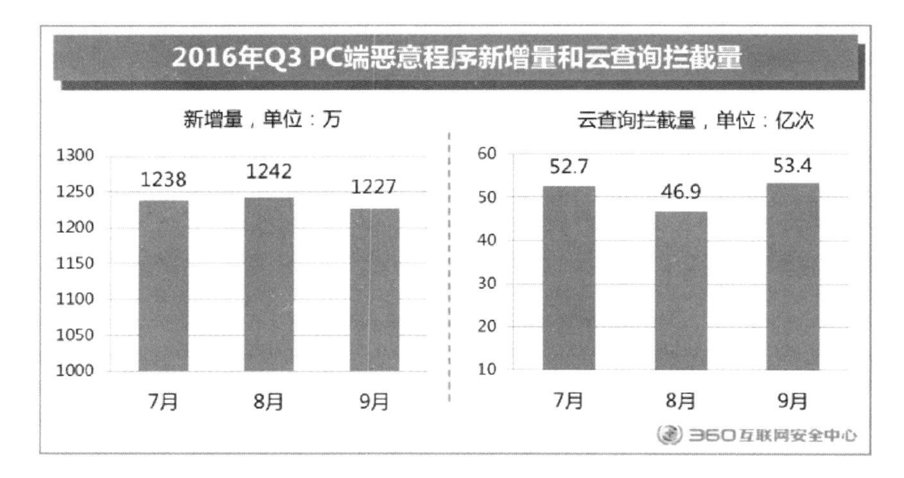


图 1-3　2016 年第三季度 PC 平台新增恶意程序样本

2016 年第三季度，360 互联网安全中心共截获安卓平台新增恶意程序样本约 349 万个，平均每天截获新增手机恶意程序样本近 3. 8 万个。累计监测到移动端用户感染恶意程序约 5858 万人次，平均每天恶意程序感染量达到了 63. 7 万人次(图 1-4)。

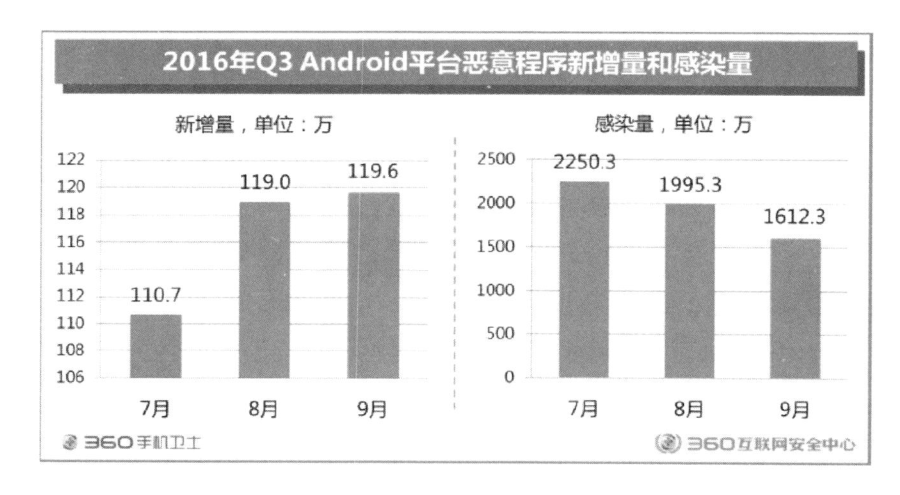


图 1-4　2016 年第三季度安卓平台新增恶意程序样本

2016 年第三季度，综合 PC 端和移动端的恶意程序拦截量，从地域分布来看，广东是占比最高的地方，占比为 13. 1% ，其次是江苏的

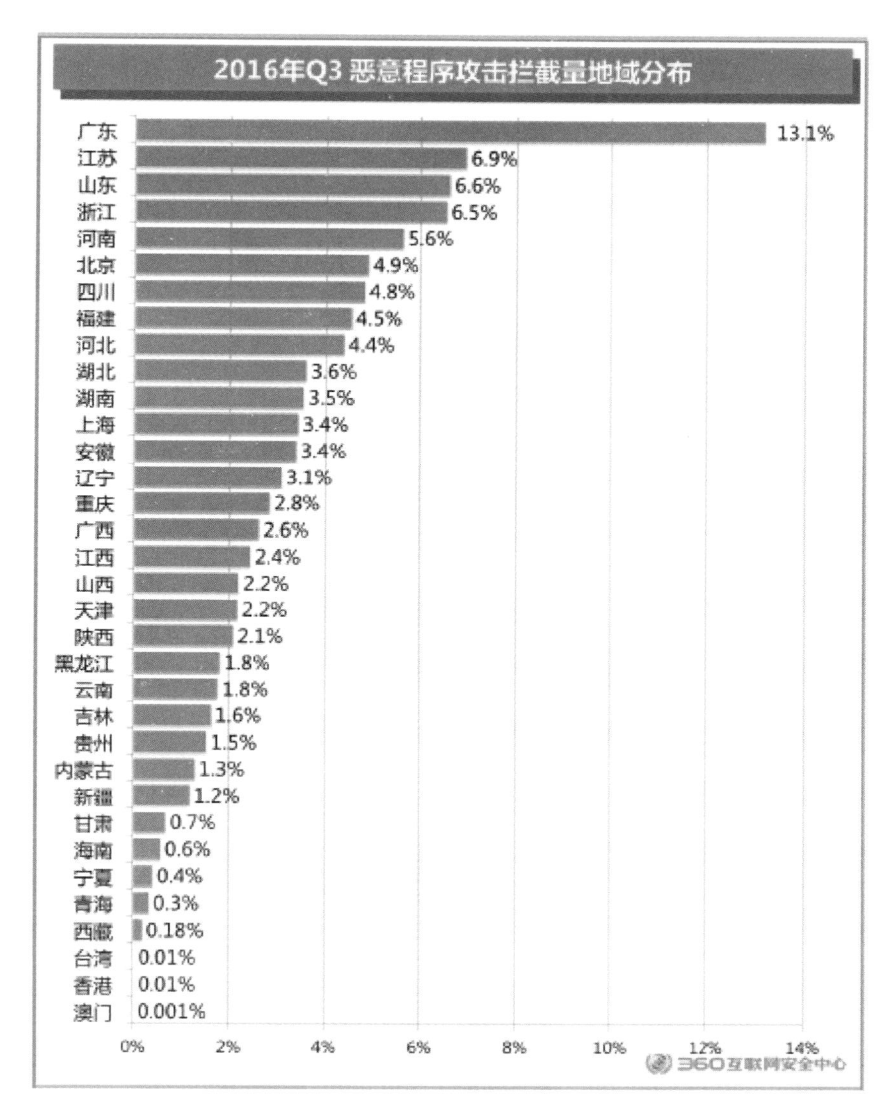

**图 1-5　2016 年第三季度恶意攻击地域分布**

6. 9%、山东的 6. 6%、浙江的 6. 5% 和河南的 5. 6%（图 1-5）。

信息泄漏、信息篡改、窥探隐私、网络犯罪、网络攻击等一系列安全问题是我们面临的共同挑战。2016 年第三季度，360 网站安全检测平台共扫描各类网站 111. 1 万个，其中，存在安全漏洞的网站为

46.3万个，占扫描网站总数的41.6%。其中，存在高危安全漏洞的网站共有4.4万个，占扫描网站总数的4.0%(图1-6)。

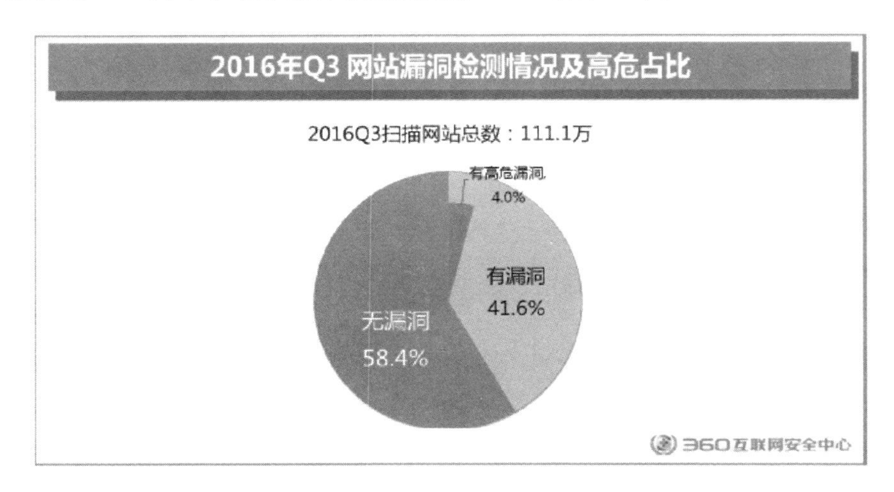


**图1-6　2016年第三季度网站漏洞情况**

共拦截各类网站漏洞攻击5.6亿次，其中7月的拦截量为2.3亿次，是第三季度拦截量最高的月份，8月为1.9亿次、9月为1.5亿次(图1-7)。

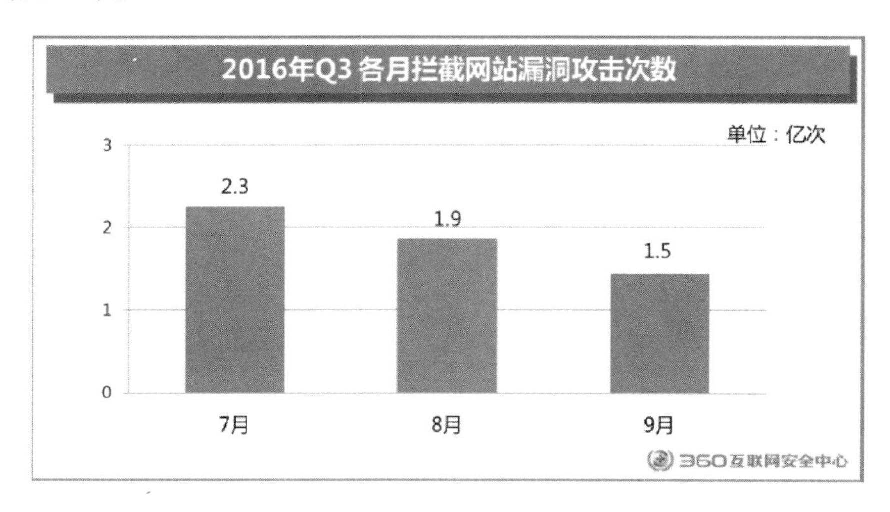


**图1-7　2016年第三季度拦截网站漏洞攻击情况**

当前，网络空间与物理空间并重，信息安全成为国家安全的重要组成部分，成为事关社会稳定的重要因素。目前我国的政府部门、企业等都处在信息化进程中，网络安全工作刚刚起步，系统相对脆弱，防护能力较差，大部分网络设施还依靠进口。虽然我国的计算机制造业有很大的进步，但其中许多核心部件都是原始设备制造商的，我们对其研发、生产能力很弱，关键部位完全处于受制于人的地位。这其中潜伏着信息安全隐患的极大危险。国外厂商几乎垄断了我国计算机软件的基础和核心市场，这对我国的网络安全是一个极大的威胁。网络病毒泛滥，网络诈骗猖獗。随着信息网络的发展，网络病毒已经侵入到我们每一个人的生活中，威胁着我们的生活。我国公安机关受理各类信息网络违法犯罪案件逐年剧增，尤其以电子邮件、特洛伊木马、文件共享等为传播途径的混合型病毒愈演愈烈。随着互联网媒体属性越来越强，网上媒体管理和产业管理远远跟不上形势发展变化。特别是面对传播快、影响大、覆盖广、社会动员能力强的微博客、微信等社交网络和即时通信工具用户的快速增长，如何加强网络法制建设和舆论引导，确保网络信息传播秩序和国家安全、社会稳定，已经成为摆在我们面前的突出现实问题。

**（三）网络安全的保障性作用日益重要**

“十一五”以来，国家大型信息化建设工程全面实施。金盾、金关、金财、金税、金审、金农等信息化重点工程得到全面实施。同时，还在有关重点行业部门实施全民健康保障、全民住房保障、全民社会保障、食品药品安全监管、安全生产监管、市场价格监管、金融监管、能源安全保障、信息体系建设、生态环境保护、应急维稳保障、行政执行监督、民主法制建设、执政能力建设等大型信息化建设工程。政府和企事业单位通过实施大型信息化建设工程，建设了大批专网和重要信息系统。在全国建设了电子政务外网、公安网等一批业务专网，以及卫星定位系统、列车指挥调度系统、银行核心业务系统等一大批

生产、控制、指挥、调度等大型业务信息系统。电信网、广电网、互联网等网络基础设施实现了跨越式发展。云计算、物联网、移动互联网、大数据技术等快速发展，全国大批政府网站、为全社会提供服务的大型商业网站、新闻网站等基础设施有力支撑着国家行政管理、政治、经济、文化进步及社会运转。随着我国的信息化步伐逐渐加快，信息化与工业化的融合进一步加深，基于“互联网 +”的一系列应用日新月异，互联网、云计算、大数据、物联网、移动互联网等关键信息基础设施建设迅速发展，成为促进国家经济发展的重要动力。与此同时，由于信息化和关键信息基础设施的保障性作用也日益重要，关键基础设施对网络安全的依赖性也明显增强，并随着国家信息化发展而上升。

在国家的众多文件中，如《中华人民共和国网络安全法》、《国家信息化领导小组关于加强信息安全保障工作的意见》、《国务院关于大力推进信息化发发展和切实保障信息安全的若干意见》、《国务院关于推进物联网有序健康发展的指导意见》、《关于加强社会治安防控体系建设的意见》、《关于加强国家级重要信息系统安全保障工作有关事项的通知》、《关于促进智慧城市健康发展的指导意见》、《电信和互联网用户个人信息保护规定》等，均对网络安全的保障、保护提出了明确要求。

**（四）网络安全发展面临着新的战略机遇**

我国网络安全发展受国外、国内两方面的影响。国际方面，我国与美国、英国、欧盟、“金砖国家”、“上合组织”等国家建立了网络对话机制，为我国的网络安全发展提供了有利的外部环境。国内方面，随着互联网的普及和深化应用，推动网络安全的重要行业市场、公民个人用户需求迅速扩大，信息技术推动传统产业改造升级，成为经济社会发展的新引擎。我们应牢牢把握国际、国内两个大局，抢抓机遇，使我国网络安全得到跨越式发展。

1. 国际环境对我国网络安全发展处于有利时机。美宣布有意将互联网基础资源管理权移交国际社会，为推动地立多边、民主、透明的全球互联网治理体系提供重要机遇。我国建立了中美、中英、中欧等网络对话机制和“金砖国家”、“上合组织”网络对话机制，为我国网络安全发展提供了有利的外部环境。

2. 中央做出了重大决策部署，确定了国家网络安全发展的大政方针和路线。习近平总书记和党中央高度重视网络安全工作，中央网络安全和信息化领导小组的成立及一系列重大决策部署，为国家网络安全发展提供了重要保障。特别是习近平总书记提出的建设网络强国的伟大目标，构建“和平、安全、开放、合作”的网络空间，建立“多边、民主、透明”的互联网治理体系。为我国网络安全发展指明了方向。

3. 国力增强、国家整体实力上升，为我国网络安全发展提供了有力保障。近年来，我国政治、军事、经济、文化等领域快速发展，整体国力迅速提升。我国作为世界第二大经济体，对国际事务的参与程度不断加深。美、俄等大国及欧盟和周边国家与我国开展合作意愿强烈，我国引导网络空间国际治理的能力显著提高，为我国网络安全发展提供了有力保障。

4. 国家经济和信息化快速发展，为网络安全发展提供了巨大空间。近 10 年，我国经济发展和信息化进程明显加快，信息化的普及和深化应用，推动网络安全的重要行业市场、公民个人用户需求迅速扩大，信息技术推动传统产业改造升级，成为经济社会发展的新引擎。以互联网、通信网、计算机系统、工业控制系统等组成的网络空间成为人们工作生活不可或缺的空间，网络成为了文化繁荣的新平台、交流合作的新纽带。特别是“互联网 + ”国家重大发展战略的实施，为网络安全发展创造了一个规模化、可持续的巨大的市场空间。

5. 网络安全发展具备了一定的基本条件。中央网信办会同外交部、工信部、公安部等部门在乌镇召开了世界互联网大会，连续举办

了网络安全宣传周，行业部门、企业、媒体也组织各种形式的教育、培训，使全社会网络安全意识明显提高。我国已初步建成适应当前要求的信息技术体系，信息产业覆盖网络、整机、芯片、元器件、应用服务等主要方面。在移动通信、超级计算、网络设备、互联网应用方面具备一定优势，网络安全技术、产品发展势头强劲，网络安全人才、队伍、经费支持逐步加强，网络安全综合能力取得显著进步。

6. 我国互联网发展对网络安全提出了更高要求。国家正在实施互联网宽带计划、“互联网 +”行动战略，特别是在乌镇召开的具有划时代意义的第二届世界互联网大会上，习近平主席提出五点主张：“加快全球网络基础设施建设，促进互联互通；打造网上文化交流共享平台，促进交流互鉴；推进网络经济创新发展，促进共同繁荣；保障网络安全，促进有序发展；构建互联网治理体系，促进公平正义”，突显中国互联网取得的成就和发展速度，展现中国引领全球互联网发展的姿态，为我国网络安全事业发展提供了更大机遇。

总体上看，我国的网络信息安全处于被动的封堵漏洞状态，没有形成主动防范、积极应对的全民意识，更无法从根本上提高网络监测、防护、响应、恢复和抗击能力。近年来，国家和各级职能部门在信息安全方面已做了大量努力，但就范围、影响和效果来讲，迄今所采取的信息安全保护措施和有关计划还不能从根本上改变目前的被动局面。自中央网信办成立以来，在中央网信办和公安部统一领导下，网络安全工作向网络安全态势感知、预警防范、迅速反应、快速行动等方面发展，大幅增强了敏感度和应对能力，网络安全建设取得了很大的进步，网络安全的发展面临着全新的、重大的机遇。与此同时，世界主要国家通过自身的战略优势抢占网络空间的控制权。我国网络安全面对着严峻的外部环境，面临着前所未有的挑战，并存在着突出的问题。对此，我们应该对网络安全的发展有一个更为清晰的认识和准确的判断。

## 三、林业网络安全现状

### （一）现状

“十二五”以来林业信息化快速发展，取得了突出的成绩，以云计算、大数据等新一代信息技术为特征的智慧林业建设开局良好，第四届全国林业信息化工作会议之后，我们认真贯彻落实国家林业局党组关于“大力推进互联网+，引领林业现代化”的总体思路，按照“五个统一”的基本原则，推动林业信息化工作。林业网络安全工作也取得了一定的成绩。

1. 网络安全制度建设日趋完善。先后制定并印发了《中国林业网管理办法》、《国家林业局办公网管理办法》、《全国林业专网管理办法》、《信息安全事件管理规范》等13项安全管理办法。对《国家林业局安全保密与数据备份运行维护管理制度》、《国家林业局办公网运行维护管理制度》等9项试行制度进行了修订。制定了林业信息安全等级保护联络员制度，修订印发了相关管理办法。这些制度规定的实施，对林业信息安全保护工作发挥了重要作用。

2. 网络安全防护能力明显提升。一是进一步推进信息安全等级保护工作，正在以行业为主线全面推进。实现了对等保三级信息系统每年复测，二级信息系统抽测40%。二是强化网站和信息系统测评工作。强化新信息系统上线前准入、安全测试，对新上线系统一律进行安全渗透测试，对运行系统不定期进行检测。三是部署了必要的应用防护软件和设备，提高了网络安全防护能力。

3. 综合运维管理能力不断提升。一是坚持日常信息系统运维，实行7×24小时值班制度。二是改造完成国家林业局运维呼叫中心，实现了机房及设备、内外网网络、服务器、信息系统、中国林业网站群及综合办公系统的等统一运维。三是建立了统一运维管理软件平台，增加了监控显示大屏，运维工作由被动变主动，大幅度提升了运维服

务能力和服务效率。四是抓好应急演练。模拟中心机房突发事件、网络中断等突发事件，通过以练带训的形式开展突发事件应急预案的演练。五是网络安全管理人员、加强运维人员培训，每年举办一次行业网络安全培训班。

当然林业行业网络安全还存在很多问题，林业信息化快速发展和广泛应用，尤其是按照“纵向到底、横向到边、特色鲜明”的集约化理念打造的中国林业网站群，目前已基于统一平台建设了包括各市林业局、县林业局、森林公园、自然保护区等近4000个基层单位子站。给网络安全、运维管理工作带来巨大的挑战。林业行业网络安全工作任重道远。目前较为突出地表现在：一是重视程度不够。对当前网络安全严峻形势没有准确地把握，对可能造成的严重后果没有充分认识，重应用、轻安全的现象较普遍存在。二是缺乏必要的网络安全设备，防护能力不足。比如安全审计设备的缺失，将不能对网络行为进行记录。如系统内遭受攻击、木马、病毒事件，不能对攻击事件进行事后追查。缺少防篡改软件、应用防护网关，网站有被篡改的风险。没有使用加密协议进行设备管理，容易造成非法管理设备存在一些安全隐患。三是综合运维管理水平不足，导致安全设备难以发挥作用，工作效率低下，安全隐患多。摸不清家底，软件漏洞不能及时修补；服务器系统补丁安装不及时；服务器本身安全策略、审核策略、密码策略未能启用，服务器、数据库内置用户存在弱口令等问题。防火墙的管理账户没有实施分权管理，在出现安全事故后不能很好地明晰责任。四是有些单位信息安全管理制度不完善。我们用“三分技术，七分管理”来形容管理对信息安全的重要性。安全管理框架的核心是制定安全策略，它是安全工作的标准和依据。信息安全没有所有工作人员的切实参与，就不能有效实施安全管理。只有通过提高安全意识，把握住信息安全工作中最重要的“人”这一环，才能真正意义上实现信息安全工作的目标。五是缺乏专业的技术人才。信息安全管理需要专业的

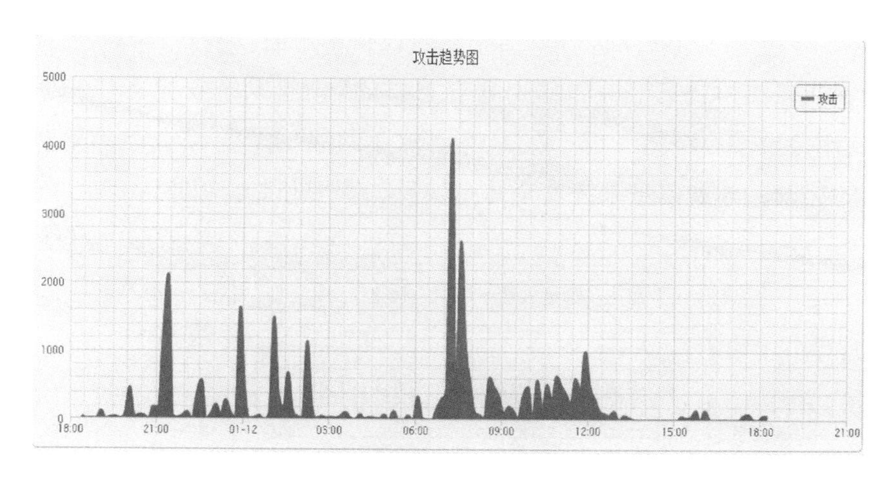

图 1-8　国家林业局网站防火墙某日拦截攻击情况

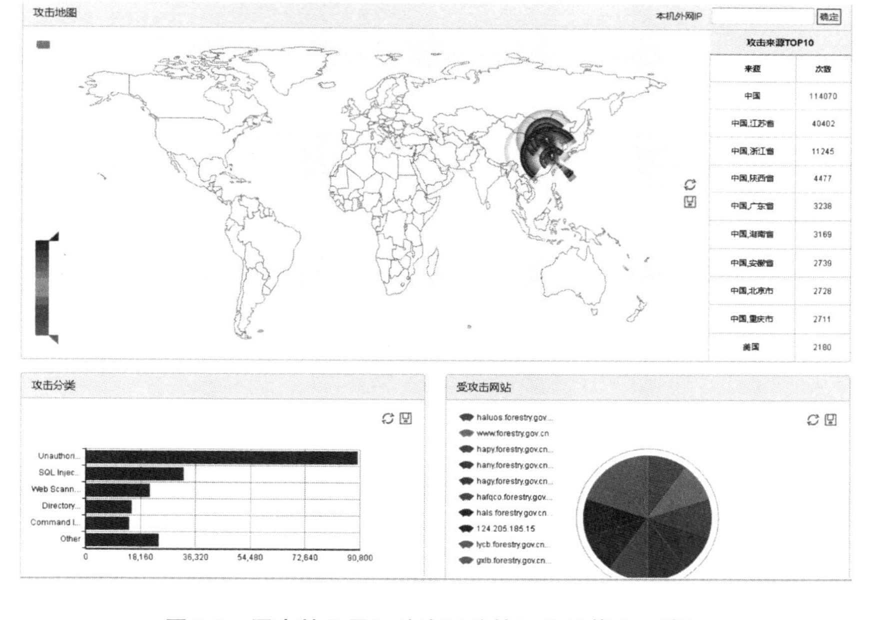

图 1-9　国家林业局网站应用防护网关拦截攻击情况

技术力量，目前受各方面条件制约，林业网络安全的技术人员、技术力量还远不能满足需求。

### （二）林业网络安全体系

按照国家林业局 2009 年印发的《全国林业信息化建设纲要

(2008—2020年)》和《全国林业信息化建设技术指南(2008—2020年)》的纲领性文件和公安部等四部委联合下发的《信息系统安全等级保护实施指南》要求，整体考虑、统筹规划林业网络安全与综合运维管理体系的建设，开展信息系统安全体系建设、管理和监督(图1-10)。

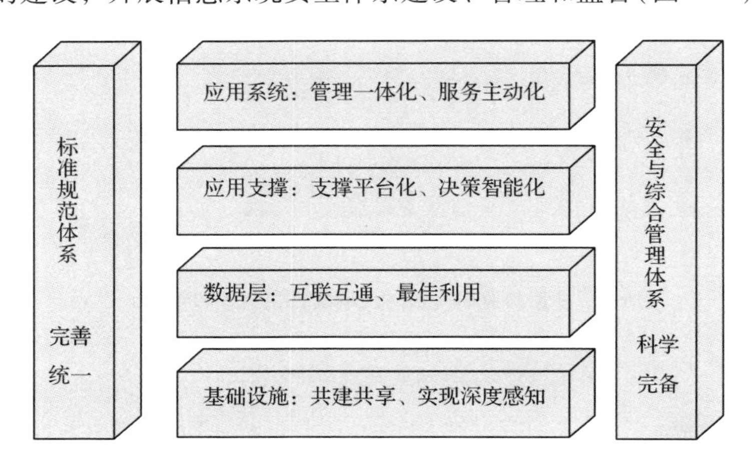


**图1-10　全国林业信息化建设总体框架图**

根据国家信息安全等级保护有关标准要求，积极开展信息系统安全等级保护工作，建立了林业网络安全与综合管理体系。林业网络安全体系与林业应用系统同步建设，并对所建安全体系进行重点保护，实施动态调整。林业网络安全体系主要包括两大部分：林业网络安全规范制度和安全技术策略。

1. 林业网络安全规范制度。国家林业局自2009年起先后发布了《国家林业局中心机房管理办法》、《全国林业省级单位机房建设管理规范》、《中国林业网运行维护管理制度》、《国家林业局办公网运行维护管理制度》、《国家林业局专网运行维护管理制度》、《国家林业局网络信息安全应急处置预案》、《国家林业中心机房管理细则》、《国家林业局信息网络和计算机安全管理办法》等管理办法，完善了林业网络安全规范和制度。

各级林业信息化部门遵循国家信息安全等级保护指南的要求进行

自身的资产界定归类、安全域划分、风险评估；制定机房出入管理制度、机房监控日志保存制度，数据库管理、备份、恢复管理制度，网络设备配置管理制度、系统管理制度、应急事件处理流程、机房资产管理规范。

2. 安全技术策略。

物理安全。一是机房安全。采用门禁控制系统、摄像头在线监控，对机房的电源、重要主机、存储、重要线路等重要设备的冗余设计。

网络安全。必须在不同的安全域边界部署防火墙系统，可在内网的核心交换部署 IPS 入侵防御系统，在相应的设备上根据自身网络结构配置相应的安全策略。在内外网之间物理隔离或者部署经国家有关部门认证的物理隔离设备，实现内外网的物理隔离，保障必要的数据和服务交换安全。

数据安全。一是在国家林业局和各地政务内网边界部署加密机设备，保障数据网络传输安全。二是数据库管理系统做好数据库自身的安全配置，登录账户要专人专管，密码实现数字和字母符号混合设置并定期更换，防止外网和内网用户直接访问和恶意攻击。三是数据存储备份恢复系统。做好定期的本地多种方式的重要数据备份。备份恢复工作有专人负责，责任到人。

系统安全。一是部署网络层的病毒防范体系，由病毒监测中心和各个主机上的病毒防治终端构成，实时监测系统汇总的各类病毒。防止基于邮件的各类攻击，保护 E-mail 服务。二是数字证书信任服务系统。外网部署数字证书注册服务系统、本地数字证书 LDAP 目录查询服务系统、本地数字证书 OCSP 在线状态查询服务系统等。内网部署本地数字证书 LDAP 目录查询服务系统、本地数字证书 OCSP 在线状态查询服务系统等。三是对主机中的操作系统进行相应的口令设置、权限配置，对系统操作日志进行周期性转储审计工作。四是漏洞扫描补丁分发。通过漏洞扫描系统和补丁分发系统可以主动地发现系统、

数据库、应用服务系统存在的安全漏洞，并修复安全漏洞。

应用安全。一是网页防篡改。对标准应用和HTTP服务部署网页防篡改系统，防止黑客对网页文件的攻击。二是部署应用防护网关等多种应用安全防护设备，保障系统的运行。

（三）林业网络综合管理体系

综合管理体系包括工作人员的安全教育、保障和机房、网络、系统、数据库、应用系统的综合运维等。用于实现本级林业部门的机房环境、主机、网络、数据库、中间件、业务系统的运行监控、日志记录，各级林业部门为管理者提供事件预警、审计帮助。

通过信息化组织机构、人才队伍和运行机制建设等实现管理体制保障。

## 四、网络安全产业现状

网络与信息安全产业作为安全技术的主要提供者和实施者，在国家网络空间攻防博弈中扮演着不可替代的关键角色。美国为首的西方发达国家凭借技术领先、企业强大、协作高效的安全产业，牢牢占据网络空间优势地位。发展壮大网络与信息安全产业的需求日益迫切。一方面，国际网络空间的竞争博弈日趋激烈，安全产业是否壮大已经成为衡量国家网络安全综合实力的重要标准。另一方面，“互联网+”融合创新的新业态使得各关键行业和重要系统对网络安全保障的需求不断增加，安全产业已成为网络强国建设的基础保障。新形势下，我国安全产业迎来了发展的关键机遇，也面临诸多挑战。

（一）国际网络与信息安全产业发展现状与趋势

首先，全球网络与信息安全产业规模快速增长，发达国家占据八成份额。2014年全球安全产业规模达到732.67亿美元，2016—2019年有望保持超过8%的增长速率。安全产业规模仅占全球IT产业规模的2%，但随着安全产业的高速发展，未来这一占比将有望提升。从产业规模看，以美国为主的北美地区占据全球市场最大份额，其次是西欧及亚太地区。从产业增速看，拉丁美洲和部分亚太新兴地区增速领跑其他地区。2015—2019 年，巴西、墨西哥、阿根廷等拉丁美洲地区的安全产业复合年均增长率(CAGR)将达到 13.8%，印度、泰国等亚太新兴地区达到 13.4%，西欧地区达到 9.7%，北美地区仍将保持 8% 的年复合增长率高速增长。其次，全球安全硬件市场格局保持稳定，安全软件和安全服务市场态势向好，安全硬件巨头地位稳固，Cisco、Check Point、Fortinet 等老牌厂商均在各自领域保持优势地位。安全软件市场稳中有升，Intel(收购 McAfee)、IBM、EMC 等 IT 寡头与 Symantec、Trend Micro、Kaspersky、AVG Technologies 等安全龙头占据超四成市场。安全服务市场增长态势强劲，将安全技术转换为服务的形式对外提供成为新趋势，可管理安全服务与云安全服务成为发展最快的业务。

其次，西方发达国家高度重视安全产业，资金投入和引导政策持续加码。美国 2016 财年联邦政府预算中国家安全投入高达 6120 亿美元，其中以保持技术领先为目标的 RDT&E(研究、开发、测试与评估)投入近 700 亿美元；同时，拟拨款 140 亿美元用于加强美国网络安全，相较 2013 年增长 35.9%。2015 年 1 月，英国宣布设立网络安全“Pre-Accelerator”项目，以支持初创型网络安全企业创新成长。2015 年 4 月，美国国土安全部根据《培育有效技术支持反恐》法案，对 FireEye 公司的多方位虚拟引擎和动态威胁情报平台进行了认证，确立了 FireEye 在网络安全防御和应急领域的领先地位，有力推动其产品的部署应用。从 IT 厂商、安全厂商通过兼并收购加速产业链布局方面看，2014 年至今，安全领域并购活动近 50 笔，IT 巨头中不少安全巨头开始活跃在第一线。一方面，Palo Alto Networks、AVG Technologies48、Splunk49 等知名安全企业不断兼并初创型企业以获取知识产权、及时跟进技术。另一方面，Microsoft、Google 等 IT 巨头通过并购增强安全技术实力。兼并收购成为安全企业快速发展的重要途径，也是当前全球产业界实现资源和技术互补、打造综合竞争实力的普遍选择。

**（二）国内网络与信息安全产业发展现状与趋势**

首先，从政府发展政策来看。随着我国网络与信息安全工作的重要性不断提升，安全产业发展成为近年来政策扶持的重要领域，我国政府明确要求安全与发展同步建设，扶持中小安全企业创新成长，推动安全产业发展。安全产业已成为网络与信息安全政策制定着力考虑的主要方面。我国《信息安全产业“十二五”发展规划》成为推动信息安全产业向体系化、规模化、特色化、高端化方向发展，做大做强信息安全产业的指导文件。国务院发布的《关于积极推进“互联网”行动的指导意见》将“完善互联网融合法律法规和标准规范，增强安全意识，强化安全管理和防护，保障网络安全”作为“互联网＋”行动的原则之一；《关于推进物联网有序健康发展的指导意见》要求，加强物联网重大应用和系统的安全测评、风险评估和安全防护工作，保障物联网重大基础设施、重要业务系统和重点领域应用的安全可控；《促进大数据发展行动纲要》要求切实加强关键信息基础设施安全防护，做好大数据平台及服务商的可靠性及安全性评测、应用安全评测、监测预警和风险评估；《中国制造 2025》提出应加强智能制造工业控制系统网络安全保障能力建设，健全综合保障体系。

其次，从我国安全产业规模结构来看。国内网络安全产业规模持续扩大。从安全产业市场领域来看，政府、金融、电信、能源等重点行业领域应用领先。我国政府、金融、电信、能源四大行业领域安全市场需求强烈，2014 年市场份额合计超过 60%。随着网络安全日益受到重视，国家关键信息基础设施的安全保障要求不断加强，带动重点行业和领域安全市场快速增长。同时，伴随智慧城市、“互联网＋”、智能制造等发展规划的逐步推进，制造、医疗、旅游等领域安全市场日渐兴起。随着 IT 虚拟化的转型和云服务理念的渗透，安全服务市场

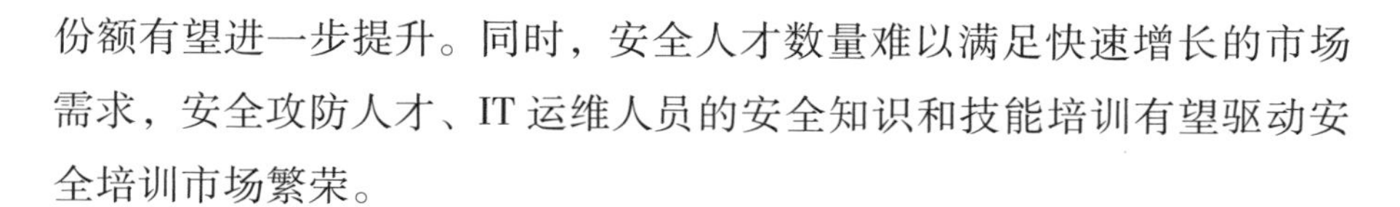

份额有望进一步提升。同时，安全人才数量难以满足快速增长的市场需求，安全攻防人才、IT 运维人员的安全知识和技能培训有望驱动安全培训市场繁荣。

## 第三节　网络安全的主要威胁

我国国家安全面临的最大威胁主要包括网络安全威胁、政治安全威胁、军事威胁和恐怖威胁，四种威胁以网络为纽带，互相交织、互相关联，使得网络安全威胁成为我国当今面临的最复杂、最重大的非传统安全威胁，也是最严峻的安全挑战。

### 一、少数国家网络战略威慑构成的威胁

网络空间是国家发展战略资源，应被提升至国家安全的战略高度予以重视。网络空间已经成为大国博弈的重要战场，网络安全威胁和斗争日益加剧。网络问题在国际议程和首脑外交中的位置日益突出，网络成为大国谋求战略优势的新的重要手段。为此，少数国家在网络安全方面采取一系列措施，强力维护其网络空间霸权：

一是加快战略布局，强夺网络空间制高点。二是加快网络备战，对我国构成战略威慑。三是使用各种方法、利用各种途径对我国家关键信息基础设施进行控制、攻击和窃密。攻击方法多，控制范围大。监测数据显示：境外有 2 万多个 IP 地址通过植入后门对我境内 4 万余个网站实施远程控制；在网络钓鱼攻击方面，针对我国的钓鱼站点有 90% 位于境外，共有 6000 多个境外 IP 地址承载近 10 万个针对我国境内网站的仿冒页面；在木马和僵尸方面，我国境内 1000 多万台主机被境外 4 万多个服务器控制。

## 二、黑客组织构成严重威胁

黑客组织的攻击威胁日益严重。近年来，黑客组织频繁对我国基础信息网络和重要信息系统等进行入侵攻击、控制和突破，攻击我国政府网站，篡改网页。

网络恐怖成为国家安全新的重大威胁。敌对分子利用互联网进行渗透，传播宗教极端思想和暴恐音视频，宣扬圣战极端思想，组织实施暴恐活动，直接威胁我国家安全和社会稳定。

## 三、互联网快速发展带来的严峻挑战

互联网的“双刃剑”作用突显。近年来，我国互联网发展迅速，网站数量、网民规模、手机用户数量、电子商务交易规模都已达到世界水平。传统互联网服务得到广泛应用。然而，互联网具有鲜明的“双刃剑”作用，已经深度融入我政治、军事、经济、文化、社会公共安全等领域。

互联网产业发展给社会稳定带来新的风险。近年来，我国电子商务快速发展，不仅成为互联网应用的重要方面，更成为国家经济新的增长点。同时，电子商务面临的安全威胁日益严重，大量企业、公民信息被盗用、贩卖，对企业及公民个人资产造成了重大损失，给国家经济安全带来了严重挑战。随着我国互联网向纵深发展，互联网应用业态会越来越丰富多样，带来的安全风险也会越来越大。

## 四、新技术新应用的风险和隐患

新技术、新应用进一步支撑经济发展和社会进步，同时给网络社会管理带来新的风险和挑战。以 IPv6 为基础的下一代互联网和 4G 网络，以及移动互联网、无线局域局（WiFi），使上网行为从键盘加速向摄像头、麦克风转移，网络技术迅猛发展对网络安全监管提出更高要求。关系国计民生的大规模网络、系统及大数据的安全风险显著增加，更易成为网络攻击的目标，网络安全保障保卫任务将更加繁重。云计算的虚拟化、集成化的安全，物联网感知层、传输层的安全，智能位置服务的位置隐私安全，大数据海量数据安全，移动互联网的智能端安全，成为网络安全的挑战，是新技术的发展与传统行业结合，给安全带来新的风险和隐患。

信息化发展和加速应用到传统领域，带动了传统行业技术、设备的改造和发展。传统行业的安全意识不强、措施和方法缺乏，给传统行业网络安全带来了新的风险和隐患。例如，媒体曝光的"海康威视"安防视频监控设备存在重大安全隐患，部分设备已经被境外 IP 地址控制的事件，就充分说明了这个问题。智能家居、工业控制系统、车联网等安全隐患更大。随着互联网的不断普及，万物互联下网络攻击正逐步向各类联网终端渗透，智能家居的联网设备逐步成为网络攻击目标，专门针对工业控制系统的"震网"（stuxnet）病毒感染了全球超过45000 个网络，利用应用程序漏洞能够远程控制智能汽车。网络安全隐患遍布于新兴技术产业的各重要环节，但针对性的安全产品极度稀缺这一问题，相关防御技术手段的研发尚处于起步阶段。在新兴技术产业的强劲增长驱动下，网络安全问题的影响范围不断延展，威胁程度日渐加深。

## 第四节　网络安全的主要内容

### 一、网络安全涉及的主要内容

可以从不同角度划分网络安全研究的主要内容。通常，网络安全的内容从技术方面包括：操作系统安全、数据库安全、网络站点安全、

病毒与防护、访问控制、加密与鉴别等几个方面。具体内容将在以后章节中分别进行详细介绍。从层次结构上，也可将网络安全所涉及的内容概括为实体安全、运行安全、系统安全、应用安全、管理安全5个方面(图1-11)。

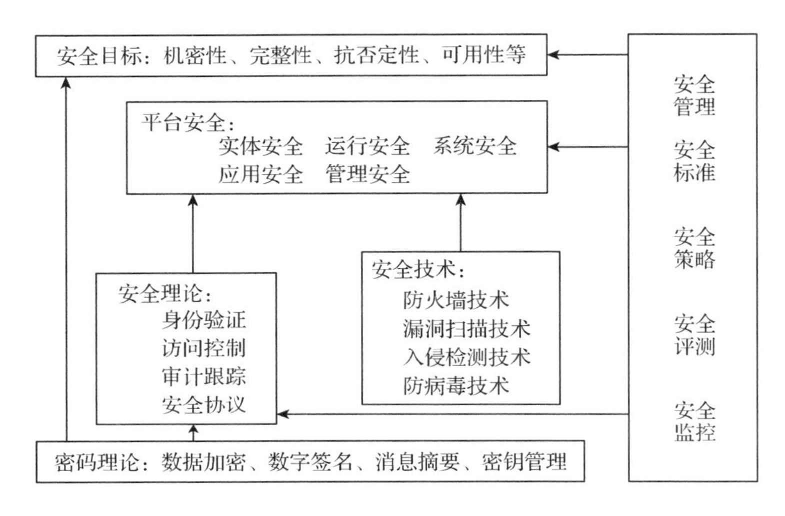


**图1-11 网络安全设计内容**

## (一)实体安全

实体安全(physical security)也称物理安全，指保护计算机网络设备、设施及其他媒介免遭地震、水灾、火灾、有害气体、盗窃和其他环境事帮破坏的措施及过程。包括环境安全、设备安全和媒体安全三方面。实体安全是信息系统安全的基础，包括：机房安全、场地安全、机房环境(温度、湿度、电磁、噪声、防尘、静电及振动等)、建筑安全(防火、防雷、围墙及门禁安全)、设施安全、设备可靠性、通信线路安全性、辐射控制与防泄露、动务、电源/空调、灾难预防与恢复等。

## (二)运行安全

运行安全(operation security)包括计算机网络运行和网络访问控制安全，如设置防火墙实现内外网的隔离、备份系统实现系统的恢复。

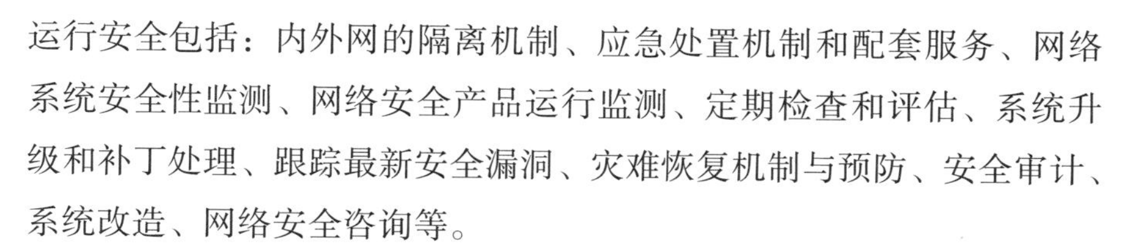
运行安全包括：内外网的隔离机制、应急处置机制和配套服务、网络系统安全性监测、网络安全产品运行监测、定期检查和评估、系统升级和补丁处理、跟踪最新安全漏洞、灾难恢复机制与预防、安全审计、系统改造、网络安全咨询等。

### (三)系统安全

系统安全(system security)主要包括操作系统安全、数据库系统安全和网络系统安全。主要以网络系统的特点、实际条件和管理要求为依据，通过有针对性地为系统提供安全策略机制、保障措施、应急修复方法、安全建议和安全管理规范等，确保整个网络系统的安全运行。

### (四)应用安全

应用安全(application security)由应用软件开发平台的安全和应用系统的数据安全两部分组成。应用安全包括：业务应用软件程序安全性测试分析、业务数据的安全检测与审计、数据资源访问控制验证测试、实体的身份鉴别检测、业务现场的备份与恢复机制检查、数据的唯一性/一致性/防冲突检测、数据的保密性测试、系统的可靠性测试和系统的可用性测试等。

### (五)管理安全

管理安全(management security)也称安全管理，主要指对人员及网络系统安全管理的各种法律、法规、政策、策略、规范、标准、技术手段、机制和措施等内容。管理安全包括：法律法规管理、政策策略管理、规范标准管理、人员管理、应用系统使用管理、软件管理、设备管理、文档管理、数据管理、操作管理、运营管理、机房管理、安全培训管理等。

在网络信息安全法律法规的基础上，以管理安全为保障，实体安全为基础，以系统安全、运行安全和应用安全确保网络正常运行与服务。

## 二、网络安全机制

网络安全的需求不断地向社会各个领域扩展，人们需要保证信息在存储、处理或传输过程中不被非法访问或者删改。保护网络信息安全所采用的措施称为安全机制，所有的安全机制都是针对某些潜在的安全威胁而设计的，可以根据实际情况单独或组合使用，在有限的投入下合理地使用安全机制以便尽可能地降低安全风险。网络信息安全机制应包括技术机制和管理机制两方面的内容。

### (一)网络安全技术机制

1. 加密和隐藏。加密使信息改变，攻击者无法了解信息的内容从而达成保护；隐藏则是将有用信息隐藏在其他信息中，使攻击者无从发现。

2. 认证和授权。网络设备之间应互相认证对方身份，以保证正确地操作全力赋予和数据的存取控制；同时网络也必须认证用户的身份，以授权保证合法的用户实施正确的操作。

3. 审计和定位。通过对一些重要的事件进行记录，从而在系统发现错误或受到攻击时能定位错误并找到防范失效的原因，作为内部犯罪和事故后调查取证的基础。

4. 完整性保证。利用密码技术的完整性保护可以很好地对付非法篡改，当信息源的完整性可以被验证却无法模仿时，可提供不可抵赖服务。

5. 权限和存取控制。针对网络系统需要定义的各种不同用户，根据正确的认证，赋予其适当的操作权力，限制其越级操作。

6. 任务填充。在任务期间歇期发送无用的具有良好模拟性能的随机数据，以增加攻击者通过分析通信流量和破译密码获得信息的难度。

### (二)网络安全管理机制

网络信息安全不仅仅是技术问题，更是一个管理问题。网络信息安全涵盖管理机构、法律、技术、经济各方面内容，网络安全技术只是实现网络安全的工具。要解决网络信息安全问题，必须制定正确的目标策略，设计可行的技术方案，确定合理的资金投入，选择适当的网络产品，采取相应的管理措施和依据相关的法律制度。

当今网络信息安全已成为了世界性社会问题的一部分。随着互联网的深入发展，网络信息安全越来越成为网络应用中的一个重要课题。网络信息安全重在应用，虽然“绝对安全”在理论上是不存在的，但通过科学统筹规划、制定合理策略，无疑可以使网络信息安全得到最大的保障。

# 第二章 网络安全法规政策

## 第一节　国外相关法律法规

随着互联网的普及和网络资源的急剧增加，通过互联网获取信息已经是人们学习、工作和生活的重要组成部分。但由于网络具有开放性、分散性和无序性，使得各种网络犯罪加剧增长，如今网络犯罪引起了世界各国政府的高度重视，一些国家和国际组织正在通过构建网络信息政策法规体系的方式来解决这些问题。

当今世界各国在对互联网进行必要的管理和控制方面已达成共识。据统计，世界上有90多个国家制定了专门的法律保护网络安全。分析来看，在管控手段方面，有的国家通过专门的国内立法进行管制，如美国、澳大利亚、新加坡、印度等；有的国家则积极开展公私合作，推动互联网业界的行业自律以实现网络管制，如英国。在管控对象方面，主要涵盖关键基础设施的安全、网络信息安全和打击网络犯罪等方面。

### 一、美国

美国互联网监管体系主要包括立法、司法和行政三大领域和联邦与州两个层次；涉及面较为全面，既有针对互联网的宏观整体规范，也有微观的具体规定，其中包括行业进入规则、电话通信规则、数据保护规则、消费者保护规则、版权保护规则、诽谤和色情作品抑制规则、反欺诈与误传法规等方面，这些法规多达130多部。

“9·11事件”是美国网络安全立法的转折点，此后，美国的网络安全立法主要侧重于“国家安全层面”。如2001年美国通过了《2001年爱国者法案》，该法第215条允许美国国安局收集反恐调查涉及的包括民众在内的任何电话通信和数据记录以保护“国家安全”。2002年通过《2002年国土安全法》第225条“网络安全加强法”，该法旨在扩大警方监视互联网的职权，以及从互联网服务提供商调查用户数据资料的权力，从而保护“国家安全”。2002年美国通过《2002年联邦信息安全管理法》，该法的目的是全面保护美国政府机构信息系统的信息安全。

近些年，美国开始关注“社会安全层面”的网络安全立法。如2010年美国审议了《2010年网络安全法案》，该法案是为了确保美国国内及其与国际贸易伙伴通过安全网络交流进行自由贸易，从而对网络安全的人才发展、计划和职权、网络安全知识培养、公私合作进行规定。2010年美国还审议了《2010年网络安全加强法案》，该法案的目的是为了加强网络安全的研究与发展，推进网络安全技术标准制定。

此外，美国还高度重视关键基础设施的安全保护。《国家网络基础设施保护法案2010》规定，国会应在网络基础设施保护领域设置“安全线”，以保障美国的网络基础设施安全，并在政府和私营部门之间建立起网络防御联盟的伙伴关系，促进私营部门和政府之间关于网络威胁和最新技术信息的信息共享。《网络空间作为国有资产保护法案2010》则授权国土安全部对国家机构的IT系统进行维护监管，规定总统可宣布进入紧急网络状态，并强制私营业主对关键IT系统采取补救措施，以保护国家的利益。

## 二、欧盟

欧盟在网络安全体系建设方面成效显著。欧盟网络安全体系主要包含三大部分，一是立法，二是战略，三是实践。立法体系包含决议、指令、建议、条例等，战略体系包含长期战略与短期战略，实践则包含机构建设、培训、合作演练等多项内容。

在立法方面，《欧盟数据保护法令》(The European Union Data Protection Directive，以下简称《95法令》，于1995年通过，并于1998年10月25日生效。根据《95法令》规定，欧盟成员国必须制订严格的国内法，明确规定保护数据主体应当有的各种权利。《95法令》本身并不直接适用于任何具体法律关系，它只是规定了欧盟成员国必须制定符合《95法令》规定的国内法。在具体的权利义务关系中适用的并非《95法令》，而是各国的国内法。倘若该国并无数据保护法，则欧洲法院可以依据诉讼要求该国制定相关的法律。为修订《95法令》中的不足，欧盟在2002年7月12日发布了《隐私与电子通信法令》，详细规定了互联网服务商需要采取适当的措施，保证通信和互联网服务的安全性；禁止在未征得用户同意的情况下存储和使用用户数据；服务提供商应该有的知情权，如告知用户所收集的数据及进一步处理此类数据的意图和用户有权不同意等。这一次个人数据保护修正的内容确定了未来互联网个人数据保护的基本原则，但是在具体操作层面还较为粗略，也缺乏明确的违规惩罚措施。2009年11月25日，欧盟对个人数据保护措施又进行了一次重要修正，通过了《欧洲Cookie法令》(EU Cookie Directive，Directive 2009/136/EC)，并确定其于2011年5月25日在欧盟正式启用。其核心内容是对电子商务中Cookie的使用加以规范和必要的信息披露管理。Cookie是互联网常用的用户跟踪和识别技术。用户在使用浏览器进行网站内容浏览时，网站可以在用户电脑本地存放Cookie记录相关信息，用户是毫不察觉的。

《Cookie 法令》是《隐私与电子通信法令》的重要补充，它一方面强化了用户的知情权，让用户对网站收集、存储和跟踪用户信息有了清晰明确的了解；另一方面，法令也对网站生成、使用和管理以 Cookie 为核心的用户个人数据提出了完整规范的管控要求，以避免网站滥用或以不够安全的方式操作与存储用户个人数据。最重要的是，在互联网世界中关着除 Cookie 以外的众多不规范甚至非法收集跟踪用户数据的技术手段。《Cookie 法令》划清了对用户个人数据合法操作与非法操作的界限，让欧盟管控互联网并进行个人数据保护有了明确的依据。欧盟内各国信息化主管部门也以此为标准对本国的网站以及移动应用进行审查。

2006 年 3 月，马德里和伦敦公交系统遭遇恐怖袭击后，欧盟颁布了《数据保留指令》，该指令要求电信公司将欧盟公民的通信数据保留 6 个月到两年。但 2014 年 4 月 8 日，欧洲法院裁定《数据保留指令》无效，理由是该项指令允许电信公司对使用者日常生活习惯进行跟踪，侵犯了公民人权。

2012 年 5 月，欧洲网络与信息安全局发布《国家网络安全策略——为加强网络空间安全的国家努力设定线路》，提出了欧盟成员国国家网络安全战略应该包含的内容和要素。2013 年 2 月 7 日，欧盟委员会和欧盟外交安全事务高级代表宣布欧盟的网络安全战略，对当前面临的网络安全挑战进行评估，确立了网络安全指导原则，明确了各利益相关方的权利和责任，确定了未来优先战略任务和行动方案。这被认为是对 2012 年欧洲网络与信息安全局发布策略的积极响应。战略着力加强网络监管的体制、机制建设；加快建立国家网络犯罪应对机构，明确工作任务；制定网络防御对策，从领导、组织、教育、训练、后勤等方面增强欧盟网络防御能力，并创造更多的网络防御演习机会、发展行业技术资源、推动双边多边合作等等。

## 三、英国

英国早期的互联网立法，侧重保护关键性信息基础设施，随着网络的不断发展，英国在加强信息基础设施保护的同时，也强调网络信息的安全、加强对网络犯罪的打击。

2000 年，英国制定了《通信监控权法》，规定在法定程序条件下，为维护公众的通信自由和安全以及国家利益，可以动用皇家警察和网络警察。该法规定了对网上信息的监控。“为国家安全或为保护英国的经济利益”等目的，可截收某些信息，或强制性公开某些信息。2001 年实施的《调查权管理法》，要求所有的网络服务商均要通过政府技术协助中心发送数据。2014 年 7 月，英国政府召开特别内阁会议，通过了《紧急通信与互联网数据保留法案》，该法案允许警察和安全部门获得电信及互联网公司用户数据的应急法案，旨在进一步打击犯罪与恐怖主义活动。

同时，随着英国对于整个网络空间安全所受到的危险的认识程度提高，英国政府全面推行网络安全战略，加强行业自律。2009 年，英国成立“网络安全与信息保障办公室”，支持内阁部长和国家安全委员会来确定与网络空间安全相关的问题的优先权，联合为政府网络安全项目提供战略指引。

2010 年 10 月，英国发布《战略防务与安全审查——“在不确定的时代下建立一个安全的英国”》，将恶意网络攻击与国际恐怖主义、重大事故或者自然灾害以及涉及英国的国际军事危机共同列入安全威胁的最高级别，界定了 15 种要优先考虑的危险类型。2011 年 11 月，英国公布新的《网络安全战略》，表示将建立更加可信和适应性更强的数字环境，以实现经济繁荣，保护国家安全及公众的生活所需；并将加强政府与私有部门的合作，共同创造安全的网络环境和良好的商业环境。2014 年，英国情报机构政府通讯总部授权六所英国大学提供训练未来网络安全专家的硕士文凭，这一特殊学位是英国 2011 年公布的“网络安全战略”的一部分。2015 年，英国还按照国家网络安全计划推出“网络安全学徒计划”，鼓励年轻人加入网络安全事业。

## 四、澳大利亚

澳大利亚政府通过不断完善信息安全有关法规标准、推动政府部门相互协作、重视关键基础信息保护、增强全民信息安全保护意识、建立安全专门人才培养体系、完善信息产品测评认证体系等方面工作，逐步构建起较为完整的信息安全保障体系。

澳大利亚政府及各部门制定了一系列与信息安全有关的法律、标准和指南，包括《电信传输法》、《反垃圾邮件法》、《数字保护法》、《信息安全手册》等，修订了刑法以适应打击新型网络犯罪。2000 年，澳大利亚政府发布《信息安全风险管理指南》。2001 年，发布《保护国家信息基础设施政策》，即政府信息安全行动计划，对澳大利亚关键基础设施进行保护。此外，澳大利亚标准局还制定和采纳了一系列信息安全标准，主要包括《信息安全管理体系标准》、《澳大利亚和新西兰信息安全管理标准》、《澳大利亚联邦政府 IT 安全手册》、《IT 安全管理的信息技术指南》等。政府部门都被要求遵循这些标准，执行情况由国家审计署进行审查。

2009 年 11 月 23 日，澳大利亚政府发布《国家信息安全战略》，详细描述了澳大利亚政府将如何保护经济组织、关键基础设施、政府机构、企业和家庭用户，使之免受网络威胁。战略确立了国家领导、责任共担、伙伴关系、积极的国际参与、风险管理和保护价值观六大指导原则。

该战略还提出了信息安全三大战略目标：一是让澳大利亚所有公民都意识到网络风险，确保其计算机安全，并采取行动确保其身份信息、隐私和网上金融的安全。二是让澳大利亚企业能利用安全、灵活的信息和通信技术，确保自身操作和客户身份信息与隐私的完整性。三是让澳大利亚政府能确保其信息与通信技术是安全的且对风险有抵抗力。

此外，战略还确定了信息安全战略的优先重点包括：增强针对网络威胁的探测、分析及应对，重点关注政府、关键基础设施和其他国家系统的利益。为澳大利亚公民提供相关教育，并提供相应的信息、信心和工具以确保其网络安全。与商业伙伴合作，以促进基础设施、网络、产品和服务的安全与灵活性。为保护政府ICT系统的最佳实践进行建模，包括与政府进行网上交易的系统。促进全球电子运作环境的安全性、灵活性与可信度。维护法律框架和执行力的有效性，从而确定并起诉网络犯罪。培养具有网络安全技能的劳动力，使之具备研发能力以开发出创新的解决方案。

## 五、新加坡

新加坡在网络安全立法主要涉及对网络内容安全、垃圾邮件管控和个人信息保护等方面。主要立法包括：《国内安全法》、《个人信息保护法》、《垃圾邮件控制法》、《网络行为法》、《广播法》、《互联网操作规则》等。

《国内安全法》是新加坡国家安全的基础性法规，其在管理网络安全方面规定了禁止性文件与禁止性出版物，互联网服务提供商的报告义务，以及为了维护国家安全，国家机关拥有的调查权与执法权。《网络行为法》同样也明确规定了对网络内容进行管制的条款。此外，《广播法》与《互联网操作规则》则较为具体地规定了网站禁止发布的内容，如规定互联网禁止出现危及公共安全和国家防务的内容等，同时明确网络服务提供商与网络内容提供商在网络内容传播方面负有无可推卸的责任，包括其负有的审查义务、报告义务和协助执法的义务。《互联网操作规则》明确规定互联网服务提供者和内容提供商应承担自审义务，配合政府的要求对网络内容自行审查，发现违法信息时应及时举报，且有义务协助政府屏蔽或删除非法内容。

保护个人信息及隐私最早体现在新加坡政府与互联网服务商共同制定的《行业内容操作守则》中，其规定互联网服务必须尊重用户的个人资料。个人信息保护的专项立法是2012年10月新加坡国会通过的《个人信息保护法案》，该法案的制定目的在于保护个人信息不被盗用，或滥用于市场营销等途径。法案规定，机构或个人在收集、使用或披露个人资料时必须征得同意，必须为个人提供可以接触或修改其信息的渠道。手机软件等应用服务平台也属于该法案的管控范围，法案规定禁止向个人发送市场推广类短信，用网络发送信息的软件也同样受到该法案的管制。

## 六、印度

印度建立了以《信息技术法》的立法为中心，各部门法相关规定相辅佐，政府政策为指导的国家互联网管理法律体系。《信息技术法》被认为是规范互联网的“母法”，针对该法案，自2000年开始，印度先后出台了一些相关的法律法规。《印度刑法典》、《刑事诉讼法》、《银行法》、《证据法》也进行了相应的修改以适应信息网络发展的要求。2000年印度内阁议会通过了《信息技术法》，并于2000年8月15日正式生效。该法的立法目的之一，便是规范电子商务活动，防范与打击针对计算机和网络的犯罪。《信息技术法》规定了八类行为构成“破坏计算机和计算机系统”犯罪。这八类行为包括未经许可侵入他人计算机、计算机系统和网络，私自下载他人计算机或系统中的数据信息，制造和散播计算机病毒等。规定了“网络上诉法庭”用以专门受理计算机和互联网领域的争议案件，明确了网络上诉法庭的人员组成、法庭组成、管辖范围、审理程序和权限。

印度在2006年和2008年修正又增加了很多新的计算机犯罪类型。

两次修改主要是对新型的网络犯罪做出了规定，并在2008年的修正案中重点规定了网络恐怖主义的内容，将网络反恐上升到了新的高度。规定通过拒绝计算机访问或未经授权企图侵入计算机系统或引起计算机病毒传播等方式威胁印度的领土完整和主权统一，引起人民的恐慌或通过其他类似手段导致人们生命财产受到损害、对人民必不可少的生活设施和关键信息基础设施造成破坏的行为，以及未经授权侵入或访问因国家安全或外交关系原因采取了访问限制手段的信息、数据或计算机数据库的行为。

## 七、国际准则

### （一）信息安全国际行为准则

2015年1月9日，第69届联合国大会上制定了信息安全国际行为准则，内容如下：

1. 遵守《联合国宪章》和公认的国际关系基本原则与准则，包括尊重各国主权，领土完整和政治独立，尊重人权和基本自由，尊重各国历史、文化、社会制度的多样性等。

2. 不利用信息通信技术和信息通信网络实施有悖于维护国际和平与安全目标的活动。

3. 不利于信息通信技术和信息通信网络干涉他国内政，破坏他国政治、经济和社会稳定。

4. 合作打击利用信息通信技术和信息通信网络从事犯罪和恐怖活动，或传播宣扬恐怖主义、分裂主义、极端主义以及煽动民族、种族和宗教敌意的行为。

5. 努力确保信息技术产品和服务供应链的安全，防止他国利用自身资源、关键设施、核心技术、信息通讯技术产品和服务、信息通讯网络及其他优势，削弱接受上述行为准则国家对信息通讯技术产品和服务的自助控制权，或威胁其政治、经济和社会安全。

6. 重申各国有责任和权利依法保护本国信息空间及关键信息基础设施免受威胁、干扰和攻击破坏。

7. 认识到人们在线时也必须享有离线时享有的相同权利和义务。充分尊重信息空间的权利和自由，包括寻找、获得、传播信息的权利和自由，同时铭记根据《政治与公民权利国际公约》(第 19 条)，这些权利的行使带有特殊的义务和责任，因此得受某些限制，但这些限制只应由法律规定并为下列条件所必需：尊重他人的权利或名誉；保障国家安全或公共秩序，或公共卫生或道德。

8. 在国际互联网治理和确保互联网的安全性、连贯性和稳定性以及未来互联网的发展方面，各国政府应该平等发挥作用并履行职责，以推动建立多边、透明和民主的互联网国际惯例机制，确保资源的公平分配，方便所有人的接入，并确保互联网的稳定安全运行。

9. 各国政府应与各利益攸关方充分合作，并引导社会各方面理解他们在信息安全方面的作用和责任，包括私营部门和民间社会，促进创建信息安全文化及保护关键信息基础设施。

10. 各国应制定务实的信任措施，以帮助提高可预测性和减少误解，从而减少发生冲突的风险。这些措施包括但不限于：自愿交流维护本国信息安全的国家战略和组织结构相关信息，在可行、适当的情况下分享可能和适合的最佳做法等。

11. 为发展中国家提升信息安全能力建设水平提供资金和技术援助，以弥合数字鸿沟，全面落实“千年发展目标”。

12. 加强双边、区域和国际合作，在推动联合国在促进制定信息安全国际法律规范、和平解决相关争端、促进各国合作等方面发挥重要作用。

13. 在设计上述行为准则的活动时产生的任何争端都以和平方式解决，不得使用武力或以武力相威胁。

### (二)政府网络安全推荐准则

2012 年 6 月，美国、欧洲、日本的 IT 行业协会在布鲁塞尔共同发布了名为《政府网络安全推荐准则》的声明，提出了 12 条原则，敦促各国政府在制定网络安全相关法规和政策时遵循，内容如下：

1. 应以透明的方式制定网络安全政策，并使相应的利益相关者参与进来。各国政府应当确保网络安全相关的所有法律、法规及其他政策的制定均在公开透明的决策过程中进行，包括(但不限于)发布草案文本、允许公众查看和评论。

2. 促成风险管理和创新，应承认私营行业参与者是管理和保护其网络、服务与资产的最合适人选。

3. 与私营行业共同制定和实施网络安全政策。

4. 鼓励各国制定政策时使用全球公认的、行业主导的、自愿协商一致的安全标准、最佳做法、保障措施和符合性评估方案等机制。

5. 确保使用全球标准化的测试和认证。

6. 确保网络安全要求的技术中立性。如果要求特定的技术，比如有限考虑国产技术，那么安全性就会降低，因为这个国家将无法获得世界上其他地方制定的领先安全解决方案。

7. 确保网络安全要求不限制技术采购来源或者技术供应商的国籍。

8. 确保网络安全要求不会强制转让或审查知识产权(IP)，例如源代码。

9. 将规定性要求限制在如政府情报网络和军事网络等高敏感的经济领域。

10. 加强机构建设，制定应急方案和网络安全战略。

11. 关注网络犯罪及其威胁。

12. 关注教育并提高安全意识。

# 第二节　中国相关法律法规

## 一、中国网络安全立法的现状

我国自20世纪90年代以来，先后出台多部涉及互联网个人信息安全的法规、条例、办法，如《中华人民共和国计算机信息系统安全保护条例》、《计算机病毒防治管理办法》、《互联网网络安全信息通报实施办法》、《计算机信息网络国际联网安全保护管理办法》、《全国人民代表大会常务委员会关于维护互联网安全的决定》、《互联网电子邮件服务管理办法》、《通信网络安全防护管理办法》、《电信和互联网用户个人信息保护规定》、《全国人民代表大会常务委员会关于加强网络信息保护的决定》等，这些法规、条例、办法从不同侧面对互联网参与行为主体的活动进行了规范。同时，宪法、刑法、国家安全法、国家秘密法、治安管理处罚条例、商用密码管理条例等法律、法规在信息安全方面提供了一定的法律依据，为我国在互联网个人信息安全立法方面建立了基本框架。

2016年11月7日，《中华人民共和国网络安全法》由第十二届全国人民代表大会常务委员会第二十四次会议通过，自2017年6月1日起施行。这是中国第一部有关网络安全方面的法律，首次明确了网络空间主权的原则、网络产品和服务提供者及运营者的安全义务，进一步完善个人信息保护规则，建立了关键信息基础设施安全保护制度，增加惩治破坏我国关键信息基础设施的境外组织和个人，确立了关键信息基础设施重要数据跨境传输的规则等。

## 二、中华人民共和国网络安全法

为适应互联网经济发展和网络安全全球化的趋势，我国全国人大

常务委员会在2015年7月6日公布了《中华人民共和国网络安全法》(草案)初审稿，于2016年7月5日公布了二审稿，2016年11月7日第十二届全国人民代表大会常务委员会第二十四次会议通过《中华人民共和国网络安全法》，自2017年6月1日起施行。

《中华人民共和国网络安全法》是为保障网络安全，维护网络空间主权和国家安全、社会公共利益，保护公民、法人和其他组织的合法权益，促进经济社会信息化健康发展制定。《中华人民共和国网络安全法》既填补了法律空白，统一了对网络空间安全的认识，统领网络安全各项工作，更展现了全球网络空间治理的中国理念。具体内容见专栏2-1。

**专栏2-1　中华人民共和国网络安全法**

**第一章　总　　则**

**第一条**　为了保障网络安全，维护网络空间主权和国家安全、社会公共利益，保护公民、法人和其他组织的合法权益，促进经济社会信息化健康发展，制定本法。

**第二条**　在中华人民共和国境内建设、运营、维护和使用网络，以及网络安全的监督管理，适用本法。

**第三条**　国家坚持网络安全与信息化发展并重，遵循积极利用、科学发展、依法管理、确保安全的方针，推进网络基础设施建设和互联互通，鼓励网络技术创新和应用，支持培养网络安全人才，建立健全网络安全保障体系，提高网络安全保护能力。

**第四条**　国家制定并不断完善网络安全战略，明确保障网络安全的基本要求和主要目标，提出重点领域的网络安全政策、工作任务和措施。

**第五条**　国家采取措施，监测、防御、处置来源于中华人民共和国境内外的网络安全风险和威胁，保护关键信息基础设施免受攻击、侵入、干扰和破坏，依法惩治网络违法犯罪活动，维护网络空间安全和秩序。

**第六条**　国家倡导诚实守信、健康文明的网络行为，推动传播社会主义核心价值观，采取措施提高全社会的网络安全意识和水平，形成全社会共同参与促进网络安全的良好环境。

**第七条** 国家积极开展网络空间治理、网络技术研发和标准制定、打击网络违法犯罪等方面的国际交流与合作，推动构建和平、安全、开放、合作的网络空间，建立多边、民主、透明的网络治理体系。

**第八条** 国家网信部门负责统筹协调网络安全工作和相关监督管理工作。国务院电信主管部门、公安部门和其他有关机关依照本法和有关法律、行政法规的规定，在各自职责范围内负责网络安全保护和监督管理工作。

县级以上地方人民政府有关部门的网络安全保护和监督管理职责，按照国家有关规定确定。

**第九条** 网络运营者开展经营和服务活动，必须遵守法律、行政法规，尊重社会公德，遵守商业道德，诚实信用，履行网络安全保护义务，接受政府和社会的监督，承担社会责任。

**第十条** 建设、运营网络或者通过网络提供服务，应当依照法律、行政法规的规定和国家标准的强制性要求，采取技术措施和其他必要措施，保障网络安全、稳定运行，有效应对网络安全事件，防范网络违法犯罪活动，维护网络数据的完整性、保密性和可用性。

**第十一条** 网络相关行业组织按照章程，加强行业自律，制定网络安全行为规范，指导会员加强网络安全保护，提高网络安全保护水平，促进行业健康发展。

**第十二条** 国家保护公民、法人和其他组织依法使用网络的权利，促进网络接入普及，提升网络服务水平，为社会提供安全、便利的网络服务，保障网络信息依法有序自由流动。

任何个人和组织使用网络应当遵守宪法法律，遵守公共秩序，尊重社会公德，不得危害网络安全，不得利用网络从事危害国家安全、荣誉和利益，煽动颠覆国家政权、推翻社会主义制度，煽动分裂国家、破坏国家统一，宣扬恐怖主义、极端主义，宣扬民族仇恨、民族歧视，传播暴力、淫秽色情信息，编造、传播虚假信息扰乱经济秩序和社会秩序，以及侵害他人名誉、隐私、知识产权和其他合法权益等活动。

**第十三条** 国家支持研究开发有利于未成年人健康成长的网络产品和服务，依法惩治利用网络从事危害未成年人身心健康的活动，为未成年人提供安全、健康的网络环境。

**第十四条** 任何个人和组织有权对危害网络安全的行为向网信、电信、公安等部门举报。收到举报的部门应当及时依法作出处理；不属于本部门职责的，

应当及时移送有权处理的部门。

有关部门应当对举报人的相关信息予以保密，保护举报人的合法权益。

## 第二章　网络安全支持与促进

**第十五条**　国家建立和完善网络安全标准体系。国务院标准化行政主管部门和国务院其他有关部门根据各自的职责，组织制定并适时修订有关网络安全管理以及网络产品、服务和运行安全的国家标准、行业标准。

国家支持企业、研究机构、高等学校、网络相关行业组织参与网络安全国家标准、行业标准的制定。

**第十六条**　国务院和省、自治区、直辖市人民政府应当统筹规划，加大投入，扶持重点网络安全技术产业和项目，支持网络安全技术的研究开发和应用，推广安全可信的网络产品和服务，保护网络技术知识产权，支持企业、研究机构和高等学校等参与国家网络安全技术创新项目。

**第十七条**　国家推进网络安全社会化服务体系建设，鼓励有关企业、机构开展网络安全认证、检测和风险评估等安全服务。

**第十八条**　国家鼓励开发网络数据安全保护和利用技术，促进公共数据资源开放，推动技术创新和经济社会发展。

国家支持创新网络安全管理方式，运用网络新技术，提升网络安全保护水平。

**第十九条**　各级人民政府及其有关部门应当组织开展经常性的网络安全宣传教育，并指导、督促有关单位做好网络安全宣传教育工作。

大众传播媒介应当有针对性地面向社会进行网络安全宣传教育。

**第二十条**　国家支持企业和高等学校、职业学校等教育培训机构开展网络安全相关教育与培训，采取多种方式培养网络安全人才，促进网络安全人才交流。

## 第三章　网络运行安全

### 第一节　一般规定

**第二十一条**　国家实行网络安全等级保护制度。网络运营者应当按照网络安全等级保护制度的要求，履行下列安全保护义务，保障网络免受干扰、破坏或者未经授权的访问，防止网络数据泄露或者被窃取、篡改：

（一）制定内部安全管理制度和操作规程，确定网络安全负责人，落实网络安全保护责任；

（二）采取防范计算机病毒和网络攻击、网络侵入等危害网络安全行为的技术措施；

（三）采取监测、记录网络运行状态、网络安全事件的技术措施，并按照规定留存相关的网络日志不少于六个月；

（四）采取数据分类、重要数据备份和加密等措施；

（五）法律、行政法规规定的其他义务。

**第二十二条** 网络产品、服务应当符合相关国家标准的强制性要求。网络产品、服务的提供者不得设置恶意程序；发现其网络产品、服务存在安全缺陷、漏洞等风险时，应当立即采取补救措施，按照规定及时告知用户并向有关主管部门报告。

网络产品、服务的提供者应当为其产品、服务持续提供安全维护；在规定或者当事人约定的期限内，不得终止提供安全维护。

网络产品、服务具有收集用户信息功能的，其提供者应当向用户明示并取得同意；涉及用户个人信息的，还应当遵守本法和有关法律、行政法规关于个人信息保护的规定。

**第二十三条** 网络关键设备和网络安全专用产品应当按照相关国家标准的强制性要求，由具备资格的机构安全认证合格或者安全检测符合要求后，方可销售或者提供。国家网信部门会同国务院有关部门制定、公布网络关键设备和网络安全专用产品目录，并推动安全认证和安全检测结果互认，避免重复认证、检测。

**第二十四条** 网络运营者为用户办理网络接入、域名注册服务，办理固定电话、移动电话等入网手续，或者为用户提供信息发布、即时通讯等服务，在与用户签订协议或者确认提供服务时，应当要求用户提供真实身份信息。用户不提供真实身份信息的，网络运营者不得为其提供相关服务。

国家实施网络可信身份战略，支持研究开发安全、方便的电子身份认证技术，推动不同电子身份认证之间的互认。

**第二十五条** 网络运营者应当制定网络安全事件应急预案，及时处置系统漏洞、计算机病毒、网络攻击、网络侵入等安全风险；在发生危害网络安全的事件时，立即启动应急预案，采取相应的补救措施，并按照规定向有关主管部门报告。

**第二十六条** 开展网络安全认证、检测、风险评估等活动，向社会发布系统漏洞、计算机病毒、网络攻击、网络侵入等网络安全信息，应当遵守国家有关规定。

**第二十七条** 任何个人和组织不得从事非法侵入他人网络、干扰他人网络正常功能、窃取网络数据等危害网络安全的活动；不得提供专门用于从事侵入网络、干扰网络正常功能及防护措施、窃取网络数据等危害网络安全活动的程序、工具；明知他人从事危害网络安全的活动的，不得为其提供技术支持、广告推广、支付结算等帮助。

**第二十八条** 网络运营者应当为公安机关、国家安全机关依法维护国家安全和侦查犯罪的活动提供技术支持和协助。

**第二十九条** 国家支持网络运营者之间在网络安全信息收集、分析、通报和应急处置等方面进行合作，提高网络运营者的安全保障能力。

有关行业组织建立健全本行业的网络安全保护规范和协作机制，加强对网络安全风险的分析评估，定期向会员进行风险警示，支持、协助会员应对网络安全风险。

**第三十条** 网信部门和有关部门在履行网络安全保护职责中获取的信息，只能用于维护网络安全的需要，不得用于其他用途。

**第二节 关键信息基础设施的运行安全**

**第三十一条** 国家对公共通信和信息服务、能源、交通、水利、金融、公共服务、电子政务等重要行业和领域，以及其他一旦遭到破坏、丧失功能或者数据泄露，可能严重危害国家安全、国计民生、公共利益的关键信息基础设施，在网络安全等级保护制度的基础上，实行重点保护。关键信息基础设施的具体范围和安全保护办法由国务院制定。

国家鼓励关键信息基础设施以外的网络运营者自愿参与关键信息基础设施保护体系。

**第三十二条** 按照国务院规定的职责分工，负责关键信息基础设施安全保护工作的部门分别编制并组织实施本行业、本领域的关键信息基础设施安全规划，指导和监督关键信息基础设施运行安全保护工作。

**第三十三条** 建设关键信息基础设施应当确保其具有支持业务稳定、持续运行的性能，并保证安全技术措施同步规划、同步建设、同步使用。

**第三十四条** 除本法第二十一条的规定外，关键信息基础设施的运营者还应当履行下列安全保护义务：

（一）设置专门安全管理机构和安全管理负责人，并对该负责人和关键岗位的人员进行安全背景审查；

（二）定期对从业人员进行网络安全教育、技术培训和技能考核；

（三）对重要系统和数据库进行容灾备份；

（四）制定网络安全事件应急预案，并定期进行演练；

（五）法律、行政法规规定的其他义务。

**第三十五条** 关键信息基础设施的运营者采购网络产品和服务，可能影响国家安全的，应当通过国家网信部门会同国务院有关部门组织的国家安全审查。

**第三十六条** 关键信息基础设施的运营者采购网络产品和服务，应当按照规定与提供者签订安全保密协议，明确安全和保密义务与责任。

**第三十七条** 关键信息基础设施的运营者在中华人民共和国境内运营中收集和产生的个人信息和重要数据应当在境内存储。因业务需要，确需向境外提供的，应当按照国家网信部门会同国务院有关部门制定的办法进行安全评估；法律、行政法规另有规定的，依照其规定。

**第三十八条** 关键信息基础设施的运营者应当自行或者委托网络安全服务机构对其网络的安全性和可能存在的风险每年至少进行一次检测评估，并将检测评估情况和改进措施报送相关负责关键信息基础设施安全保护工作的部门。

**第三十九条** 国家网信部门应当统筹协调有关部门对关键信息基础设施的安全保护采取下列措施：

（一）对关键信息基础设施的安全风险进行抽查检测，提出改进措施，必要时可以委托网络安全服务机构对网络存在的安全风险进行检测评估；

（二）定期组织关键信息基础设施的运营者进行网络安全应急演练，提高应对网络安全事件的水平和协同配合能力；

（三）促进有关部门、关键信息基础设施的运营者以及有关研究机构、网络安全服务机构等之间的网络安全信息共享；

（四）对网络安全事件的应急处置与网络功能的恢复等，提供技术支持和协助。

**第四章　网络信息安全**

**第四十条** 网络运营者应当对其收集的用户信息严格保密，并建立健全用户信息保护制度。

**第四十一条** 网络运营者收集、使用个人信息，应当遵循合法、正当、必要的原则，公开收集、使用规则，明示收集、使用信息的目的、方式和范围，并经被收集者同意。

网络运营者不得收集与其提供的服务无关的个人信息，不得违反法律、行政

法规的规定和双方的约定收集、使用个人信息，并应当依照法律、行政法规的规定和与用户的约定，处理其保存的个人信息。

**第四十二条** 网络运营者不得泄露、篡改、毁损其收集的个人信息；未经被收集者同意，不得向他人提供个人信息。但是，经过处理无法识别特定个人且不能复原的除外。

网络运营者应当采取技术措施和其他必要措施，确保其收集的个人信息安全，防止信息泄露、毁损、丢失。在发生或者可能发生个人信息泄露、毁损、丢失的情况时，应当立即采取补救措施，按照规定及时告知用户并向有关主管部门报告。

**第四十三条** 个人发现网络运营者违反法律、行政法规的规定或者双方的约定收集、使用其个人信息的，有权要求网络运营者删除其个人信息；发现网络运营者收集、存储的其个人信息有错误的，有权要求网络运营者予以更正。网络运营者应当采取措施予以删除或者更正。

**第四十四条** 任何个人和组织不得窃取或者以其他非法方式获取个人信息，不得非法出售或者非法向他人提供个人信息。

**第四十五条** 依法负有网络安全监督管理职责的部门及其工作人员，必须对在履行职责中知悉的个人信息、隐私和商业秘密严格保密，不得泄露、出售或者非法向他人提供。

**第四十六条** 任何个人和组织应当对其使用网络的行为负责，不得设立用于实施诈骗，传授犯罪方法，制作或者销售违禁物品、管制物品等违法犯罪活动的网站、通讯群组，不得利用网络发布涉及实施诈骗，制作或者销售违禁物品、管制物品以及其他违法犯罪活动的信息。

**第四十七条** 网络运营者应当加强对其用户发布的信息的管理，发现法律、行政法规禁止发布或者传输的信息的，应当立即停止传输该信息，采取消除等处置措施，防止信息扩散，保存有关记录，并向有关主管部门报告。

**第四十八条** 任何个人和组织发送的电子信息、提供的应用软件，不得设置恶意程序，不得含有法律、行政法规禁止发布或者传输的信息。

电子信息发送服务提供者和应用软件下载服务提供者，应当履行安全管理义务，知道其用户有前款规定行为的，应当停止提供服务，采取消除等处置措施，保存有关记录，并向有关主管部门报告。

**第四十九条** 网络运营者应当建立网络信息安全投诉、举报制度，公布投诉、举报方式等信息，及时受理并处理有关网络信息安全的投诉和举报。

网络运营者对网信部门和有关部门依法实施的监督检查，应当予以配合。

**第五十条** 国家网信部门和有关部门依法履行网络信息安全监督管理职责，发现法律、行政法规禁止发布或者传输的信息的，应当要求网络运营者停止传输，采取消除等处置措施，保存有关记录；对来源于中华人民共和国境外的上述信息，应当通知有关机构采取技术措施和其他必要措施阻断传播。

**第五章 监测预警与应急处置**

**第五十一条** 国家建立网络安全监测预警和信息通报制度。国家网信部门应当统筹协调有关部门加强网络安全信息收集、分析和通报工作，按照规定统一发布网络安全监测预警信息。

**第五十二条** 负责关键信息基础设施安全保护工作的部门，应当建立健全本行业、本领域的网络安全监测预警和信息通报制度，并按照规定报送网络安全监测预警信息。

**第五十三条** 国家网信部门协调有关部门建立健全网络安全风险评估和应急工作机制，制定网络安全事件应急预案，并定期组织演练。

负责关键信息基础设施安全保护工作的部门应当制定本行业、本领域的网络安全事件应急预案，并定期组织演练。

网络安全事件应急预案应当按照事件发生后的危害程度、影响范围等因素对网络安全事件进行分级，并规定相应的应急处置措施。

**第五十四条** 网络安全事件发生的风险增大时，省级以上人民政府有关部门应当按照规定的权限和程序，并根据网络安全风险的特点和可能造成的危害，采取下列措施：

（一）要求有关部门、机构和人员及时收集、报告有关信息，加强对网络安全风险的监测；

（二）组织有关部门、机构和专业人员，对网络安全风险信息进行分析评估，预测事件发生的可能性、影响范围和危害程度；

（三）向社会发布网络安全风险预警，发布避免、减轻危害的措施。

**第五十五条** 发生网络安全事件，应当立即启动网络安全事件应急预案，对网络安全事件进行调查和评估，要求网络运营者采取技术措施和其他必要措施，消除安全隐患，防止危害扩大，并及时向社会发布与公众有关的警示信息。

**第五十六条** 省级以上人民政府有关部门在履行网络安全监督管理职责中，发现网络存在较大安全风险或者发生安全事件的，可以按照规定的权限和程序

对该网络的运营者的法定代表人或者主要负责人进行约谈。网络运营者应当按照要求采取措施，进行整改，消除隐患。

**第五十七条** 因网络安全事件，发生突发事件或者生产安全事故的，应当依照《中华人民共和国突发事件应对法》、《中华人民共和国安全生产法》等有关法律、行政法规的规定处置。

**第五十八条** 因维护国家安全和社会公共秩序，处置重大突发社会安全事件的需要，经国务院决定或者批准，可以在特定区域对网络通信采取限制等临时措施。

## 第六章 法律责任

**第五十九条** 网络运营者不履行本法第二十一条、第二十五条规定的网络安全保护义务的，由有关主管部门责令改正，给予警告；拒不改正或者导致危害网络安全等后果的，处一万元以上十万元以下罚款，对直接负责的主管人员处五千元以上五万元以下罚款。

关键信息基础设施的运营者不履行本法第三十三条、第三十四条、第三十六条、第三十八条规定的网络安全保护义务的，由有关主管部门责令改正，给予警告；拒不改正或者导致危害网络安全等后果的，处十万元以上一百万元以下罚款，对直接负责的主管人员处一万元以上十万元以下罚款。

**第六十条** 违反本法第二十二条第一款、第二款和第四十八条第一款规定，有下列行为之一的，由有关主管部门责令改正，给予警告；拒不改正或者导致危害网络安全等后果的，处五万元以上五十万元以下罚款，对直接负责的主管人员处一万元以上十万元以下罚款：

（一）设置恶意程序的；

（二）对其产品、服务存在的安全缺陷、漏洞等风险未立即采取补救措施，或者未按照规定及时告知用户并向有关主管部门报告的；

（三）擅自终止为其产品、服务提供安全维护的。

**第六十一条** 网络运营者违反本法第二十四条第一款规定，未要求用户提供真实身份信息，或者对不提供真实身份信息的用户提供相关服务的，由有关主管部门责令改正；拒不改正或者情节严重的，处五万元以上五十万元以下罚款，并可以由有关主管部门责令暂停相关业务、停业整顿、关闭网站、吊销相关业务许可证或者吊销营业执照，对直接负责的主管人员和其他直接责任人员处一万元以上十万元以下罚款。

**第六十二条** 违反本法第二十六条规定，开展网络安全认证、检测、风险评估等活动，或者向社会发布系统漏洞、计算机病毒、网络攻击、网络侵入等网络安全信息的，由有关主管部门责令改正，给予警告；拒不改正或者情节严重的，处一万元以上十万元以下罚款，并可以由有关主管部门责令暂停相关业务、停业整顿、关闭网站、吊销相关业务许可证或者吊销营业执照，对直接负责的主管人员和其他直接责任人员处五千元以上五万元以下罚款。

**第六十三条** 违反本法第二十七条规定，从事危害网络安全的活动，或者提供专门用于从事危害网络安全活动的程序、工具，或者为他人从事危害网络安全的活动提供技术支持、广告推广、支付结算等帮助，尚不构成犯罪的，由公安机关没收违法所得，处五日以下拘留，可以并处五万元以上五十万元以下罚款；情节较重的，处五日以上十五日以下拘留，可以并处十万元以上一百万元以下罚款。

单位有前款行为的，由公安机关没收违法所得，处十万元以上一百万元以下罚款，并对直接负责的主管人员和其他直接责任人员依照前款规定处罚。

违反本法第二十七条规定，受到治安管理处罚的人员，五年内不得从事网络安全管理和网络运营关键岗位的工作；受到刑事处罚的人员，终身不得从事网络安全管理和网络运营关键岗位的工作。

**第六十四条** 网络运营者、网络产品或者服务的提供者违反本法第二十二条第三款、第四十一条至第四十三条规定，侵害个人信息依法得到保护的权利的，由有关主管部门责令改正，可以根据情节单处或者并处警告、没收违法所得、处违法所得一倍以上十倍以下罚款，没有违法所得的，处一百万元以下罚款，对直接负责的主管人员和其他直接责任人员处一万元以上十万元以下罚款；情节严重的，并可以责令暂停相关业务、停业整顿、关闭网站、吊销相关业务许可证或者吊销营业执照。

违反本法第四十四条规定，窃取或者以其他非法方式获取、非法出售或者非法向他人提供个人信息，尚不构成犯罪的，由公安机关没收违法所得，并处违法所得一倍以上十倍以下罚款，没有违法所得的，处一百万元以下罚款。

**第六十五条** 关键信息基础设施的运营者违反本法第三十五条规定，使用未经安全审查或者安全审查未通过的网络产品或者服务的，由有关主管部门责令停止使用，处采购金额一倍以上十倍以下罚款；对直接负责的主管人员和其他直接责任人员处一万元以上十万元以下罚款。

**第六十六条** 关键信息基础设施的运营者违反本法第三十七条规定，在境

外存储网络数据，或者向境外提供网络数据的，由有关主管部门责令改正，给予警告，没收违法所得，处五万元以上五十万元以下罚款，并可以责令暂停相关业务、停业整顿、关闭网站、吊销相关业务许可证或者吊销营业执照；对直接负责的主管人员和其他直接责任人员处一万元以上十万元以下罚款。

**第六十七条** 违反本法第四十六条规定，设立用于实施违法犯罪活动的网站、通讯群组，或者利用网络发布涉及实施违法犯罪活动的信息，尚不构成犯罪的，由公安机关处五日以下拘留，可以并处一万元以上十万元以下罚款；情节较重的，处五日以上十五日以下拘留，可以并处五万元以上五十万元以下罚款。关闭用于实施违法犯罪活动的网站、通讯群组。

单位有前款行为的，由公安机关处十万元以上五十万元以下罚款，并对直接负责的主管人员和其他直接责任人员依照前款规定处罚。

**第六十八条** 网络运营者违反本法第四十七条规定，对法律、行政法规禁止发布或者传输的信息未停止传输、采取消除等处置措施、保存有关记录的，由有关主管部门责令改正，给予警告，没收违法所得；拒不改正或者情节严重的，处十万元以上五十万元以下罚款，并可以责令暂停相关业务、停业整顿、关闭网站、吊销相关业务许可证或者吊销营业执照，对直接负责的主管人员和其他直接责任人员处一万元以上十万元以下罚款。

电子信息发送服务提供者、应用软件下载服务提供者，不履行本法第四十八条第二款规定的安全管理义务的，依照前款规定处罚。

**第六十九条** 网络运营者违反本法规定，有下列行为之一的，由有关主管部门责令改正；拒不改正或者情节严重的，处五万元以上五十万元以下罚款，对直接负责的主管人员和其他直接责任人员，处一万元以上十万元以下罚款：

（一）不按照有关部门的要求对法律、行政法规禁止发布或者传输的信息，采取停止传输、消除等处置措施的；

（二）拒绝、阻碍有关部门依法实施的监督检查的；

（三）拒不向公安机关、国家安全机关提供技术支持和协助的。

**第七十条** 发布或者传输本法第十二条第二款和其他法律、行政法规禁止发布或者传输的信息的，依照有关法律、行政法规的规定处罚。

**第七十一条** 有本法规定的违法行为的，依照有关法律、行政法规的规定记入信用档案，并予以公示。

**第七十二条** 国家机关政务网络的运营者不履行本法规定的网络安全保护义务的，由其上级机关或者有关机关责令改正；对直接负责的主管人员和其他直接责任人员依法给予处分。

**第七十三条** 网信部门和有关部门违反本法第三十条规定，将在履行网络安全保护职责中获取的信息用于其他用途的，对直接负责的主管人员和其他直接责任人员依法给予处分。

网信部门和有关部门的工作人员玩忽职守、滥用职权、徇私舞弊，尚不构成犯罪的，依法给予处分。

**第七十四条** 违反本法规定，给他人造成损害的，依法承担民事责任。

违反本法规定，构成违反治安管理行为的，依法给予治安管理处罚；构成犯罪的，依法追究刑事责任。

**第七十五条** 境外的机构、组织、个人从事攻击、侵入、干扰、破坏等危害中华人民共和国的关键信息基础设施的活动，造成严重后果的，依法追究法律责任；国务院公安部门和有关部门并可以决定对该机构、组织、个人采取冻结财产或者其他必要的制裁措施。

**第七章 附 则**

**第七十六条** 本法下列用语的含义：

（一）网络，是指由计算机或者其他信息终端及相关设备组成的按照一定的规则和程序对信息进行收集、存储、传输、交换、处理的系统。

（二）网络安全，是指通过采取必要措施，防范对网络的攻击、侵入、干扰、破坏和非法使用以及意外事故，使网络处于稳定可靠运行的状态，以及保障网络数据的完整性、保密性、可用性的能力。

（三）网络运营者，是指网络的所有者、管理者和网络服务提供者。

（四）网络数据，是指通过网络收集、存储、传输、处理和产生的各种电子数据。

（五）个人信息，是指以电子或者其他方式记录的能够单独或者与其他信息结合识别自然人个人身份的各种信息，包括但不限于自然人的姓名、出生日期、身份证件号码、个人生物识别信息、住址、电话号码等。

**第七十七条** 存储、处理涉及国家秘密信息的网络的运行安全保护，除应当遵守本法外，还应当遵守保密法律、行政法规的规定。

**第七十八条** 军事网络的安全保护，由中央军事委员会另行规定。

**第七十九条** 本法自2017年6月1日起施行。

（摘自中国工信部网站 http：//www. miit. gov. cn）

## 三、其他相关法规制度

### (一)《移动互联网应用程序信息服务管理规定》

国家互联网信息办公室于2016年6月28日发布《移动互联网应用程序信息服务管理规定》(以下简称《规定》)。国家互联网信息办公室有关负责人表示，出台《规定》旨在加强对移动互联网应用程序(APP)信息服务的规范管理，促进行业健康有序发展，保护公民、法人和其他组织的合法权益，内容见专栏2-2。

**专栏2-2　移动互联网应用程序信息服务管理规定**

**第一条**　为加强对移动互联网应用程序(APP)信息服务的管理，保护公民、法人和其他组织的合法权益，维护国家安全和公共利益，根据《全国人民代表大会常务委员会关于加强网络信息保护的决定》和《国务院关于授权国家互联网信息办公室负责互联网信息内容管理工作的通知》，制定本规定。

**第二条**　在中华人民共和国境内通过移动互联网应用程序提供信息服务，从事互联网应用商店服务，应当遵守本规定。

本规定所称移动互联网应用程序，是指通过预装、下载等方式获取并运行在移动智能终端上、向用户提供信息服务的应用软件。

本规定所称移动互联网应用程序提供者，是指提供信息服务的移动互联网应用程序所有者或运营者。

本规定所称互联网应用商店，是指通过互联网提供应用软件浏览、搜索、下载或开发工具和产品发布服务的平台。

**第三条**　国家互联网信息办公室负责全国移动互联网应用程序信息内容的监督管理执法工作。地方互联网信息办公室依据职责负责本行政区域内的移动互联网应用程序信息内容的监督管理执法工作。

**第四条**　鼓励各级党政机关、企事业单位和各人民团体积极运用移动互联网应用程序，推进政务公开，提供公共服务，促进经济社会发展。

**第五条**　通过移动互联网应用程序提供信息服务，应当依法取得法律法规规定的相关资质。从事互联网应用商店服务，还应当在业务上线运营三十日内向所在地省、自治区、直辖市互联网信息办公室备案。

**第六条** 移动互联网应用程序提供者和互联网应用商店服务提供者不得利用移动互联网应用程序从事危害国家安全、扰乱社会秩序、侵犯他人合法权益等法律法规禁止的活动，不得利用移动互联网应用程序制作、复制、发布、传播法律法规禁止的信息内容。

**第七条** 移动互联网应用程序提供者应当严格落实信息安全管理责任，依法履行以下义务：

（一）按照“后台实名、前台自愿”的原则，对注册用户进行基于移动电话号码等真实身份信息认证。

（二）建立健全用户信息安全保护机制，收集、使用用户个人信息应当遵循合法、正当、必要的原则，明示收集使用信息的目的、方式和范围，并经用户同意。

（三）建立健全信息内容审核管理机制，对发布违法违规信息内容的，视情采取警示、限制功能、暂停更新、关闭账号等处置措施，保存记录并向有关主管部门报告。

（四）依法保障用户在安装或使用过程中的知情权和选择权，未向用户明示并经用户同意，不得开启收集地理位置、读取通讯录、使用摄像头、启用录音等功能，不得开启与服务无关的功能，不得捆绑安装无关应用程序。

（五）尊重和保护知识产权，不得制作、发布侵犯他人知识产权的应用程序。

（六）记录用户日志信息，并保存六十日。

**第八条** 互联网应用商店服务提供者应当对应用程序提供者履行以下管理责任：

（一）对应用程序提供者进行真实性、安全性、合法性等审核，建立信用管理制度，并向所在地省、自治区、直辖市互联网信息办公室分类备案。

（二）督促应用程序提供者保护用户信息，完整提供应用程序获取和使用用户信息的说明，并向用户呈现。

（三）督促应用程序提供者发布合法信息内容，建立健全安全审核机制，配备与服务规模相适应的专业人员。

（四）督促应用程序提供者发布合法应用程序，尊重和保护应用程序提供者的知识产权。

对违反前款规定的应用程序提供者，视情采取警示、暂停发布、下架应用程序等措施，保存记录并向有关主管部门报告。

**第九条** 互联网应用商店服务提供者和移动互联网应用程序提供者应当签

订服务协议，明确双方权利义务，共同遵守法律法规和平台公约。

**第十条** 移动互联网应用程序提供者和互联网应用商店服务提供者应当配合有关部门依法进行的监督检查，自觉接受社会监督，设置便捷的投诉举报入口，及时处理公众投诉举报。

**第十一条** 本规定自2016年8月1日起施行。

（摘自中国网信网 www. cac. gov. cn）

### （二）《即时通信工具公众信息服务发展管理暂行规定》

国家互联网信息办公室于2015年8月7日发布《即时通信工具公众信息服务发展管理暂行规定》（以下简称《规定》），对即时通信工具服务提供者、使用者的服务和使用行为进行了规范，对通过即时通信工具从事公众信息服务活动提出了明确管理要求，具体内容见专栏2-3。

**专栏2-3 即时通信工具公众信息服务发展管理暂行规定**

**第一条** 为进一步推动即时通信工具公众信息服务健康有序发展，保护公民、法人和其他组织的合法权益，维护国家安全和公共利益，根据《全国人民代表大会常务委员会关于维护互联网安全的决定》、《全国人民代表大会常务委员会关于加强网络信息保护的决定》、《最高人民法院、最高人民检察院关于办理利用信息网络实施诽谤等刑事案件适用法律若干问题的解释》、《互联网信息服务管理办法》、《互联网新闻信息服务管理规定》等法律法规，制定本规定。

**第二条** 在中华人民共和国境内从事即时通信工具公众信息服务，适用本规定。

本规定所称即时通信工具，是指基于互联网面向终端使用者提供即时信息交流服务的应用。本规定所称公众信息服务，是指通过即时通信工具的公众账号及其他形式向公众发布信息的活动。

**第三条** 国家互联网信息办公室负责统筹协调指导即时通信工具公众信息服务发展管理工作，省级互联网信息内容主管部门负责本行政区域的相关工作。

互联网行业组织应当积极发挥作用，加强行业自律，推动行业信用评价体系建设，促进行业健康有序发展。

**第四条** 即时通信工具服务提供者应当取得法律法规规定的相关资质。即时通信工具服务提供者从事公众信息服务活动，应当取得互联网新闻信息服务资质。

**第五条** 即时通信工具服务提供者应当落实安全管理责任，建立健全各项制度，配备与服务规模相适应的专业人员，保护用户信息及公民个人隐私，自觉接受社会监督，及时处理公众举报的违法和不良信息。

**第六条** 即时通信工具服务提供者应当按照“后台实名、前台自愿”的原则，要求即时通信工具服务使用者通过真实身份信息认证后注册账号。

即时通信工具服务使用者注册账号时，应当与即时通信工具服务提供者签订协议，承诺遵守法律法规、社会主义制度、国家利益、公民合法权益、公共秩序、社会道德风尚和信息真实性等“七条底线”。

**第七条** 即时通信工具服务使用者为从事公众信息服务活动开设公众账号，应当经即时通信工具服务提供者审核，由即时通信工具服务提供者向互联网信息内容主管部门分类备案。

新闻单位、新闻网站开设的公众账号可以发布、转载时政类新闻，取得互联网新闻信息服务资质的非新闻单位开设的公众账号可以转载时政类新闻。其他公众账号未经批准不得发布、转载时政类新闻。

即时通信工具服务提供者应当对可以发布或转载时政类新闻的公众账号加注标识。

鼓励各级党政机关、企事业单位和各人民团体开设公众账号，服务经济社会发展，满足公众需求。

**第八条** 即时通信工具服务使用者从事公众信息服务活动，应当遵守相关法律法规。

对违反协议约定的即时通信工具服务使用者，即时通信工具服务提供者应当视情节采取警示、限制发布、暂停更新直至关闭账号等措施，并保存有关记录，履行向有关主管部门报告义务。

**第九条** 对违反本规定的行为，由有关部门依照相关法律法规处理。

**第十条** 本规定自公布之日起施行。

（摘自中国网信网 www. cac. gov. cn）

### （三）《互联网用户账号名称管理规定》

国家互联网信息办公室于2015年2月4日发布《互联网用户账号名称管理规定》。该规定自2015年3月1日施行。《互联网用户账号名称管理规定》就账号的名称、头像和简介等，对互联网企业、用户的服务和使用行为进行了规范，涉及在博客、微博客、即时通信工具、论坛、贴吧、跟帖评论等互联网信息服务中注册使用的所有账号，具体内容见专栏2-4。

**专栏2-4　互联网用户账号名称管理规定**

**第一条**　为加强对互联网用户账号名称的管理，保护公民、法人和其他组织的合法权益，根据《国务院关于授权国家互联网信息办公室负责互联网信息内容管理工作的通知》和有关法律、行政法规，制定本规定。

**第二条**　在中华人民共和国境内注册、使用和管理互联网用户账号名称，适用本规定。

本规定所称互联网用户账号名称，是指机构或个人在博客、微博客、即时通信工具、论坛、贴吧、跟帖评论等互联网信息服务中注册或使用的账号名称。

**第三条**　国家互联网信息办公室负责对全国互联网用户账号名称的注册、使用实施监督管理，各省、自治区、直辖市互联网信息内容主管部门负责对本行政区域内互联网用户账号名称的注册、使用实施监督管理。

**第四条**　互联网信息服务提供者应当落实安全管理责任，完善用户服务协议，明示互联网信息服务使用者在账号名称、头像和简介等注册信息中不得出现违法和不良信息，配备与服务规模相适应的专业人员，对互联网用户提交的账号名称、头像和简介等注册信息进行审核，对含有违法和不良信息的，不予注册；保护用户信息及公民个人隐私，自觉接受社会监督，及时处理公众举报的账号名称、头像和简介等注册信息中的违法和不良信息。

**第五条**　互联网信息服务提供者应当按照“后台实名、前台自愿”的原则，要求互联网信息服务使用者通过真实身份信息认证后注册账号。

互联网信息服务使用者注册账号时，应当与互联网信息服务提供者签订协议，承诺遵守法律法规、社会主义制度、国家利益、公民合法权益、公共秩序、社会道德风尚和信息真实性等七条底线。

**第六条** 任何机构或个人注册和使用的互联网用户账号名称，不得有下列情形：

（一）违反宪法或法律法规规定的；

（二）危害国家安全，泄露国家秘密，颠覆国家政权，破坏国家统一的；

（三）损害国家荣誉和利益的，损害公共利益的；

（四）煽动民族仇恨、民族歧视，破坏民族团结的；

（五）破坏国家宗教政策，宣扬邪教和封建迷信的；

（六）散布谣言，扰乱社会秩序，破坏社会稳定的；

（七）散布淫秽、色情、赌博、暴力、凶杀、恐怖或者教唆犯罪的；

（八）侮辱或者诽谤他人，侵害他人合法权益的；

（九）含有法律、行政法规禁止的其他内容的。

**第七条** 互联网信息服务使用者以虚假信息骗取账号名称注册，或其账号头像、简介等注册信息存在违法和不良信息的，互联网信息服务提供者应当采取通知限期改正、暂停使用、注销登记等措施。

**第八条** 对冒用、关联机构或社会名人注册账号名称的，互联网信息服务提供者应当注销其账号，并向互联网信息内容主管部门报告。

**第九条** 对违反本规定的行为，由有关部门依照相关法律规定处理。

**第十条** 本规定自 2015 年 3 月 1 日施行。

（摘自中国网信网 www. cac. gov. cn）

# 第三节 林业行业管理办法

## 一、中国林业网管理办法

国家林业局于 2010 年发布《中国林业网管理办法》，具体内容见专栏 2-5。

## 专栏2-5　中国林业网管理办法

林办发〔2010〕185号

### 第一章　总　则

**第一条**　为加强中国林业网的规范管理，构建长效运行机制，根据国家有关法律法规及规定，制定本办法。

**第二条**　本办法适用于国家林业局各司局、各直属单位，地方各级林业主管部门、各森工集团、新疆生产建设兵团林业主管部门(以下简称地方各单位)。

**第三条**　中国林业网与国家林业局政府网、国家生态网一网三名(域名：http：// www. forestry. gov. cn)，为国家林业局唯一官方网站。

**第四条**　中国林业网采用网站群架构模式，由国家林业局主站和各司局、各直属单位、地方各单位子站和业务主题子站组成，具有信息发布、在线办事、互动交流和林业展示等功能。

**第五条**　中国林业网实行"统一建设、分级维护、资源共享、强化服务"的基本原则，努力塑造中国林业第一门户网站。

### 第二章　职责分工

**第六条**　国家林业局信息化管理办公室(信息中心)是中国林业网建设管理主管部门，负责中国林业网规划建设、内容保障、运行维护、升级改造和日常管理等工作，并指导和监督各子站内容维护与运行安全。

**第七条**　国家林业局各司局、各直属单位负责所属子站内容维护及主站相关栏目内容更新工作，负责提供主站场景式服务、留言回复、意见回复等在线咨询服务，负责提出子站及主站栏目建设需求。

**第八条**　地方各单位负责本单位子站建设和日常运行维护等工作，向主站报送本单位政务信息，参与主站在线办事、互动交流栏目的内容维护工作。

### 第三章　网站建设

**第九条**　中国林业网建设项目的立项、申报、建设、验收等工作应在国家林业局信息办的统筹协调下进行，并严格执行国家基本建设程序有关规定。

**第十条**　中国林业网建设项目的确定应符合《全国林业信息化建设纲要》和《全国林业信息化建设技术指南》要求，并基于林业信息化统一平台上建设。

**第十一条**　国家林业局各司局、各直属单位结合工作实际，提出子站建设和主站栏目增设需求，经国家林业局信息办审核并组合包装成建设项目，统一进行项目立项、申报并组织实施。

**第十二条** 地方各单位网站建设由所在单位自行规划、建设与管理，并作为主题子站链接至中国林业网主站。

## 第四章 信息发布

**第十三条** 凡确定为社会公开的国家林业局文件、国家林业局办公室文件等公文、信息，均应在文件、信息发送后的15个工作日内在中国林业网上发布。

**第十四条** 制定与公众利益密切相关的部门规章、政策，应通过中国林业网相关栏目广泛征求社会各界意见；出台或发布后，应同步在中国林业网上进行政策解读。

**第十五条** 发生突发重大公共事件时，相关单位应在中国林业网相关栏目及时发布权威信息，积极引导社会舆论。

**第十六条** 坚持“谁制作、谁审核、谁发布”的原则，对需在中国林业网上发布的公文、信息或事项，相关单位应对其真实性、准确性、权威性，是否涉密、能否公开负全责。

**第十七条** 中国林业网各子站必须发布的信息：

（一）本单位机构设置及职责分工。

（二）与本单位业务有关的法律、法规、部门规章及政策。

（三）本单位的行政审批事项，包括审批程序、具体事项、标准时限、办事机构、联系方式及电子服务方式等。

（四）本单位按规定需要向社会发布的公告、公示、通知、工作动态、业务数据等。

（五）本单位的公众信箱或联系方式。

## 第五章 在线办事与互动交流

**第十八条** 承办单位应及时发布行政许可依据、条件、数量、办理流程、期限、需提交的材料目录、申请示范文本及审批结果等信息，并按照规范格式及时发布未实现在线办理的可公开的行政许可决定或行政审批结果。有关其他公共服务事项，应及时发布服务指南。

**第十九条** 召开全国性重要会议、新闻发布会、听证会，会议主办单位应

提前3日向国家林业局信息办提出网上直播申请，由信息办统一组织实时图文直播或网络视频播出。

**第二十条** 结合林业发展新形势，针对林业重点工作和社会公众关注的热点问题，信息办应及时会同相关单位，研究确定访谈主题和内容，积极组织策划在线访谈活动。

**第二十一条** 通过局长信箱、网上调查等互动栏目征集到的重要公众留言和公众意见，经国家林业局信息办统一整理后转相关单位提供答复内容，由信息办统一上网反馈。

## 第六章 运行维护与内容更新

**第二十二条** 内容维护按照《中国林业网内容维护职责分工》(见附表)有关要求执行。

**第二十三条** 各司局、各直属单位及地方各单位应明确一名负责人分管中国林业网相关工作，指定一名网站信息员具体承办相关工作。网站信息员因工作等原因调离原岗位时，所在单位应提前重新确定信息员并报局信息办备案。网站信息员应具有较高的政治素质、文字功底和专业技能，并经系统培训后持证上岗。

**第二十四条** 中国林业网日常运行管理和内容维护经费从国家林业局财政专项经费中列支，执行财政专项经费使用有关规定。

## 第七章 信息安全

**第二十五条** 凡涉及国家秘密、工作秘密和商业秘密的文件、敏感信息严禁上网发布。任何人不得泄露网站后台密码。

**第二十六条** 根据公安部等《关于信息安全等级保护工作的实施意见》有关要求，中国林业网执行三级网站建设有关要求与技术规范。

**第二十七条** 中国林业网中心机房应实时备份网站系统和信息数据，实时监控系统和网页防篡改等安全系统，每周出具网站运行及内容更新等情况的监测报告。

**第二十八条** 一旦发生突发事件，立即启动《国家林业局网络信息安全应急处置预案》做好应急工作。

## 第八章 奖 惩

**第二十九条** 国家林业局信息办定期对中国林业网管理和运行维护工作进

行考核，按季度通报各司局、各直属单位和地方各单位信息报送和采用情况，按年度评选优秀信息员。

**第三十条** 国家林业局信息办每年组织开展一次主站各栏目和各主题子站的绩效评估工作，对优秀子站和栏目给予表彰和奖励；对于信息内容长期得不到及时更新的子站或主站栏目，将进行通报或实施关闭处理。

**第三十一条** 未履行审核程序擅自在中国林业网上发布信息、上网内容出现虚假信息或存在较多错误等情况，给予通报批评；造成失泄密的，将依据国家有关法律法规和规定，追究有关领导和直接责任人的责任。

**第九章 附 则**

**第三十二条** 本办法由国家林业局信息办负责解释。

**第三十三条** 本办法自印发之日起实施，《国家林业局网站管理暂行办法》（办发字〔2005〕21号）同时作废。

（摘自中国林业网 www. forestry. gov. cn）

## 二、国家林业局办公网管理办法

国家林业局于2010年印发《国家林业局办公网管理办法》，具体内容见专栏2-6。

**专栏2-6 国家林业局办公网管理办法**

**林办发〔2010〕185号**

**第一章 总 则**

**第一条** 为加强国家林业局办公网（以下简称为办公网）的规范管理，根据国家有关法律法规及规定，制定本办法。

**第二条** 本办法适用于国家林业局各司局、各直属单位，各省级林业主管部门、各森工集团、新疆生产建设兵团林业主管部门、各计划单列市林业主管部门（以下简称地方各单位）。

**第三条** 国家林业局信息化管理办公室（信息中心）是办公网的主管部门，负责办公网项目建设的立项审核、建设规划和日常维护等工作。

**第四条** 办公网域名为“http：// www. sfa. gov. cn”，是国家林业局统一的办公平台和各应用系统的统一入口。办公网管理遵循“谁发布、谁负责，谁承诺、谁办理”的原则。

**第五条** 国家林业局京外直属单位和地方各单位可通过全国林业专网访问办公网。

## 第二章 管理职责

**第六条** 国家林业局信息办负责信息资源整合和更新维护协调工作，统筹考虑办公网门户、各应用系统建设需求，保障办公网信息全面、准确、及时、实用。

**第七条** 各司局、各单位负责向办公网提交机关文件、信息，并维护好各自专区。

**第八条** 新建办公网应用系统，必须在国家林业局信息办的统一协调下，统一规划，统一平台，统一标准，填写《国家林业局办公网应用系统注册申请表》(见附表 1)，经国家林业局信息办审批并组织实施。

## 第三章 内容保障

**第九条** 国家林业局信息办负责办公网内容保障协调和更新维护的督促、检查工作。各司局、各直属单位按照《国家林业局办公网相关栏目内容保障职责分工》(见附表 2)，负责办公网办公平台、信息平台、学习平台、生活平台相关栏目的内容保障，允许在办公网上发布公开范围属于内部公开的信息，确保信息更新或发布内容的及时性、准确性和权威性。涉及国家秘密、工作秘密和商业秘密的文件、信息不得上网。

**第十条** 各司局、各直属单位应当建立健全信息采集、审核和发布制度，做到分级管理，严格把关。明确 1 名司局级负责人分管办公网信息维护工作，指定 1 名处级负责人负责审核发布信息，指定 1—2 名工作人员负责日常信息维护工作。

**第十一条** 国家林业局信息办每年对各司局、各直属单位办公网信息维护工作组织 1 次考评，并定期通报各栏目维护情况，对成绩突出的单位和个人给予通报表扬。

**第十二条** 涉及国家林业局重要政策规章和统计数据等信息的发布工作，应当按发布程序报批。相关司局或直属单位可发布属于本单位业务范围内的一般信息。

**第十三条** 各应用系统的内容保障工作，由相关司局、单位按照本办法自行确定，并确保信息内容的准确与安全。

## 第四章 运行维护

**第十四条** 国家林业局信息办统一负责用户证书的签发与管理。各司局、各直属单位对证书申请(《国家林业局办公网数字身份证书申请表》见附表3)、更新、停用、撤销、补发及使用负有审批和监管职责，对用户身份的真实性负责，并为系统提供用户身份信息支持。各地各单位办公室负责本单位范围内用户证书的签发与管理。

**第十五条** 国家林业局信息办配备超级管理员、系统管理员和密钥管理员负责系统的运行与管理。

(一)超级管理员，须由3人共同承担，负责系统的初始化与系统管理员的设定。超级管理员进行系统关键操作时，要做权限分割。进行超级管理员与系统管理员变更、系统或口令更新等重要操作时，至少需2名超级管理员同时在场操作。

(二)系统管理员，负责办公网日常运行管理，包括用户系统管理员、OA系统管理员、应用系统管理员、网络管理员等。系统管理员定期检查系统状态，确保系统正常运行。

(三)密钥管理员，负责密钥及密钥管理系统的日常运行管理，不承担证书受理工作。密钥管理员定期对日常操作进行安全审计，并向国家林业局信息办及时报告有关情况；作废的敏感文档与介质要及时销毁。

**第十六条** 国家林业局信息办应当配备证书申请录入员、证书申请审核员、证书制证员和注册管理员，负责证书受理工作。证书申请录入员和证书申请审核员不能由同一人兼任，证书制证员和注册管理员负责注册应用系统并提供相关技术支持。

**第十七条** 各岗位工作人员应当严格遵守各自职责和操作流程，妥善保管用户信息，未经允许不得以任何形式泄露用户信息，不得违规操作，未经许可不得越权。

**第十八条** 办公网计算机设备应当专机专用，不得进行与本系统无关的操作；严禁在系统内所有服务器主机上设置信息共享，实时采取漏洞扫描、入侵防护、用户身份验证、存取权限控制、数据保护和网络安全监控管理等措施；业务终端必须安装防病毒工具，并进行实时监控，及时为计算机系统安装补丁。

**第十九条** 办公网重要的信息和数据应当实时备份；办公网系统运行应当设置24小时值班制度，由专人负责监控，出现异常情况时，应及时处理。系统软硬件升级应上报主管部门审批。

## 第五章 数字身份证书

**第二十条** 数字身份证书(以下简称密钥)，是国家林业局身份认证系统对持有者信息经数字签名的密钥文件，根据在职用户按需发放，凡持有密钥的工作人员可访问办公网。经授权后方可进入相关应用系统。

**第二十一条** 密钥由国家林业局信息办指定专人统一制作，由申请者所在单位统一代领代发。

**第二十二条** 密钥介质管理实行“谁持有，谁负责”。领取密钥介质后，应当及时更改密钥介质保护口令，防止他人冒用。建议定期更改密钥介质保护口令。发现口令可能泄露，立即更改。

**第二十三条** 密钥使用完毕，持有者应当立即从计算机上取下并妥善保管，防止他人非法使用。未经批准不得将密钥转借他人使用。

**第二十四条** 密钥持有者如遇工作调整，应当及时填写《国家林业局办公网数字身份密钥撤销/停用、恢复、更新申请表》(见附表4)，经本单位审批后提交国家林业局信息办进行身份转换。密钥停用半年以上将自动失效，持有者应当按相关程序重新申请办理。

**第二十五条** 如密钥介质丢失或损坏，应当及时向国家林业局信息办申请撤销密钥，并按相关程序补发新密钥。

## 第六章 安全管理

**第二十六条** 办公网与中国林业网实行物理隔离，办公网不得链接国际互联网。

**第二十七条** 办公网计算机放置场所要符合防盗、防火要求。计算机数量多或信息化程度高的单位，应当安装防盗门窗和防盗报警装置，配备必要的防火器材。

**第二十八条** 办公网计算机要设置开机口令，每台计算机的使用和管理要落实到人。

**第二十九条** 办公网计算机原则上为台式机。确因特殊原因作为办公网计算机使用的笔记本电脑，不得擅自带离工作场所，防止信息被盗和泄露案件发生。

**第三十条** 办公网计算机与中国林业网计算机之间不得交叉使用优盘等移动存储介质。

**第三十一条** 办公网计算机维修应送到国家林业局信息办指定单位，并将硬盘拆除由专人保管。在确保办公网信息安全的前提下，可请厂家上门维修，并派人现场监修，登记维修时间、故障原因、维修单位和维修人员。对办公网计算机进行淘汰处理时，必须拆除内置硬盘送国家林业局保密办，并办理销毁手续。

**第三十二条** 办公网综合办公系统打印输出带有电子公章的正式公文，应按相应流程进行管理。

**第三十三条** 国家林业局信息办定期对办公网计算机及网络进行监督检查，有关单位和个人应积极配合检查。

**第三十四条** 用于连接办公网的电话号码、用户名、口令及联网方式、技术、网络系统等要严格保密。未经主管领导批准，不得向外提供办公网信息和资料。

**第三十五条** 国家林业局信息办（中心机房网络管理员）要检查各司局、各直属单位的办公网系统，及时发现并弥补漏洞。同时，实时检查网络内储存的信息，防止涉密文件和其他敏感信息进入网络。

**第三十六条** 一旦发生事故和案件，国家林业局中心机房网络管理员应当立即向国家林业局信息办报告，于第一时间处理，保护好现场并按有关规定向公安部门报案。

**第三十七条** 系统管理员要实时备份重要数据，防止因存储介质损坏造成数据丢失。备份介质可采用光盘、硬盘等方式，并妥善保管。

**第三十八条** 各司局、各直属单位办公网操作人员，要按照《国家林业局保密委员会关于组织开展保密承诺书签订工作的通知》（林密委发〔2009〕1号）有关规定签署保密承诺书。调离原单位时，需办理有关材料、软件的移交手续，对需保密的内容仍负有保密义务。接替人员要重新设置用户名、密码。

**第三十九条** 各司局、各直属单位应当指定专人负责保管本单位账号密码、电子公章、加密设备等，防止被人盗用。

## 第七章　罚　则

**第四十条** 泄露用户信息，私自借出、盗用他人密钥或恶意使用密钥等原因造成安全事故的，视其情节轻重，予以通报批评或行政处分，违反国家法律

法规或有关规定的，由有关部门依法追究其法律责任。

**第四十一条** 使用办公网设备进行与业务无关的操作或在密钥处理中出现失误的，视其情节轻重，对责任人和责任单位予以通报批评或行政处分。

**第四十二条** 通过网上恶意攻击身份认证系统造成系统不能正常工作或敏感信息泄露的，视其情节轻重，给予当事人行政处分，构成违法行为的，移送司法机关处理。

**第四十三条** 办公网联入中国林业网的，除追究当事人责任外，对其所在单位负责人通报批评。

**第四十四条** 丢失或人为损坏密钥，需重新补办，每补办1个由责任人补交成本费500元。

**第八章 附 则**

**第四十五条** 本办法由国家林业局信息办负责解释。

**第四十六条** 本办法自印发之日起实施。

（摘自中国林业网 www. forestry. gov. cn）

## 三、全国林业专网管理办法

国家林业局于2010年印发《全国林业专网管理办法》，具体内容详见专栏2-7。

**专栏2-7 全国林业专网管理办法**

**林办发〔2010〕185号**

**第一章 总 则**

**第一条** 为加强全国林业专网（以下简称专网）的规范管理，保证网络系统正常、高效、安全运行，根据国家有关法律法规及规定，制定本办法。

**第二条** 本办法适用于国家林业局各司局、各直属单位，各省级林业主管部门、各森工集团、新疆生产建设兵团林业主管部门、各计划单列市林业主管部门等专网接入单位（以下简称各节点单位）。

**第三条** 国家林业局信息办(信息中心)是专网主管部门，负责专网建设的立项审核、内容建设和组织协调等工作。

**第四条** 专网与互联网实行物理隔离。

## 第二章 网络管理

**第五条** 国家林业局信息办负责专网运行维护和日常管理，主要工作包括：及时解决网络故障，保证网络畅通；做好数据备份工作，保障数据安全；提供网络安全服务，建立应急处置机制；承担国家林业局各司局、各直属单位专网计算机的维护管理工作；负责其他业务系统接入专网的技术审查等。

**第六条** 各节点单位接入专网的运行维护管理，要在国家林业局信息办的统一指导下，由各单位自行负责。

**第七条** 国家林业局专网中心机房和各节点单位机房建设应当符合国家有关技术标准，采取有效措施，为专网设备安全运行提供必要环境。

**第八条** 各节点单位应当指定专人负责机房日常运行、设备保管和故障报告，发现问题及时报告国家林业局信息办。

**第九条** 各节点单位有责任和义务保护专网线路和设备，发现网络线路故障应当立即采取有效措施，恢复线路畅通，保障网络正常运行。

## 第三章 电子公文传输系统

**第十条** 电子公文传输系统是部署在专网上用于国家林业局办公网与各节点单位之间传输电子文件的专用系统，每单位通过20个节点与国家林业局内网连通。

**第十一条** 各节点单位办公室按照系统命名规范，确定本单位公文发送、接收专门用户，并报国家林业局信息办备案。

**第十二条** 传输电子公文应当使用国家林业局信息办统一提供的密码设备及公文发送、接收管理系统、彩色激光打印机等设备和软件。

**第十三条** 电子公文传输系统所有密钥、IC卡等密码设备应当按照中央办公厅机要局有关要求实施管理。

国家林业局信息办统一制发“公章密钥库盘”、“系统管理卡”、“公章卡”和“用户卡”，这是系统重要的保密部件，必须指定专人管理，规范使用，确保安全。

电子公文传输系统密码设备及密钥应当定期更换、备案。

**第十四条** 通过电子公文传输系统将国家林业局办公网生成的电子文件发送至各节点单位，各节点单位也可通过该系统向国家林业局办公室或相关司局、直属单位报送相关电子文件。

**第十五条** 电子公文发送后，发送单位应当在24小时内对所发公文的接收情况进行核实；对接收单位退回的电子公文应当及时签收，发现问题应当及时与接收单位联系解决。

**第十六条** 接收电子公文的各节点单位应当对公文的发送单位、公文的完整性和体例格式等审核无误后方可接收。对紧急公文应当及时签收办理。对不能正常接收的电子公文，接受单位应当及时与发送单位联系解决。

**第十七条** 电子公文应当存放在指定的服务器，明确专人严格管理，未经文书处理部门同意，不得修改、删除和打印。

**第十八条** 电子公文归档执行国家档案管理部门有关规定。

## 第四章 全国林业视频会议系统

**第十九条** 全国林业视频会议系统（以下简称视频会议系统）是基于专网平台、连通国家林业局与各节点单位的会议系统。

**第二十条** 国家林业局信息办统一负责视频会议系统的管理，各节点单位办公室负责辖区内视频会议系统的日常管理。

**第二十一条** 视频会议系统平台由国家林业局信息办统一配置和管理，各节点单位的信息管理部门协助维护。

**第二十二条** 各节点单位要明确视频会议系统管理人员，并报国家林业局信息办备案。系统管理人员实行AB制，并保持相对稳定，确保视频会议系统连续、稳定、安全运行。

**第二十三条** 各节点单位办公室会同本单位相关部门（信息办或信息中心）技术人员定期检查视频会议系统的网络状况及视频终端运行状况，发现问题及时解决，或与国家林业局信息办协同解决。

**第二十四条** 视频会议系统终端在操作过程中如遇异常情况，操作人员应当及时与国家林业局信息办取得联系，发现问题，及时解决。

**第二十五条** 各节点单位视频终端设备必须专配专用，不得挪作他用；禁止他人随意开启或挪动设备；禁止私自更改视频设备设置；禁止私自拆机和连接线路，如有特殊情况须经专业人员同意，并在专业人员指导下进行操作。

**第二十六条** 利用视频会议系统可以举办以下会议：

全国性大会。由国家林业局主持召开，各省级林业主管部门、各森工集团、新疆生产建设兵团林业主管部门、各计划单列市林业主管部门及国家林业局各司局、各直属单位参加的会议。

区域性会议。由专网内2个以上单位参加的视频会议，可由国家林业局主办，也可由专网内的任何单位主办。

1+1会议。专网内的任何两个单位之间的会议。

**第二十七条** 申办会议可按以下流程进行：主办单位填写《国家林业局视频会议申请表》(附表1)报国家林业局信息办审批，经批准，于会前3天与国家林业局视频会议管理人员取得联系，由其提前组织系统调试，各参会单位视频系统管理人员要在同一时间参与调试工作。主办单位和各参会单位分别负责布置主会场和各单位分会场。

**第二十八条** 任何单位与个人不得擅自更改机器设备的设置参数。

**第二十九条** 各节点单位如需增添或更换视频会议系统设备，应当填写《国家林业局视频会议系统设备增加申请表》(附表2)《国家林业局视频会议系统设备更换申请表》(附表3)报国家林业局信息办审批，经批准后按要求进行设备采购。

**第三十条** 国家林业局信息办对各节点单位视频会议系统的运行和使用情况进行监督、检查。各节点单位负责对辖区内的视频会议系统运行和使用情况进行监督、检查。

## 第五章 新增业务系统

**第三十一条** 需在国家林业局内网运行的业务应用系统，经国家林业局信息办审核批准后方可接入专网。

**第三十二条** 各节点单位业务应用系统由相关业务部门遵循公用平台建设相关标准和规范组织管理。

## 第六章 运行维护

**第三十三条** 专网实行全网统一网管，网管中心设在国家林业局信息办。网管中心对全网设备与线路状况进行监控、网络设备配置实施与调整。各节点单位在维护网络设备时，应当主动接受网管中心的指导，不得擅自更改专网设备的配置。

**第三十四条** 为保障专网全天候不间断运行，各节点单位应当建立值班制

度，由专人负责专网设备的运行，确保专网设备正常运行。

**第三十五条** 各节点单位应当建立专网设备档案和运行工作日志。运行工作日志应当定期向国家林业局信息办报告。

**第三十六条** 各节点单位必须做到：

（一）24 小时开机运行，不得随意关机或退出专网系统。

（二）认真记录专网设备运行工作日志，填写设备运行档案。

（三）及时处理各类告警和故障。

（四）按时交纳电信资费。

## 第七章 安全保密管理

**第三十七条** 接入专网的所有终端设备，不得与国际互联网或其他公共信息网络相连接。

**第三十八条** 凡要求接入专网的单位，应当向国家林业局信息办提出书面申请，经审批同意方可接入。

**第三十九条** 国家林业局信息办对专网实行统一监控和安全管理，各节点单位必须严格遵守专网安全策略，有责任和义务协助做好专网安全工作。

**第四十条** 各节点单位应当建立本单位安全保密管理制度，制定安全保密防范措施，并以书面形式报国家林业局信息办备案。

**第四十一条** 各节点单位应当严格执行安全保密制度，不得利用专网从事危害国家利益、泄露国家秘密等违法犯罪活动。

## 第八章 罚 则

**第四十二条** 对违反本办法的行为，国家林业局将给予相关单位通报批评。造成失泄密的，将依据国家有关法律法规和有关规定追究领导和相关人员的责任。

## 第九章 附 则

**第四十三条** 本办法由国家林业局信息办负责解释。

**第四十四条** 本办法自印发之日起实施，《国家林业局全国林业视频会议系统及网络管理办法》、《国家林业局林业综合办公电子传输系统管理办法》同时废止。

（摘自中国林业网 www. forestry. gov. cn）

## 四、国家林业局移动办公管理办法

国家林业局于2011年1月21日印发《国家林业局移动办公管理办法》，具体内容详见专栏2-8。

**专栏2-8　国家林业局移动办公管理办法**

**办发字〔2011〕10号**

**第一条**　国家林业局移动办公系统是在国家林业局综合办公系统的基础上，为局领导和各司局、各有关直属单位负责人在外紧急签批公文和处理应急事件提供的移动办公服务。为规范其使用管理，根据有关规定，特制定本办法。

**第二条**　国家林业局信息办负责国家林业局移动办公系统的建设与管理工作。

**第三条**　国家林业局移动办公具有短信提醒功能，通过移动办公可审批公文、处理业务、收发邮件以及查看重要信息等，及时处理紧急事件。

**第四条**　国家林业局移动办公应用范围，目前为局领导和各司局、各有关直属单位(局院内)主要负责人。局领导目前设置手机和笔记本电脑两个终端，各司局、各有关直属单位主要负责人设置笔记本电脑一个终端。

**第五条**　通过国家林业局外网统一用户管理平台，登录国家林业局移动办公系统。

**第六条**　使用手机时通过用户名和密码进入国家林业局移动办公界面。使用笔记本电脑终端进入国家林业局移动办公界面，除通过用户名和密码外，还需持有数字身份证书，该证书是国家林业局移动办公身份认证的密钥。根据工作需要发放。

**第七条**　国家林业局内网的文件需要移动办公处理时，局领导的文件由秘书提交审核员(如秘书随局领导外出，由国家林业局办公室文书档案处有关人员提交审核员)；各司局、各有关直属单位的文件由本单位综合处长提交审核员；提交人应当按照保密要求认真审核，并对其安全性负责。

**第八条**　审核员由国家林业局信息办自动化管理处负责人担任，其负责及时将文件转交给刻盘人员。刻盘工作由国家林业局信息办自动化管理处干部承担，每个工作日8时、10时、12时、15时、17时分别刻一次盘，如遇紧急特殊情况，随时刻盘，由国家林业局内网倒入移动办公系统。

**第九条** 为加强保密管理，国家林业局移动办公遵循“直送直取、一步审批”的原则。文件在移动办公中，要求一步签批，不能横向签批。移动办公签批后，退回原提交人员。

**第十条** 局领导在国家林业局内网没有完成的重要文件，可以自主点击到移动办公系统继续办理，办结后，再点击退回到国家林业局内网原来位置。

**第十一条** 本办法由国家林业局信息办负责解释。

**第十二条** 本办法自印发之日起执行。

（摘自中国林业网 www. forestry. gov. cn）

## 五、国家林业局使用正版软件规范

国家林业局于2013年12月31日印发《国家林业局使用正版软件规范》，具体内容详见专栏2-9。

### 专栏2-9 国家林业局使用正版软件规范

**林信发〔2013〕233号**

**第一条** 为进一步规范国家林业局各单位使用正版软件行为，根据《中华人民共和国著作权法》、《中华人民共和国审计法》、《中华人民共和国政府采购法》、《中华人民共和国预算法》、《计算机软件保护条例》和《国务院办公厅关于印发政府机关使用正版软件管理办法的通知》，制定本规范。

**第二条** 本规范所称软件包括计算机操作系统软件、办公软件和杀毒软件三类通用软件。

**第三条** 国家林业局各单位的计算机设备及系统必须使用正版软件，禁止使用未经授权和未经软件产业主管部门登记备案的软件。

国家林业局各单位工作人员不得随意在与工作有关的计算机设备及系统中卸载正版软件和安装盗版软件。

**第四条** 国家林业局各单位主要负责人是确保使用正版软件工作的第一负责人，局信息办具体负责各单位使用正版软件的推进工作。

**第五条** 各单位要按照勤俭节约、确保信息安全的原则，充分考虑实际工作需要和软件性价比，科学合理制定软件采购年度计划。

各单位应当将软件采购经费纳入本级单位预算。

**第六条** 各单位采购软件应当严格执行《中华人民共和国政府采购法》有关规定，严格遵守国家软件产品管理制度，采购软件产业主管部门登记备案的软件产品。

各单位应当规范政府采购软件行为，建立健全相关工作机制，准确核实拟采购软件的知识产权状况，防止侵权盗版软件产品进入政府采购渠道。

各单位应当明确需采购软件的兼容性、授权方式、信息安全、使用年限、技术支持与软件升级等售后服务要求，对需要购置的纳入政府集中采购目录的软件，依法实行政府采购。

各单位购置计算机设备时，应当采购预装正版操作系统软件的计算机产品，对需要购置的办公软件和杀毒软件一并做出购置计划。

**第七条** 各单位通过各种方式形成的软件资产均属于国有资产，应当按照固定资产分类与代码（GB/T 14885—2010）等有关国家标准和规定纳入部门资产管理体系，软件配置、使用、处置等应当严格执行国有资产管理相关制度，防止因机构调整、系统或软件版本升级、系统或设备更新和损毁等造成软件资产流失或非正常贬值。

各单位应当根据不同软件资产的特点，坚持制度手段与技术手段并重，有针对性地实施软件资产日常管理和维护。

各单位应当完善有关标准和管理工作程序，实现软件资产管理与预算管理、政府采购、财务管理、信息技术管理相结合。

**第八条** 国家林业局信息办负责各单位使用正版软件情况的日常监管、督促检查及培训工作。

国家林业局计财司负责软件采购资金保障和使用的监督检查，指导软件集中采购工作，研究制定规范软件资产管理的指导意见和办公通用软件的配置标准等。

**第九条** 各单位应当于每年11月中旬将本单位当年使用正版软件的资金保障、软件采购、软件资产管理等情况书面报局信息办。

**第十条** 各单位应将使用正版软件工作纳入年度考核，建立责任追究制度，定期对使用正版软件工作进行考核、评议。

**第十一条** 各单位违反本规范规定的，由上级相关部门责令改正；造成他人损失的，依法承担相应的民事责任；情节严重的，对相关责任人依法给予处分；涉嫌犯罪的，移送司法机关依法追究刑事责任。

**第十二条** 本规范由国家林业局信息办负责解释。

**第十三条** 本规范自印发之日起施行。

（摘自中国林业网 www. forestry. gov. cn）

## 六、国家林业局中心机房管理办法

国家林业局于2010年7月8日印发《国家林业局中心机房管理办法》，具体内容详见专栏2-10。

### 专栏2-10 国家林业局中心机房管理办法

**林办发〔2010〕185号**

**第一章 总 则**

**第一条** 为加强国家林业局中心机房（以下简称中心机房）管理，保证网络的安全运行，根据国家有关法律法规及规定，制定本办法。

**第二条** 中心机房是中国林业网、国家林业局办公网和全国林业专网的核心枢纽，安装和运行着服务器、网络设备和各种应用系统，中心机房管理应当严格遵守国家计算机网络有关法律法规和管理制度。

**第二章 机房建设**

**第三条** 中心机房建设项目的立项、申报、建设、验收等工作应严格执行国家基本建设程序有关规定，由国家林业局信息化管理办公室（信息中心）统一组织实施和管理。

**第四条** 中心机房建设与改造项目的确定应符合《全国林业信息化建设纲要》和《全国林业信息化建设技术指南》要求，并基于林业信息化统一平台上建设。

**第三章 机房管理**

**第五条** 外单位工作人员未经批准，不得进入中心机房。

**第六条** 严禁携带易燃易爆等危险品进入中心机房。机房内严禁吸烟，严禁带入各类液体和使用带强磁场、微波辐射等设备及与机房工作无关的电器。

**第七条** 严禁在中心机房乱接电源线或超负荷用电，不得使用电热器具及与系统网络无关的设备。

**第八条** 进入主机房前必须换拖鞋或穿鞋套，不得随地乱丢杂物，不得大声喧哗。

**第九条** 外单位相关管理技术人员进入中心机房，需要向技术值班人员提出申请并征得同意后方可进入，技术值班人员须做好工作内容记录。离开机房时，应当通知技术值班人员。

**第十条** 外单位人员进入中心机房时不得私自携带存储设备(小硬盘、U盘、光盘、软盘等)。

**第十一条** 需请外单位技术人员进入中心机房进行软件安装或维护时，需事先向国家林业局信息办提出申请，说明需带入的设备、安装的软件及需操作的机器、工作时间、陪同人员等。整个操作过程应当有国家林业局信息办工作人员全程陪同，并检查其申请内容的完成情况。外单位技术人员不得进行与申请内容无关的事情，严禁擅自使用与系统无关的软件。

**第十二条** 未经国家林业局信息办负责人同意，不得带领外单位人员到中心机房参观、拍照、录像。

## 第四章 设备管理

**第十三条** 中心机房管理人员有权对任何危害机房及其设备安全的行为进行制止和处理。

**第十四条** 机房内的设备、工具、资料(光盘、软盘、参考书、说明书等)未经国家林业局信息办负责人批准，不得私自带出机房。

**第十五条** 各类设备出入机房都必须填写书面申请，经主管领导同意，在相关人员监督下进行并做好登记，同时必须保证相应设备的安全和运行正常。

**第十六条** 设备的进出登记应由专人归档、保存。

## 第五章 安全管理

**第十七条** 中心机房技术值班人员应当按照值班工作制度对中心机房进行检查与管理。

**第十八条** 主机房实行分区管理，主要分内网区、外网区、政务外网区等，工作人员不得随意出入与自己无关的区域。

**第十九条** 要确保经主管领导核准的门禁卡持有人及其权限的正确性，认

真做好门禁卡的实物管理，对门禁卡的发放、回收进行登记。

**第二十条** 机房监控系统为24小时实时监控，严禁擅自关闭监控系统和录像功能。严禁在未经允许的情况下，改动监控位置和系统设置。如发生异常情况应立即上报相关部门。

**第二十一条** 中心机房工作人员离开机房时，应当巡视机房电源，除规定需连续工作的设备外，应当切断其他设备和照明电源，并关闭门窗，做好安全防范工作。

**第二十二条** 发生火灾、失窃及其他事故时，中心机房工作人员须立即报告有关领导及有关部门并迅速采取妥善措施，注意保护现场。

**第二十三条** 服务器、网络设备、用户资料、系统资料、相关操作程序和密码实行专人管理，同时承担保密责任。

**第二十四条** 管理人员必须加强关键设备(核心路由器、交换机、防火墙、服务器等，下同)操作入口的安全保密工作，定期更改管理员口令，以确保安全。

**第二十五条** 技术值班人员按值班管理制度对网络的运行进行监控、检查、记录以及相关的工作，确保网络、系统及信息安全。严防计算机病毒破坏网络及信息系统。

**第二十六条** 中心机房内关键设备的数据应当定期备份，做好备份日志，并妥善保管备份介质。

## 第六章 机房管理员职责

**第二十七条** 中心机房管理员或技术值班人员应当定期对机房内设备及线路进行检查和维护。经常检查监控系统、供电电压、机房用电电流、UPS电流、停电应急灯、空调温度、加湿器等设备的工作状态，以及房屋门窗窗帘等重点部位的安全状态，认真填写工作日志。如发现异常情况，应当立即报告有关领导，并迅速采取措施妥善解决或协同有关技术人员解决。

**第二十八条** 中心机房工作人员必须熟练掌握防停电、防火、防盗、防静电、防雷击等基本应急程序。

(一)遇外部供电网停电，应当首先向有关部门了解停电时间，然后根据UPS电池组的逆变能量合理分配机房用电负荷，确保核心设备的正常运行。恢复供电后，应当及时开启机房空调，保持机房适合的温度和湿度。

（二）中心机房所有工作人员应当熟练掌握消防设备的使用方法。一旦发现火情隐患，应当立即采取措施加以消除。如遇火情，应当及时扑救，并立即上报。

（三）如发现中心机房设备被盗，应当立即报告主管领导和保卫部门，并保护好现场，积极配合现场取证与案件侦破。

（四）保证中心机房防静电地板和接地地线的良好状态，每年雷雨季节到来之前都要对其进行仔细检查。如遇雷击，应当立即关闭总电源，以免对机房设备造成更大危害。

（五）中心机房内部要保持恒温恒湿，确保温度在 20 ± 5℃，相对湿度 45% ~65%，避免因过分干燥产生静电而造成网络设备的意外损坏。

**第二十九条** 保持中心机房（包括供电房）及其设备的清洁卫生。除定期对中心机房内外环境进行整理外，还应当经常对设备电源的通风口、散热风扇等部位进行除尘。

**第三十条** 中心机房管理人员在办理调离手续时，必须交回所有账户、密码、机房钥匙、门禁卡及有关文档后，方可办理其他手续。

**第七章 罚 则**

**第三十一条** 对违反本办法的行为，国家林业局将给予相关单位和人员通报批评。造成失泄密或重大事故的，将依据国家有关法律法规和有关规定追究领导和相关人员的责任。

**第八章 附 则**

**第三十二条** 本办法由国家林业局信息办负责解释。

**第三十三条** 本办法自印发之日起实施。

（摘自中国林业网 www. forestry. gov. cn）

## 七、中国林业网运行维护管理制度

国家林业局于 2012 年 9 月 14 日印发《中国林业网运行维护管理制度》，具体内容详见专栏 2-11。

## 专栏2-11　中国林业网运行维护管理制度

信网发〔2012〕70号

### 第一章　总　则

**第一条**　为加强和规范中国林业网的建设及运维管理，确保安全、稳定、高效的运行，根据有关规定，结合国家林业局实际情况，制定本制度。

**第二条**　中国林业网（以下简称外网）是国家林业局电子政务网络的重要组成部分，是用于支撑对外信息发布、其他业务应用等的基础网络。

**第三条**　外网运行维护和管理遵循“统一标准、统一监控、统一运维、统一管理”的原则。

**第四条**　本制度适用于外网管理单位、业务系统主管单位、网络运行维护单位、网络接入单位及其行政主管单位。

### 第二章　运行维护管理制度

**第五条**　国家林业局信息化管理办公室（信息中心）（以下简称国家林业局信息办）作为国家林业局电子政务网络的规划管理单位，负责以下工作：

（一）外网的整体规划。

（二）外网相关制度、标准的审核。

**第六条**　国家林业局信息办网络安全与运维管理处作为外网的运维管理单位，在国家林业局信息办的领导下，负责以下工作：

（一）外网建设及运维的管理工作，对各级接入链路、网络设备及安全认证设备进行管理和维护，组织确定外网网络接入服务商资质。

（二）制定外网网络管理制度和相应考评体系，实施外网运维服务评价和考核；负责外网网络地址和域名的统筹规划和管理工作。

（三）负责外网接入单位的分级管理，对外网接入单位的网络接入和维护工作进行技术指导和人员培训。

（四）完成业务系统的备案工作。

**第七条**　外网接入单位及其行政主管单位作为外网重要应用单位，负责以下工作：

（一）提供外网接入环境，协调相关部门，满足外网接入要求。

（二）负责本单位局域网及接入外网设备的运维管理。

（三）接入单位的行政主管单位负责接入单位网络接入和运维相关工作的监督管理。

**第八条** 外网运行维护单位作为网络服务保障机构，负责以下工作：

（一）做好网络建设和运维的具体工作，为各接入单位提供可靠网络接入服务。

（二）进行网络资源的监测，及时排除网络故障，提供网络应急保障，定期提供网络运行状况报告。

（三）做好网络升级改造和优化的相关工作。

（四）设置24小时值班电话并安排专人值守，做好电话记录。

（五）计划对外网相关链路及设备进行调整时，应提前1个工作日向国家林业局信息办提出书面申请，经批准后方可实施。

**第九条** 外网接入需求单位在新增网络接入时，由该业务系统的主管单位统一向国家林业局信息办提出网络接入申请，经审核通过后方可实施接入。

**第十条** 外网业务系统的新增、更改和撤销，应根据以下要求进行：

（一）由业务系统主管单位向国家林业局信息办提出相关申请，经审核通过后方可实施。

（二）涉及网络接入工作的，应遵照第九条相关规定。

（三）以下情况不允许接入外网：

1. 未经过安全检测的业务系统。

2. 与安全保护等级不匹配的专用网络。

3. 其他情况不能接入外网的。

**第十一条** 凡因接入单位原因导致外网无法完成接入的，当次接入申请作废。待接入条件具备后，由原申请单位重新提出接入申请。

**第十二条** 外网各相关单位应明确联系人及有效联系方式，人员发生改变后，要及时通知国家林业局信息办。

**第十三条** 外网发生网络故障时，故障处理流程如下：

运行维护单位按相关要求报送网络故障及处理信息，判断故障类型并进行维修，同时负责将故障信息通知相关单位。

**第十四条** 机房值班人员必须坚守值班岗位，认真完成外网的相关检查作业计划、严格执行操作规程，及时、准确、完整地填写值班日志和各种规定的记录文档，并每月上报国家林业局信息办。

**第十五条** 系统管理员负责定期检查系统状态，确保系统正常运行；证书操作员的日常操作要定期进行安全审计，并向主管部门汇报情况；作废的文档与介质要及时销毁。密钥管理员要定期生成并维护用户密钥，保障证书申请正常进行。网络管理员要定期检查网络运行状况，及时安装系统补丁、更新病毒库。

**第十六条** 机房运维人员应严格遵守各自职责和操作流程，妥善保管用户信息，未经允许不得以任何形式带出用户信息，不得违规操作，未经许可不得越权。其他人员不得翻阅、查看用户信息。

**第十七条** 外网的所有主机与业务终端必须安装防病毒软件，并及时为计算机系统安装补丁。

**第三章 附 则**

**第十八条** 本制度由国家林业局信息办负责解释。

**第十九条** 本制度自发布之日起执行。

（摘自中国林业网 www. forestry. gov. cn）

## 八、国家林业局办公网运行维护管理制度

国家林业局于2012年9月14日印发《国家林业局办公网运行维护管理制度》，具体内容详见专栏2-12。

**专栏2-12 国家林业局办公网运行维护管理制度**

**信网发〔2012〕70号**

**第一章 总 则**

**第一条** 为加强和规范国家林业局办公网的建设及运维管理，确保安全、稳定、高效的运行，根据有关规定，结合国家林业局实际情况，制定本制度。

**第二条** 国家林业局办公网（以下简称内网）是国家林业局电子政务网络的重要组成部分，是用于支撑内部信息发布、办公业务系统、其他业务应用等的基础网络。

**第三条** 内网运行维护和管理遵循“统一标准、统一监控、统一运维、统一管理”的原则。

**第四条**　本制度适用于内网管理单位、业务系统主管单位、网络运行维护单位、网络接入单位及其行政主管单位。

### 第二章　运行维护管理制度

**第五条**　国家林业局信息化管理办公室（信息中心）（以下简称国家林业局信息办）作为国家林业局办公网的规划管理单位，负责以下工作：

（一）内网的整体规划。

（二）内网相关制度、标准的审核。

**第六条**　国家林业局信息办网络安全与运维管理处（以下简称局信息办网络处）作为内网的运维管理单位，在国家林业局信息办的领导下，负责以下工作：

（一）内网建设及运维的管理工作，对各级接入链路、网络设备及安全认证设备进行管理和维护，组织确定内网网络接入服务商资质。

（二）制定内网网络管理制度和相应考评体系，实施内网运维服务评价和考核；负责内网网络地址和域名的统筹规划和管理工作。

（三）负责内网接入单位的分级管理，对内网接入单位的网络接入和维护工作进行技术指导和人员培训。

（四）完成业务系统的备案工作。

**第七条**　内网接入单位及其行政主管单位作为内网重要应用单位，负责以下工作：

（一）提供内网接入环境，协调相关部门，满足内网接入要求。

（二）负责本单位局域网及接入内网设备的运维管理。

（三）接入单位的行政主管单位负责接入单位网络接入和运维相关工作的监督管理。

**第八条**　内网运行维护单位作为网络服务保障机构，负责以下工作：

（一）做好网络建设和运维的具体工作，为各接入单位提供可靠网络接入服务。

（二）进行网络资源的监测，及时排除网络故障，提供网络应急保障，定期提供网络运行状况报告。

（三）做好网络升级改造和优化的相关工作。

（四）设置 24 小时值班电话并安排专人值守，做好电话记录。

（五）计划对内网相关链路及设备进行调整时，应提前 1 个工作日向国家林业局信息办提出书面申请，经批准后方可实施。

**第九条** 内网的网络接入需满足以下条件：

（一）接入单位与内网相连的局域网须与互联网物理隔离，并通过与内网安全等级保护级别相符的认证。

（二）网络接入服务商须具备内网网络接入资质。

**第十条** 接入需求单位在新增网络接入或接入已有业务系统时，须明确要访问的内网业务系统，由该业务系统的主管单位统一向局信息办网络处提出网络接入申请，经审核通过后方可实施接入。

**第十一条** 已接入单位进行网络迁移、改造和拆除时，由原接入申请单位向局信息办网络处提出申请，经审核通过后方可实施。

**第十二条** 内网业务系统的新增、更改和撤销，应根据以下要求进行：

（一）由业务系统主管单位向局信息办网络处提出相关申请，经审核通过后方可实施。

（二）涉及网络接入工作的，应遵照第十条、第十一条相关规定。

（三）以下情况不允许接入内网：

1. 影响已有内网业务系统正常运行的业务系统。

2. 与安全保护等级不匹配的专用网络。

3. 其他情况不能接入内网的。

**第十三条** 凡因接入单位原因导致内网无法完成接入的，当次接入申请作废。待接入条件具备后，由原申请单位重新提出接入申请。

**第十四条** 内网各相关单位应明确联系人及有效联系方式，并结合自身情况制定相关管理规定，做好培训等各项工作落实。

**第十五条** 内网接入单位应确保专用机房环境和供电。

**第十六条** 各接入单位不得私自更改内网相关链路及设备的物理位置和设备配置。接入单位对内网相关环境进行调整时，应提前 48 小时书面报告局信息办网络处。

**第十七条** 接入单位发生内网网络故障时，应按照如下处理流程进行：

（一）接入单位向内网运行维护单位报告故障情况。

（二）内网运行维护单位按相关要求报送网络故障及处理信息，判断故障类型并进行维修，同时负责将故障信息通知相关单位。故障处理完毕后，内网运行维护单位应向接入单位核实网络恢复情况。

**第十八条** 局信息办网络处、内网运行维护单位及接入单位应建立本级的应急保障预案，并根据本单位实际工作情况及时修订。

**第十九条** 内网运行维护单位应将应急保障预案报局信息办网络处备案并定期组织演练。

**第二十条** 内网相关业务系统主管单位、各接入单位及其行政主管单位应积极做好内网网络应急保障工作。

**第二十一条** 出现以下情况的，国家林业局信息办应当联合其行政主管单位进行通报批评，情节严重或造成严重后果的，由有关部门依法追究相关单位和责任人的法律责任：

（一）因接入单位原因造成网络故障并产生严重后果的。

（二）未经允许，擅自更改内网的连接线路、网络接入设备配置或网络地址的。

（三）未经允许，擅自将内网与其他网络连接的。

（四）未经允许，擅自在内网上开通业务系统的。

**第二十二条** 机房值班人员必须坚守值班岗位，认真完成内网的相关检查作业计划、严格执行操作规程，及时、准确、完整地填写值班日志和各种规定的记录文档，并每月上报局信息办网络处。

**第二十三条** 系统管理员负责定期检查系统状态，确保系统正常运行；证书操作员的日常操作要定期进行安全审计，并向主管部门汇报情况；作废的敏感文档与介质要及时销毁。密钥管理员要定期生成并维护用户密钥，保障证书申请正常进行。网络管理员要定期检查网络运行状况，及时安装系统补丁、更新病毒库。

**第二十四条** 证书持有者所在单位负责审批和监管证书的申请、更新、停用、撤销、补发及使用。

**第二十五条** 机房运维人员应严格遵守各自职责和操作流程，妥善保管用户信息，未经允许不得以任何形式带出用户信息，不得违规操作，未经许可不得越权。其他人员不得翻阅、查看用户信息。

**第二十六条** 系统内所有计算机设备专机、专网专用，不得进行与本系统无关的操作；严禁在系统主机上设置信息共享；系统内所有主机与业务终端必须安装防病毒软件，并及时为计算机系统安装补丁。

## 第三章　附　则

**第二十七条** 本制度由国家林业局信息办负责解释。

**第二十八条** 本制度自发布之日起执行。

（摘自中国林业网 www. forestry. gov. cn）

## 九、国家林业局专网运行维护管理制度

国家林业局于2012年9月14日印发《国家林业局专网运行维护管理制度》，具体内容详见专栏2-13。

### 专栏2-13　国家林业局专网运行维护管理制度

信网发〔2012〕70号

#### 第一章　总　则

**第一条**　为加强和规范国家林业局专网的建设及运维管理，确保安全、稳定、高效的运行，根据有关规定，结合国家林业局实际情况，制定本制度。

**第二条**　国家林业局专网(以下简称专网)是国家林业局电子政务网络的重要组成部分，是用于支撑林业信息发布、公文传输、视频会议等业务应用的基础网络。

**第三条**　专网运行维护和管理遵循“统一标准、统一监控、统一运维、统一管理”的原则。

**第四条**　本制度适用于专网管理单位、业务系统主管单位、网络运行维护单位、专网接入单位及其行政主管单位。

**第五条**　国家林业局信息化管理办公室(信息中心)(以下简称国家林业局信息办)负责专网的建设和管理。

#### 第二章　运行维护管理制度

**第六条**　专网实行全网统一管理，国家林业局信息办对全网设备与线路状况进行监控、网络设备配置实施与调整。各节点单位在维护网络设备时，应主动接受国家林业局信息办的指导，不得擅自更改专网设备的配置。

**第七条**　各节点单位必须依照有关法律和本制度规定接受国家林业局信息办的监督和检查。

**第八条**　为保障专网全天不间断运行，各节点单位应当建立值班制度，由专人负责专网设备的管理，确保专网设备的正常运行。

**第九条**　各节点单位应对专网设备建立设备档案和运行工作日志，运行工作日志应定期向国家林业局信息办报告。

**第十条**　各节点单位和维护人员必须做到：

(一)保证各节点设备24小时开机运行，不得随意关机或退出专网系统。

(二)认真记录专网设备运行工作日志，填写设备运行档案。

(三)及时处理各类告警和故障。

**第十一条** 各节点单位应当采取有效的防火、防灾、防盗措施，发现问题应当做好现场保护工作，并立即报告相关单位。

**第十二条** 国家林业局信息办负责组织专网巡检，并根据各节点单位实际情况，进行安全检查评估。

**第十三条** 各节点单位应对专网设备建立设备档案和运行工作日志的定期填写制度，运行工作日志应定期向国家林业局信息办报告。

**第三章 附 则**

**第十四条** 本制度由国家林业局信息办负责解释。

**第十五条** 本制度自发布之日起执行。

(摘自中国林业网 www. forestry. gov. cn)

## 十、国家林业局网络信息安全应急处置预案

国家林业局于2010年7月8日印发《国家林业局网络信息安全应急处置预案》，具体内容详见专栏2-14。

**专栏2-14 国家林业局网络信息安全应急处置预案**

**林办发〔2010〕185号**

**第一章 总 则**

**第一条** 为加强国家林业局网络与信息系统的安全，确保其设备安全、运行安全和数据安全，根据国家有关法律法规及规定，制定本办法。

**第二条** 工作原则

(一)统一领导，协同配合。网络与信息安全突发事件应急工作由国家林业局信息办(信息中心)统一协调，相关单位按照“统一领导、归口负责、综合协调、各司其职”的原则协同配合，具体实施。

（二）明确责任，依法规范。各单位按照“属地管理、分级响应、及时发现、及时报告、及时处置、及时控制”的要求，依法对信息安全突发事件进行防范、监测、预警、报告、响应、协调和控制。按照“谁主管、谁负责，谁运营、谁负责”的原则，实行责任分工制和责任追究制。

（三）条块结合，整合资源。充分利用现有信息安全应急支援服务设施，充分依靠网络与信息安全工作力量，进一步完善应急响应服务体系，形成网络与信息安全保障工作合力。

（四）防范为主，加强监控。普及信息安全防范知识，牢固树立“预防为主、常抓不懈”的意识，经常性地做好应对信息安全突发事件的思想准备、预案准备、机制准备和工作准备，提高公共防范意识以及基础网络和重要信息系统的信息安全综合保障水平。加强对信息安全隐患的日常监测，发现和防范重大信息安全突发事件，及时采取有效的可控措施，迅速控制事件影响范围，力争将损失降到最低程度。

**第三条** 计算机网络与信息系统遭受不可预知的外力破坏、毁损或故障，造成系统中断、设备损坏、数据丢失等，对工作造成严重危害的网络与信息安全事件，适用本预案。

**第四条** 聘请专业机构或专家，成立网络与信息安全专家组，负责提供网络与信息安全技术咨询，参与重要信息研判，参与事件调查和总结评估，并在必要时直接参与网络与信息安全事件应急处置。

## 第二章 事件分级

**第五条** Ⅰ级（一般）事件：中心机房计算机网络与信息系统受到一定程度的损坏，但不影响中心机房业务正常进行的事件。

**第六条** Ⅱ级（较大）事件：中心机房某一区域网络与信息系统受破坏、毁损，对中心机房业务造成较大影响的事件。

**第七条** Ⅲ级（重大）事件：中心机房计算机网络与信息系统遭受大规模破坏、毁损，系统出现严重故障，中心机房业务无法进行的事件。

## 第三章 预防预警

**第八条** 网络信息监测。坚持预防为主的方针，加强网络与信息安全监测，及时收集、分析、研判监测信息，发现网络与信息安全事件倾向或苗头，迅速采取有效措施加以防范，及早消除安全隐患。

**第九条** 预警处理与发布。

（一）发现可能发生网络与信息安全事件的单位要及时发出预警，并在 2 小时内向国家林业局信息办报告。

（二）国家林业局信息办接到报警后应当迅速组织有关人员进行技术分析，根据问题性质和危害程度，提出安全警报级别及处置意见，及时向各部门和相关单位发布预警信息。

（三）国家林业局信息办发布预警信息后，应当根据紧急情况做好相应的网络与信息安全应急处置准备工作。

**第十条** 事件报告。当发生网络与信息安全事件时，事发单位要及时向国家林业局信息办报告。初次报告最迟不超过 2 小时，报告内容包括信息来源、影响范围、事件性质、事件趋势和拟采取的措施等。

## 第四章 应急响应

**第十一条** 应急处置。当发生网络与信息安全事件时，首先应当区分事件性质为自然灾害事件或人为破坏事件，根据两种情况分别采用不同处置流程。

流程一：当事件为自然灾害事件时，应当根据实际情况，在保障人身安全的前提下，首先保障数据安全，然后保障设备安全。具体方法有：数据保存，设备断电与拆卸、搬迁等。

流程二：当事件为人为或病毒破坏事件时，首先判断破坏来源与性质，如属网络入侵或病毒破坏，应断开影响安全的网络设备，断开与破坏来源的网络连接，跟踪并锁定破坏来源 IP 地址或其他用户信息，修复被破坏的信息，恢复信息系统；如遇人为暴力破坏，立即制止并报警。

**第十二条** 具体处置方法。

（一）有害信息处置。确定专人全时监控网站、网页及邮件信息，对有害信息采取屏蔽、删除等措施；清理有害信息，并做好相关记录；采取技术手段追查有害信息来源；发现涉及国家安全、稳定的重大有害信息，及时向公安部门网络监察机构报告。

（二）黑客攻击处置。当发现网页内容被篡改或通过入侵检测系统发现黑客攻击时，首先将被攻击服务器等设备从网络中隔离；采取技术手段追查非法攻击来源；召开信息安全评估会，评估破坏程度；恢复或重建被破坏的系统。

（三）病毒侵入处置。当发现计算机服务器系统感染病毒后，立即将该计算机从网络上物理隔离，同时备份硬盘数据；启用防病毒软件进行杀毒处理，并

使用病毒检测软件对其他计算机服务器进行病毒扫描和清除；一时无法查杀的新病毒，迅速与相关防病毒软件供应商联系解决。

（四）软件遭受破坏性攻击处置。重要软件系统必须存有备份，与软件系统相对应的数据必须有多日备份，并将它们保存于安全处；一旦软件遭受破坏性攻击，应当立即报告，并将系统停止运行；检查日志等资料，确认攻击来源；采取有效措施，恢复软件系统和数据。

（五）数据库安全防范处置。各数据库系统至少要准备两个以上数据库备份，一份放在机房，一份放在其他地点；一旦数据库崩溃，立即通知有关单位暂缓上传、上报数据；组织对主机系统进行维修，如遇无法解决的问题，立即请求软硬件供应商协助解决；系统修复启动后，将第一个数据库备份取出，按照要求将其恢复到主机系统中；如因第一个备份损坏，导致数据库无法恢复，则取出第二个数据库备份予以恢复。

（六）全国林业专网外部线路中断处置。专网线路中断后，应当迅速判断故障节点，查明故障原因；如属中心机房内部线路故障，立即组织恢复；如属通信部门管辖的线路，立即与通信维护部门联系，及时进行修复。

（七）局域网中断处置。局域网中断后，应当立即判断故障节点，查明故障原因；如属线路故障，迅速组织修复；如属路由器、交换机等网络设备故障，立即与设备供应商联系修复；如属路由器、交换机配置文件破坏，迅速按照要求重新配置；如遇无法解决的技术问题，立即向国家林业局信息办主管负责人或有关厂商请求支援。

（八）设备安全处置。发现服务器等关键设备损坏，应当立即查明设备故障原因；能自行恢复的，立即用备件替换受损部件；难以自行恢复的，立即与设备供应商联系，请求派维修人员前来维修；如设备一时不能修复，应当及时采取必要措施，并告知有关单位暂缓上传、上报数据。

（九）机房火灾处置。一旦机房发生火灾，首先切断所有电源，按响火警警报；检查自动气体灭火系统是否启动，并及时通过 119 电话向公安消防部门请求支援。

（十）外电中断处置。外电中断后，立即切换到备用电源；迅速查明断电原因，如因内部线路故障，马上组织恢复；如因供电部门原因，立即与供电单位联系，尽快恢复供电；如被告知将长时间停电，应当做好以下工作：预计停电 1 小时以内，由 UPS 供电；预计停电 6 小时以内，关掉非关键设备，确保各主机、路由器、交换机供电；预计停电超过 6 小时的，做好数据备份工作，及时关闭有关设备。

其他没有列出的不确定因素造成的灾害，可根据总的安全原则，结合具体情况做出相应处理；不能处理的可咨询相关专业人员。

**第十三条** 应急支援。发生Ⅱ级以上（含Ⅱ级）网络与信息安全事件，应当立即成立由国家林业局信息办主要负责人带队的应急处置小组，督促、指导、协调应急处置工作；发生Ⅱ级以下级别网络与信息安全事件，应当立即成立由国家林业局信息办分管负责人带队的应急处置小组，督促、指导、协调应急处置工作。应急处置小组根据事态发展和处置工作需要，及时联系专家小组和应急支援单位，并有权临时调动系统内必要的物资、设备，开展应急支援。

**第十四条** 善后处理。应急处置工作结束后，要迅速组织抢修受损设施，减少损失，尽快恢复正常工作；对事件造成的损失和影响进行分析评估；调查事故原因，制定恢复重建计划并组织实施。

## 第五章 保障措施

**第十五条** 应急队伍保障。国家林业局信息办要组建网络与信息安全应急处置队伍（包括安全分析员、应急响应人员、灾难恢复人员等），制定相应培训和演练计划，提高应对网络与信息安全事件的能力。

**第十六条** 设备保障。根据工作需要，及时采购应急处置工作必需的设备或工具软件；加强应急处置工具及设备维护调试，保证其随时处于可用状态；跟踪最新技术发展动态，及时收集、整理文件完整性检测工具、木马/后门检测工具等；及时更新病毒库、脆弱性评估系统插件库等。

**第十七条** 数据保障。重要信息系统应当建立备份系统和相关工作机制，保证重要数据受到破坏后可紧急恢复。各容灾备份系统应当具有一定兼容性，在特殊情况下各系统之间互为备份。

**第十八条** 技术资料保障。全面的技术资料是高效应急处置的前提和基础。网络拓扑结构、重要系统或设备的型号及配置、主要设备厂商信息等技术资料，应当建立专门技术档案，并及时更新，保证与实际系统相一致。

## 第六章 罚 则

**第十九条** 对违反本办法的行为，国家林业局将给予相关单位或人员通报批评。造成失泄密或重大事故的，将依据国家有关法律法规和有关规定追究有关领导和人员的责任。

第七章　附　则

**第二十条**　本预案由国家林业局信息办负责解释。

**第二十一条**　本预案自印发之日起实施。

（摘自中国林业网 www. forestry. gov. cn）

## 十一、国家林业中心机房管理细则

国家林业局于2014年11月27日印发《国家林业中心机房管理细则》，具体内容详见专栏2-15。

**专栏2-15　国家林业中心机房管理细则**

信网发〔2014〕74号

第一章　总　则

**第一条**　为明确国家林业中心机房运维及信息安全准则，规范运维管理，统一介质管理，保障动力、消防、配电系统安全，明确中心机房管理的各方职责，根据国家有关法律法规和国家林业局有关规章制度等，结合林业信息化实际情况，制定本细则。

**第二条**　本细则适用于国家林业中心机房内人员行为责任及软硬件设备、业务系统、网络和数据等日常监控管理。

**第三条**　国家林业局信息化管理办公室（信息中心）负责国家林业中心机房建设管理。

第二章　运维人员工作管理

**第四条**　机房运维人员必须坚守值班岗位，认真完成相关作业计划、严格执行操作规程，及时、准确、完整地填写值班日志和各种规定的记录文档。对值班期间发生的各项业务须做详细操作记录并有存档记录。

**第五条**　严格遵守故障处理流程，发现异常须准确、迅速处理，并立即上报。发生重大故障时，机房运维人员有权按照应急预案先行紧急处理，之后上报局信息办网络安全与运维管理处（以下简称局信息办网络处）。任何人不得以任何理由和借口推诿故障处理工作、拖延故障处理时间，严禁关闭告警信号和删除告警。

**第六条** 严格遵守故障等级和上报制度，迅速处理故障，不得隐瞒事实真相，积极联络、配合相关故障处理。

**第七条** 严格按照机房操作流程，流程需要变更时须事先进行详细安排，书面报局信息办网络处批准、签字后方可执行，所有操作变更必须有存档记录。

**第八条** 机房运维人员须定期对机房内设备及线路进行检查和维护。定期检查监控系统、供电电压、机房电源、UPS 电源、停电应急灯、空调等设备的工作状态，以及房屋门窗、窗帘等重点部位的安全状态，认真填写值班检查日志。如发现异常，须立即上报，并迅速采取措施并协同有关技术人员妥善解决，不得拖延。

**第九条** 机房运维人员必须熟练掌握停电、防火、防盗、防静电、防雷击等基本应急程序。

（一）遇外部供电网停电，及时了解停电时间长度，然后根据 UPS 电池组的逆变能量合理分配机房用电负荷，确保核心设备的正常运行。恢复供电后，及时开启机房空调，保持机房适合的温度和湿度。

（二）机房运维人员应掌握消防设备的使用方法。若发现火情隐患，尽快采取措施加以消除。如遇火情，及时扑救，并立即上报，不得延误时间。

（三）如发现机房设备被盗，须立即报告局信息办网络处和保卫部门，并保护好现场，积极配合现场取证与案件侦破。

（四）保证机房防静电地板和接地地线的良好状态，每年雷雨季节到来之前都要对其仔细检查。如遇雷击，立即关闭总电源，以免对机房设备造成损害。

**第十条** 保持机房（包括供电房）及其设备的清洁卫生。除定期对机房内外环境大扫除外，还要对设备电源的通风口、散热风扇等部位除尘。严禁在机房内烹煮食物和使用带强磁场、微波辐射等与机房工作无关的电器。

**第十一条** 机房运维人员必须熟练掌握国家林业局内、外网各应用系统的操作方法以及应急处理流程。

## 第三章 外部人员安全管理

**第十二条** 外部人员是指所有的非国家林业局工作人员。

**第十三条** 陪同人员是指陪同、指导、检查、监督外部人员行为的国家林业局工作人员。

**第十四条** 外部人员的信息安全责任实行“谁接待，谁负责；谁引入，谁负责”的原则。外部人员在机房工作或访问期间的一切行为，对口部门或对口人员对其外部人员的行为、影响和后果负有全部责任。

**第十五条** 所有进入机房的外部人员都必须申请临时身份识别卡并佩戴，才能进入机房物理安全区域内。临时身份识别卡只作为进出机房物理区域人员的身份识别标志，不得用于其他目的；不得将其转借给他人使用；如丢失，须及时通知相关人员或直接通知局信息办网络处。局信息办网络处负责临时身份卡领取、使用和回收管理。

**第十六条** 外部人员访问机房等重要物理安全区域必须登记，登记内容必须包括进入及离开物理安全区域的日期与时间、访问事由、陪同人员签名等信息。当有实施操作时，还需按照相关运维流程进行操作申请，并完成相关运维表单的填写。

**第十七条** 外部人员在国家林业局工作期间，必须遵守国家林业局的相关规定。未经许可，不允许访问国家林业局信息系统。因工作需要使用国家林业局相关文档资料，须根据文档资料的敏感级别由相关对口部门进行审批并登记备案，所借文档资料未经许可不得复制或带离国家林业局。

**第十八条** 涉及敏感信息的人员，须签署保密协议。对口部门负责保密协议签署工作，局信息办网络处负责保密协议保管工作。

**第十九条** 局信息办网络处保留随时对外部人员信息安全状况检查的权力，外部人员必须给予配合和协助。

**第二十条** 外部人员为完成其工作，需要访问互联网或国家林业局内部信息系统时，由对口部门为其申请账户或权限(包括系统账户和应用账户)，并全程负责检查监督其对该账户的使用情况。外部人员在使用完账户后，通知陪同人员，由对口部门收回该外部人员使用的全部访问权限。

**第二十一条** 外部人员为完成其工作进行远程访问时，必须严格按其工作计划与工作方案进行工作，对口部门或对口人员全程负责检查监督其工作。完成远程访问工作后，立即通知局信息办网络处收回该外部人员的远程访问权限。

## 第四章　值班人员交接班管理

**第二十二条** 机房值班人员交接班时间分为早8:00和晚6:00，值班人员须准时交班，接班人员不准迟到，未完成交接，交班人员不得早退。

**第二十三条** 交接班人员将交接内容逐项检查核实并确认无误，双方在交接班日志上签字后，交班人员方可离岗。交班人员发现问题应及时处理，不得将问题积压。对当班时未处理的问题与接班人员做好交接，并及时关注问题处理进度。

**第二十四条** 机房值班人员应在当班期间处理完值班期间的问题与故障，对于未能处理的问题，报接班人员处理，同时交班人员须将故障发生各项详细资料及处理进展状况交给接班人员，接班人员接手后须及时处理，处理完毕立即告知局信息办网络处和交班人员。

**第二十五条** 因漏交或错交而产生的问题由交班人员承担责任，因漏接或错接而产生的问题由接班人员承担责任，交接双方均未发现的问题由双方共同承担责任。

**第二十六条** 因机房值班人员个人原因，导致交班时间变更，交班人员应与接班人员协商交班时间，并在值班报告中注明时间变更原因及具体交班时间。

**第二十七条** 每天早班与晚班交接班时由交班人员打扫机房内卫生，待机房运维主管确认后方能离岗。

## 第五章　设备运行维护管理

**第二十八条** 机房运维人员有权对任何危害机房及其设备安全的行为制止和处理。

**第二十九条** 机房内的设备、工具、资料（光盘、软盘、参考书、说明书等）未经局信息办网络处批准，不得私自带出机房。

**第三十条** 机房运维人员负责机房内各类记录、介质的保管、收集，信息载体必须安全存放、保管，防止丢失或损坏。

**第三十一条** 因工作需要携带机房内设备（包括软件）离开机房时，须局信息办网络处书面同意并做好记录后方可离开。

**第三十二条** 机房设备、仪表、工具、器材、用具应按指定位置有序存放，不得拿出机房范围外使用，外单位借用须经局信息办网络处批准，办理借、还手续后方可使用。

**第三十三条** 定期对机房内所有设备巡检、除尘处理。

**第三十四条** 带存储功能硬件设备送外部维修时，必须经局信息办网络处书面同意，并将废旧的设备收回。

**第三十五条** 未经局信息办网络处同意，不得带外单位人员参观机房、拍照、录像。

**第三十六条** 所有软、硬件设备进入机房，须得到局信息办网络处书面授权。

## 第六章 安全保密与数据备份管理

**第三十七条** 机房运维人员必须加强关键设备(核心路由器、交换机、防火墙、服务器等)操作入口的安全保密工作，严格执行口令管理规定。

**第三十八条** 机房所有运维人员必须严守职业道德和职业纪律，遵守保密制度；不得将任何设备的口令、账号、保密信息等资料告诉他人；不得擅自泄露信息资料与数据；不得私自拷贝信息资料与数据。如确因工作需要拷贝带出，须上报局信息办网络处审查备案。

**第三十九条** 严禁将内网机器接入外网，严禁将移动存储介质在内、外网之间交叉使用。

**第四十条** 机房运维人员不得访问不明网站，不得在监控机下载、安装与工作无关的软件。

**第四十一条** 每周进行病毒查杀、漏洞扫描，对系统、应用软件补丁扫描，如有新补丁，在测试服务器测试，测试通过后再对服务器、工作站进行补丁、漏洞升级。

**第四十二条** 机房各门钥匙由指定的专人保管，个人门禁卡须妥善保管，不得转借他人，发生丢失要及时通知局信息办网络处。

**第四十三条** 服务器、网络设备、用户资料、系统资料、相关操作程序和口令等实行专人管理，同时承担保密责任。

**第四十四条** 机房运维人员按值班管理制度对内、外网各系统的运行情况须监控、检查、记录，保障网络、系统及信息安全。

**第四十五条** 重要网络设备、安全设备、服务器、操作系统、中间件、数据库和应用系统，须建立正式的备份策略，按照指定的策略备份检查。

**第四十六条** 所有的备份数据存储介质须妥善保管，避免由于管理不善造成数据损坏、信息泄露等事故，对备份数据定期恢复测试，验证备份效果，并对恢复测试记录。备份数据的恢复能力应满足业务要求。

**第四十七条** 机房运维人员在晚班与早班交班前，必须严格按照流程检查内、外网各系统备份是否成功，若备份不成功，须手动备份。

**第四十八条** 机房运维人员每季度末对内、外网所有数据刻盘备份并提交局信息办网络处保管。

**第四十九条** 需对计算机或设备软件安装、系统升级或更改配置时，应对系统、数据、设备参数完全备份。应用系统更新后，对原系统及其数据的完全备份资料保存十年以上。

**第五十条** 备份数据必须指定专人进行检查、保管。

## 第七章 介质管理

**第五十一条** 国家林业中心机房内所有移动介质的使用必须审批、登记。

**第五十二条** 机房存储介质、电脑必须有专人妥善保管。日常使用由使用人保管，暂停使用的交由局信息办网络处保管。

**第五十三条** 严禁将私人电脑、移动存储介质带入机房内使用。

**第五十四条** 严禁将机房专用移动存储介质作为废品丢弃。专用电脑硬盘、移动存储介质不得擅自销毁，须交局信息办统一销毁。为保证信息安全，介质报废前必须确保擦除有关敏感信息。

## 第八章 动力系统维护管理

**第五十五条** 局信息办网络处负责中心机房以下工作：

（一）负责机房内所有动力配电系统的接入、规划、运维。

（二）负责机房消防系统的安全检查、管理。

（三）负责机房内视频监控系统的建设、规划、管理、维护。

**第五十六条** 机房运维人员及时检查动力设备运行状况，对异常情况须上报局信息办网络处，设备故障须通知厂家人员维修。

**第五十七条** 机房运维人员须定时检查消防气体是否在有效期内。

**第五十八条** 对有计划的市电停电，机房运维人员须及时将停电时间与时长等信息报知局信息办网络处，停电期间全程监控 UPS 各项参数。

**第五十九条** 机房运维人员须定期检查新风机运行状况并进行新风机室外机除尘。

**第六十条** 机房运维人员须定期检查精密空调运行状况，定期对精密空调室内机防尘网除尘，室外机冷凝器除尘。

**第六十一条** 机房运维人员须定期检查动力环境检测软件数据显示与实际手工测试显示是否一致，设备运行是否正常。

## 第九章 系统监控管理

**第六十二条** 监控点是指各系统有可能出现故障的隐患点，包括硬件、软

件，以及支持系统运行的基础环境。

**第六十三条** 根据关键系统的监控对象可分如下监控对象：

（一）机房环境监控：包括机房温度、机房湿度、监控视频、门禁、市电输入等。

（二）设备硬件监控：包括 CPU 利用率、内存使用率、硬盘使用率，各硬件之间的 I/O 吞吐情况、空调运行情况、UPS 运行情况等。

（三）程序及进程监控：包括前端运行程序，后台服务程序或进程、数据库系统以及中间件程序等。

**第六十四条** 根据监控系统所发挥的监控作用分为：

（一）状态监控：指对监控点是否处在运行状态的监控。

（二）容量监控：指对监控点的性能和容量是否满足设定指标要求的监控。

**第六十五条** 系统监控应遵循以下原则：

（一）有效性原则，即根据系统的特点和所关注的信息系统整体所发挥的作用制定监控策略，确保监控功能发挥作用。

（二）可靠性原则，即监控策略，对关键功能点的监控策略应采用软件与硬件相结合、自动与人工相结合等方式，使监控影响或可能影响服务的事件准确及时响应。

（三）可行性原则，即制定的监控策略能通过工具、巡查有效执行。

（四）开放性原则，即监控策略应具有较好的兼容性和可扩充性，可根据系统的增减和变化不断完善。

**第六十六条** 监控策略指定时，充分考虑被监控系统的分类：

（一）监控对象分类，根据系统特点和在信息系统中发挥的作用，确定相应的监控点和监控策略。

（二）监控作用分类，即单一状态监控、单一容量监控、或两者同时监控。

（三）在技术条件许可的前提下，应采用自动监控策略，如没有技术监控条件，应人工监控。

**第六十七条** 根据机房环境的监控要求，对机房的温度湿度进行有效监控，要求对主机房的温度湿度监控作出如下要求：

（一）监控时间：每日应 24 小时对机房的温度湿度探测监控。机房内部应保持一定的温度和相对湿度，夏季温度须在 22℃ ±4℃，冬季温度须在 20℃ ±4℃，相对湿度 45%~65%，避免因过分干燥产生静电，从而造成设备的意外损坏。

（二）监控要求：监控超出规定范围时能够通过报警声和短信相结合的方式

预警，如不能自动报警须人员24小时值守。

**第六十八条** 机房人员进出须执行规范管理，具体要求如下：

（一）监控时间：每日应24小时对机房执行门禁管理、录像监控、保安值班和人员物品出入登记。

（二）监控记录频次：实时记录。

（三）监控要求：在机房设置视频监控系统，在机房各出入口，须配备门禁系统，经过授权的人员才能通过门禁系统进出机房，门禁监控系统应记录人员进出情况。

**第六十九条** 对机房的火灾隐患进行有效监控，对机房采用烟感监控，具体要求如下：

（一）监控时间：每日应24小时对机房执行烟感探测，每次探测监控间隔不小于20秒。

（二）监控记录频次：实时记录。

（三）监控要求：机房内应每20平方米配备至少一个烟感探测设备，烟感探测设备与机房环境监控系统相连。能够通过报警声及短信方式预警。

（四）视频监控数据要求至少保留20天。

**第七十条** 对机房的市电输入情况执行有效监控，对机房采用专用设备监控，具体要求如下：

（一）监控时间：每日应24小时对机房市电输入监控，采用持续探测监控。

（二）监控记录频次：实时记录。

（三）监控要求：对市电输入交流电压监测（按三相考虑）、负载分配交流电流监测（按三相考虑）、直流电压输出配电监测。

**第七十一条** 根据设备硬件的监控要求，按照关键业务的优先级别，对支持关键业务系统运行的程序、进程、后台数据库、队列等运行情况采用技术手段重点监控。

（一）通过技术手段对设备的CPU利用率监控，如有多个CPU或多内核CPU的，应对所有CPU或内核监控。CPU利用率设定的监控阀值应不超过75%。

（二）通过技术手段对设备的内存使用率监控，监控物理内存的总量、已用量、余量以及虚拟内存的使用情况。内存使用率设定的监控阀值应不超过80%。

（三）通过技术手段对设备的硬盘使用率监控，监控硬盘存储空间的总量、已用量、余量的使用情况。硬盘使用率设定的监控阀值应不超过80%。

（四）通过技术手段对诸如采用磁盘阵列技术、磁盘柜以及各板卡间的I/O

吞吐情况监控。

（五）以上监控内容的监控间隔应控制在30秒以内，并通过技术手段对其24小时不间断监控，其监控报警至少包含有声音和短信方式。

**第七十二条** 机房的空调系统作为重要的硬件设备，须对其重点监控，监控的要求如下：

（一）监控时间：每日应24小时对机房空调运行的情况监控。机房每次探测监控间隔不小于60分钟。

（二）监控要求：监控超出规定范围时通过报警声和短信相结合的方式预警，具体监控范围包括机房空调制冷量、送风量、空调异常故障、空调断电自启动情况等。

（三）如无自动监控条件可采用人工巡查方式实现空调系统监控。

**第七十三条** 机房的UPS后备电源系统，作为重要的硬件设备，须重点监控，对其监控的要求如下：

（一）监控时间：每日应24小时对机房UPS的运行的情况监控。机房每次探测监控间隔不小于60分钟。

（二）监控要求：监控超出规定范围时能够通过报警声和短信相结合的方式预警，具体监控范围包括市电输入端电压电流变化情况、UPS负载情况、UPS输出电压电流变化情况、UPS电池供电情况、UPS旁路工作状态以及UPS的异常故障及报警状态等。

（三）无自动监控条件可采用人工巡查方式实现UPS系统监控。

**第七十四条** 对程序和进程的运行个数、系统服务监控有效监控。对重要应用系统密切相关的程序，须重点监控，防止重要程序或进程意外关闭或终止。

**第七十五条** 数据库须每天24小时监控，保证数据库正常运行。

**第七十六条** 网络安全设备须重点监控，具体包括以下内容：

（一）网络及安全设备的运行日志。

（二）网络及安全设备的性能监控和阀值预警。

（三）网络各链路通断状态、各端口运行情况的监控。

（四）通信链路实时流量、连接质量、中断情况的监控和阀值预警。

（五）网络异常行为和网络安全设备异常行为监控。

（六）对关键网络及安全设备的性能数据进行连续采样、记录、阀值预警和趋势分析。

**第七十七条** 网络及安全设备的性能监控，包括机房关键防火墙设备、核心路由器设备、核心交换机设备的 CPU 利用率监控，各设备的 CPU 利用率监控阀值应小于 80%。

**第十章　附　则**

**第七十八条**　本细则由国家林业局信息办负责解释。

**第七十九条**　本细则自印发之日起执行。2012 年 9 月 14 日印发的《国家林业中心机房运维人员工作制度》、《国家林业中心机房第三方和外包人员安全管理办法》、《国家林业中心机房值班人员交接班制度》、《国家林业中心机房设备运行维护管理制度》、《国家林业中心机房安全保密与数据备份管理制度》、《国家林业中心机房介质管理制度》、《国家林业中心机房动力系统维护制度》等 7 项管理制度（信网发〔2012〕70 号），2010 年 11 月 8 日印发的《系统监控管理办法》（信网发〔2010〕27 号）同时废止。

（摘自中国林业网 www. forestry. gov. cn）

## 十二、国家林业局信息网络和计算机安全管理办法

国家林业局于 2014 年 11 月 27 日印发《国家林业局信息网络和计算机安全管理办法》，具体内容详见专栏 2-16。

**专栏 2-16　国家林业局信息网络和计算机安全管理办法**

**信网发〔2014〕74 号**

**第一章　总　则**

**第一条**　为加强国家林业局信息网络和计算机安全管理，保证办公计算机规范、安全使用，保障关键信息系统安全运行，规范信息系统访问控制机制，统一计算机病毒防范策略，保障信息安全事件得到及时跟踪、控制和处理，加强电子邮件的安全管理使用，根据国家有关法律法规和国家林业局有关规章制度，结合林业信息化实际情况，制定本办法。

**第二条**　本办法适用于国家林业局信息网络、信息系统、办公计算机等的使用管理。

**第三条** 国家林业局信息化管理办公室（信息中心）是国家林业局信息网络和计算机安全主管部门。

## 第二章 办公计算机安全管理

**第四条** 办公计算机包括工作所用的台式计算机及便携式计算机。

**第五条** 非涉密计算机严禁处理及存储涉密信息。存有涉密信息的计算机，严禁接入非涉密网络。

**第六条** 计算机在使用前，应安装正版的操作系统、办公软件、杀毒软件等，确保操作系统已安装最新的补丁，并将系统更新设置为自动更新。在使用过程中，应按照系统提示积极完成自动更新工作。

**第七条** 使用者在使用计算机的过程中应妥善保管，不得对其硬件进行破坏，计算机如发生故障时，必要时由系统维护人员提供技术支持。

**第八条** 严禁在国家林业局网络环境中的办公计算机上安装各种游戏及其他与工作无关的软件。

**第九条** 计算机中资料的信息安全以“谁使用，谁负责”为原则，使用者负责计算机内相关资料的信息安全工作。使用者不得将敏感信息保留在计算机上。

**第十条** 禁止使用办公计算机制造任何形式的恶意代码。

**第十一条** 除非属于工作职责范围，禁止使用办公计算机扫描网络，进行网络嗅探。

**第十二条** 使用者禁止未经授权者访问办公计算机。未经部门领导和办公计算机使用者的同意，禁止使用他人计算机。未经允许不得将计算机转借他人使用。

**第十三条** 需要携带便携式计算机外出工作的职工，应妥善加以保管，避免丢失。如需使用网络，应确保接入网络安全。

**第十四条** 使用完计算机后，及时对相关文件资料和信息进行备份、转存和删除。因个人原因导致计算机中文件丢失、损坏和泄露的，使用者承担相应责任。

## 第三章 账号与口令安全管理

**第十五条** 用户账号是计算机信息系统通过一定的身份验证机制识别各类操作人员在系统中身份的一种标识。特权账号是指对系统/网络/数据库等拥有超级权限的人员账号，包含但不限于系统管理员、网络管理员、数据库服务器管理员及数据库管理员等。权限是指系统对用户能够执行的功能操作所设立的额外限制，用于进一步约束用户能操作的系统功能和内容访问范围。

**第十六条** 所有用户账号应通过正式的账号申请审批过程，账号使用者提出并填写《国家林业局办公网数字身份证书申请表》，遵循本办法第六章《访问控制安全管理》中的有关规定审批。

**第十七条** 在对系统账号申请的过程中，做到系统账号与责任人一一对应，确保每个账号都有负责人。系统运行维护管理人员在开通账号前，应依据《国家林业局办公网数字身份证书申请表》内容检查申请人是否在该系统中拥有其他账号。若没有，可为用户创建账号并分配相应的权限。原则上每个用户只能拥有唯一的账号，不得重复申请账号，只能由本人使用，不得交由他人使用，不得多人共用一个账号(特殊系统账号除外)。

**第十八条** 用户账号口令的选择和使用须与口令保护策略相符合，系统运行维护管理员须保存用户账号分配申请记录。

**第十九条** 服务器本地管理员账号由系统管理员保管，并在信息办制定管理部门备案，禁用匿名账号。

**第二十条** 在应用系统账号使用过程中，账号权限发生变化、增加系统权限，须对增加权限的原因进行详细描述并重新申请填写《国家林业局办公网数字身份证书撤销/停用、恢复、更新申请表》。

**第二十一条** 系统权限变更时，系统管理人员依据《国家林业局办公网数字身份证书撤销/停用、恢复、更新申请表》内容检查申请人是否存有不再需要的其他账号或权限。

**第二十二条** 在系统账号权限变更授权过程中，权限变更内容以及变更原因应详细记录，以备以后查看。

**第二十三条** 账号使用人员由于离职、调职等原因不需要使用原有的账号或者权限时，须将数字身份证书交回局信息办，并对其系统账号或权限进行消除。

**第二十四条** 所有账号不得使用系统默认口令，不得使用账号创建时的初始口令。用户首次使用账号时，应立即更改默认口令，口令必须由数字、字符和特殊字符组成。

**第二十五条** 操作系统必须设定口令，使用者要保护操作系统口令的保密性，不得将口令告诉他人。计算机须设置屏幕保护，在恢复屏幕保护时需要提供口令。使用者在短时间离开计算机时，如必要应对计算机的屏幕进行锁屏。

如果长时间不使用，应对计算机进行关机操作。

**第二十六条** 设置的口令长度不能少于6个字符，口令更换周期不得多于60天。

**第二十七条** 用户不得将口令包含在自动登录程序上，不得将写有口令的纸条贴在显示器或者座位上，不允许在计算机系统上以无保护的形式存储口令。

**第二十八条** 所有系统特权均采取控制措施来限制特殊权限的分配及使用。任何信息系统，只能由所有者或授权管理者控制该系统的特权账号密码，包括关键主机、网络设备和安全设备等所用的密码。系统管理员对特权账号的口令妥善的保管，并以纸质形式密封，交局信息办指定管理部门备案。

**第二十九条** 所有申请特权用户账号的行为必须经系统主管部门同意，不得将特权用户密码交给系统管理员以外的人员。

**第三十条** 用户发现口令或系统遭到滥用的迹象，须立即更改口令。

**第三十一条** 应定期对所有信息系统用户访问权限检查，包括：重要应用系统管理员账号、路由器、防火墙、交换机、其他专用设备的管理员账号、有专门特权的其他系统账号等。定期清理多余的用户账号和权限。

**第三十二条** 任何用户须对其使用账号和密码产生的相关活动承担责任或可能的纪律和/或法律责任。同样，用户也禁止使用其他用户的账号从事活动。

## 第四章　病毒防御管理

**第三十三条** 国家林业局内部人员在根据工作需要访问互联网时，应采取病毒防范措施，防止病毒事件。对从互联网上下载的文件须病毒检查。

**第三十四条** 在采用存储介质文件交换时，须对存储设备病毒检查。存储设备包括软盘、光盘、U盘等。

**第三十五条** 网络系统维护人员须定期对服务器、终端设备进行病毒扫描。办公计算机使用者应定期对所分配使用的计算机进行病毒扫描。

**第三十六条** 办公计算机必须安装国家林业局派发的防病毒软件。须经常对防病毒软件病毒库进行更新。在操作系统启动的同时启动防病毒软件的防火墙或实时监控程序。

**第三十七条** 在不影响正常使用的前提下，服务器操作系统、中间件、数据库及应用系统必须安装最新版本补丁，系统补丁的部署过程须遵守变更管理流程的规定。

**第三十八条** 发现办公计算机或服务器感染病毒时，应断开与网络的连接，同时采取必要的措施对病毒进行清除，必要时由系统维护人员提供技术支持。

### 第五章　电子邮件安全管理

**第三十九条**　国家林业局电子邮件系统的管理者为局信息办。

**第四十条**　国家林业局电子邮件系统分为内网电子邮件系统和外网电子邮件系统。工作人员使用电子邮件系统处理业务工作时，应使用国家林业局电子邮件系统。

**第四十一条**　局信息办系统维护人员负责国家林业局电子邮件系统的日常运行维护，履行以下职责：

（一）负责国家林业局电子邮件日常运行维护工作，保证电子邮件服务的可用性。

（二）部署电子邮件系统病毒防范措施，及时检测、清除电子邮件中所含的恶意代码。

（三）制定并部署电子邮件过滤策略，防范垃圾邮件和内部人员通过电子邮件泄密。

（四）根据电子邮件系统的处理能力，制定电子邮件容量策略，规定用户邮箱的总容量和每封邮件的最大容量。

（五）遵守有关法律法规，维护国家林业局电子邮件系统的信息安全。

**第四十二条**　国家林业局电子邮件账号的使用者须承担使用该电子邮件账号所产生的相关责任与后果。电子邮件仅限于国家林业局工作人员使用，工作人员离职后须注销电子邮件账号。

**第四十三条**　国家林业局电子邮件账号的管理应遵循本办法第三章《账号与口令安全管理》的规定。

**第四十四条**　系统管理员确认某个电子邮件账号的活动可能会威胁到国家林业局信息安全时，须立即暂停该账号使用，并通知相关用户。

**第四十五条**　使用电子邮件的人员不得利用电子邮件从事以下活动：

（一）利用电子邮件传输任何骚扰性的、中伤他人的、恐吓性的、庸俗的、淫秽的以及其他违反法律法规和国家林业局规定的内容。

（二）利用电子邮件发送与工作无关的邮件。

（三）利用电子邮件散布电脑病毒、木马软件、间谍软件等恶意软件，干扰他人或破坏网络系统的正常运行。

**第四十六条**　电子邮件操作安全规定如下：

（一）未经授权任何人不得尝试以他人账号和口令登录电子邮件系统，不得阅读、下载、保存、编辑、公开或透露他人的电子邮件。

（二）用户必须严格保密其登录电子邮件系统的密码，不得泄露，如借与他人使用，由此造成的一切后果由电子邮件账号所有人承担。

（三）用户若发现任何电子邮件系统的漏洞，或任何非法使用电子邮件系统的情况，须及时报告局信息办。

（四）用户不要阅读和传播来历不明的电子邮件及其附件，提高对电子邮件病毒的防范意识，避免传播电子邮件病毒。

（五）电子邮件系统禁止存储、处理、发送涉密信息。

**第四十七条** 所有的电子邮件都需要进行保存和归档，存放在服务器端的电子邮件通过数据备份形式统一进行保存归档，下载到本地的电子邮件由使用者个人进行保存和归档，电子邮件至少离线保留 1 年。

## 第六章 访问控制安全管理

**第四十八条** 本规定适用于国家林业局所有信息系统的访问控制管理，包括但不限于如下方面：

（一）根据业务和安全需求控制对信息系统的访问。

（二）防止擅自访问网络、计算机和信息系统中保存的信息。

（三）防止未授权的用户访问。

（四）查找未授权的活动。

**第四十九条** 在网络环境下，使用内网网络服务和外网网络服务时，应遵守以下规定：

（一）在使用网络服务时，所有人员应遵守国家的法律、法规，不得从事非法活动。

（二）所有用户应只能访问自己获得授权的网络服务，严禁对网络服务进行非授权访问。

（三）严禁通过使用网络服务将管理数据、业务资料、技术资料等信息私自泄露给第三方。

（四）禁止非法侵入计算机信息系统或者破坏计算机信息系统功能、数据和应用程序。

**第五十条** 制定访问控制策略应遵循以下方针：

（一）最小授权原则。仅授予运维用户开展业务活动所必需的最小访问权限，对除明确规定允许之外的所有权限必须禁止。

（二）需要时获取。所有运维用户由于开展业务活动涉及资源使用时，应遵循需要时获取的原则，即不获取和自己工作无关的任何资源。

（三）在设定访问控制权限时，应进行必要的职责分离，以降低非授权、无意识修改、不当使用等对系统造成的危害。

**第五十一条**　访问控制策略应至少考虑下列内容：

（一）应用系统所运行业务的重要性。

（二）各个业务应用系统的安全要求。

（三）不同系统和网络的访问控制策略和信息价值之间的一致性。

（四）访问请求的正式授权和取消。

（五）定期评审访问控制。

**第五十二条**　逻辑上通过使用 MAC 地址与 IP 地址绑定等方式对网络上的设备进行标识，物理上使用信息资产标签的方式进行设备标识。

**第五十三条**　应保证网络跨边界的访问安全。边界使用防火墙规则、VLAN 或路由器访问控制列表等，阻止未授权 IP 地址的访问。防火墙策略的设计要遵守"缺省全部拒绝"原则，根据业务要求，只允许必需的信息流通过网络。

**第五十四条**　所有操作系统的登录要进行必要的控制，防止操作系统的非授权访问，在系统安全登录控制中可以考虑如下措施：

（一）用户在操作系统的登录过程中泄露最少系统相关信息。

（二）通过记录不成功的尝试、达到登录的最大尝试次数锁定等手段，达到对非授权访问登录的控制。

（三）在成功登录完成后，显示前一次成功登录的日期和时间等信息。

**第五十五条**　所有系统应确保该系统中用户有唯一的、专供其个人使用的标识符，应选择一种适当的鉴别技术证实用户的身份。

**第五十六条**　任何人不得私自安装非法软件。非工作需要不得安装以下类型的工具：

（一）网络系统管理与监控工具。

（二）漏洞扫描、渗透测试等工具。

（三）网络嗅探、口令破解等工具。

**第五十七条**　所有系统应设定超时不活动时限，超时后应清空会话屏幕、关闭应用和网络会话。超过一定时间用户没有操作，自动注销该用户登录。

**第五十八条**　访问控制应基于用户的工作角色、业务要求或工作需要。只

有获得管理部门授权的人员才具有访问和管理服务器、网络设备、应用系统、数据库等的权限。

## 第七章　通信与操作安全管理

**第五十九条**　与通信和操作相关的信息安全活动应形成固定流程，重要的流程须形成文件。

**第六十条**　所有与通信和操作有关的变更须管理和控制。

（一）变更前填写《变更申请单》。变更的内容与过程都应详细记录，并存档。

（二）变更申请时，申请人员应制定详细的变更计划，变更计划中包含变更时间、变更人员、变更详细实施步骤、变更风险及影响、变更回退步骤等内容。

（三）变更执行前须测试，以保证变更实施时对系统产生影响降到最小。

（四）变更实施时严格按照变更计划执行，在变更执行以后，须判断变更后服务是否工作正常，如工作不正常则根据变更回退计划的内容执行回退步骤。

**第六十一条**　非业务需要严禁使用移动代码。移动代码是指通过一定的途径，可在软件系统之间转移，并没有明确的安装提示下在代码接收人本地系统上执行的代码。如工作需要必须要执行移动代码，应考虑使用如下控制手段：

（一）在逻辑上隔离的环境中执行移动代码。

（二）使用技术措施确保移动代码只在特定系统中可用。

（三）控制移动代码的资源访问。

（四）使用密码控制，对移动代码进行认证。

**第六十二条**　网络管理人员使用网管系统监测网络设备和链路的运行情况，并采取相应措施来保障网络服务的安全性：

（一）所有允许互联网用户访问的内部系统，必须置于防火墙后，防火墙策略默认为禁止。

（二）使用 VLAN 划分开不同安全级别的内部信息系统。

（三）网络设备及主机中的网管关键字要取消“Public”、“Private”等的默认设置。

**第六十三条**　关键网络安全事件和关键服务器安全事件应记录在事件日志中。必要时须进行查看分析系统操作系统、故障日志等内容，所有日志应妥善保管，在没有管理人员的授权下，严禁私自删除或更改系统日志。

**第六十四条**　对信息安全事件处理参照《国家林业局网络信息安全应急处置

预案》。

## 第八章　附　则

**第六十五条**　本办法由国家林业局信息办负责解释。

**第六十六条**　本办法自印发之日起执行。2010年11月8日印发的《办公计算机安全管理办法》、《账号与口令管理办法》、《病毒防御管理办法》、《电子邮件安全管理办法》、《访问控制安全管理规范》、《通信与操作安全管理规范》、《信息安全事件管理规范》等7项信息安全管理办法(信网发〔2010〕27号)同时废止。

(摘自中国林业网 www. forestry. gov. cn)

# 第三章 网络安全管理

## 第一节 网络安全管理概述

### 一、网络安全管理的概念

IOS（International Organization for Standardization，国际标准化组织）定义网络管理是规划、监督组织和控制计算机网络通信服务，以及信息处理所必需的各种活动。狭义的网络管理主要指对网络设备、运行和网络通信量的管理。现在，网络管理已经突破了原有的概念和范畴。其目的是提供对计算机网络的规划、设计、操作运行、管理、监视、分析、控制、评估和扩展的手段，从而合理地组织和利用系统资源，提供安全、可靠、有效和友好的服务。网络管理的实质是对各种网络资源进行检测、控制、协调、报告故障等。

网络管理的趋势是向分布式、智能化和综合化方向发展。

1. 基于 Web 的管理。www 以其能简单、有效地获取如文本、图形、声音与视频等不同类型的数据在 Internet 上广为使用。

2. 基于 CORBA（common object request broker architecture，公共对

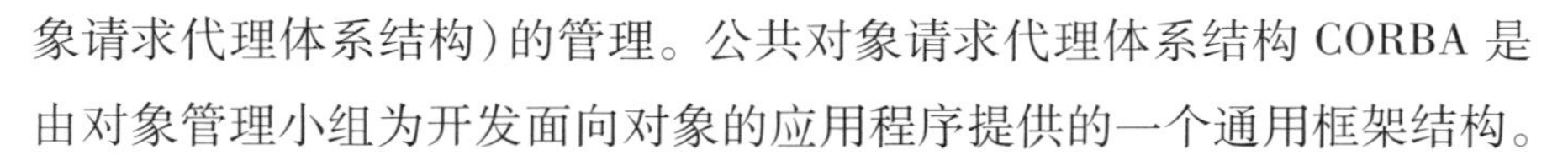

象请求代理体系结构)的管理。公共对象请求代理体系结构 CORBA 是由对象管理小组为开发面向对象的应用程序提供的一个通用框架结构。

3. 采用 Java 技术管理。Java 用于异构分布式网络环境的应用程序开发，它提供了一个易移植、安全、高性能、简单、多线程和面向对象的环境，实现“一次编译，到处运行”。将 Java 技术集成至网络管理，可以有助于克服传统的纯 SNMP(Simple Network Management Protocol，简单网络管理协议)的一些问题，降低网络管理的复杂性。

网络安全管理通常是指以网络管理对象的安全为任务和目标所进行的各种管理活动，是与安全有关的网络管理，简称安全管理。由于网络安全对网络信息系统的性能、管理的关联及影响更复杂更密切，网络安全管理逐渐成为网络管理中的一个重要分支，正受到业界及用户的广泛关注。网络安全管理需要综合网络信息安全、网络管理、分布式计算、人工智能等多个领域知识和研究成果，其概念、理论和技术正在不断完善之中。

## 二、网络安全管理的目标

计算机网络安全是一个相对的概念，世界上没有绝对的安全。

网络管理的目标是确保计算机网络的持续正常运行，使其能够有效、可靠、安全、经济地提供服务，并在计算机网络系统运行出现异常时能及时响应并排除故障。

网络安全管理的目标是：在计算机网络的信息传输、存储与处理的整个过程中，提供物理上、逻辑上的防护、监控、反应恢复和对抗的能力，以保护网络信息资源的保密性、完整性、可用性、可控性和可审查性。其中保密性、完整性、可用性是信息安全的基本要求。网络信息安全的五大特征，反映了网络安全管理的具体目标要求。

# 第二节　网络安全体系

## 一、网络安全体系及过程

### （一）OSI 网络安全体系

OSI（open system interconnection，开放式系统互联）参考模型是国际标准化组织为解决异种机互联而制定的开放式计算机网络层次结构模型。OSI 安全体系结构主要包括网络安全机制和网络安全服务两方面的内容。

1. 网络安全机制。在 ISO7498—2《网络安全体系结构》文件中规定的网络安全机制有 8 项：一是加密机制。加密机制用于加密数据或流通中的信息，其可以单独使用。二是数字签名机制。数字签名机制是由对信息进行签字和对已签字的信息进行证实这样两个过程组成。三是访问控制机制。访问控制机制是根据实体的身份及其有关信息来决定该实体的访问权限。四是数据完整性机制。五是认证机制。六是通信业务填充机制。七是路由控制机制。八是公证机制。公证机制是由第三方参与的签名机制。

2. 网络安全服务。在《网络安全体系结构》文件中规定的网络安全服务有 5 项：鉴别服务、访问控制服务、数据完整性服务、数据保密性服务、可审查性服务。

### （二）TCP/IP 网络安全管理体系

TCP/IP 网络安全管理体系结构，包括三个方面：分层安全管理、安全服务机制、系统安全管理。

### （三）网络安全管理的基本过程

网络安全管理的具体对象：包括涉及的机构、人员、软件、设备、场地设施、介质、涉密信息、技术文档、网络连接、门户网站、应急回复、安全审计等。

网络安全管理的功能包括：计算机网络的运行、管理、维护、提供服务等所需要的各种活动，可概括为OAM&P。也有的专家或学者将安全管理功能仅限于考虑前三种OAM情形。

网络安全管理工作的程序，遵循如下PDCA循环模式的4个基本过程：制定规划和计划(Plan)、落实执行(Do)、监督检查(Check)、评价行动(Action)。

**(四)网络管理与安全技术的结合**

国际标准化组织ISO在ISO/IEC 7498—4文档中定义开放系统网络管理的五大功能：

1. 故障管理功能。故障管理是网络管理中最基本的功能之一。用户都希望有一个可靠的计算机网络，当网络中某个部件出现问题时，网络管理员必须迅速找到故障并及时排除。

2. 配置管理功能。配置管理同样重要，它负责初始化网络并配置网络，以使其提供网络服务。

3. 性能管理功能。性能管理估计系统资源的运行情况及通信效率情况。

4. 安全管理功能。安全性一直是网络的薄弱环节之一，而用户对网络安全的要求相当高。

5. 计费管理。用来记录网络资源的使用，目的是控制和检测网络操作的费用和代价，它对一些公共商业网络尤为重要。

目前，先进的网络管理技术也已经成为人们关注的重点，先进的计算机技术、无线通信及交换技术、人工智能等先进技术正在不断应用到具体的网络安全管理中，网络安全管理理论及技术也在快速发展、不断完善。

网络安全是个系统工程，网络安全技术必须与安全管理和保障措

施紧密结合，才能真正有效地发挥作用。

## 二、网络安全保障体系

网络安全的整体保障作用，主要体现在整个系统生命周期对风险进行整体的应对和控制。

### (一)网络安全保障关键因素

网络安全保障包括四个方面：网络安全策略、网络安全管理、网络安全运作和网络安全技术，如图 3-1 所示。管理是关键，技术是保障，其中的管理应包括管理技术。

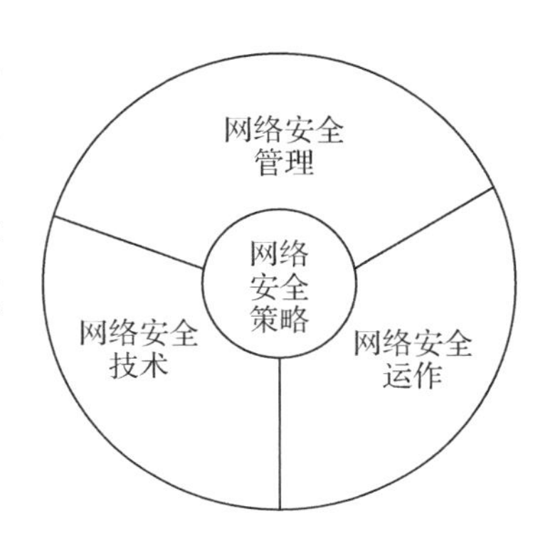


图 3-1　网络安全保障因素

### (二)网络安全保障总体框架

面对网络系统的各种威胁和风险，以往针对单方面具体的安全隐患，所提出的具体解决方案具有一定其局限性，应对的措施也难免顾此失彼。面对新的网络环境和威胁，需要建立一个以深度防御为特点的网络信息安全保障体系。

网络安全保障体系总体框架如图 3-2 所示。此保障体系框架的外围是风险管理、法律法规、标准的符合性。实际上，网络安全保障体系架构包括五个部分：网络安全策略、网络安全政策和标准、网络安全运作、网络安全管理、网络安全技术。

1. 网络安全策略。以风险管理为核心理念，从长远发展规划和战略角度通盘考虑网络建设安全。此项处于整个体系架构的上层，起到总体的战略性和方向性指导的作用。

2. 网络安全政策和标准。网络安全政策和标准是对网络安全策略的逐层细化和落实，包括管理、运作和技术三个不同层面，在每一层面都有相应的安全政策和标准，通过落实标准政策规范管理、运作和技术，以保证其统一性和规范性。当三者发生变化时，相应的安全政策和标准也需要调整相互适应，反之，安全政策和标准也会影响管理、运作和技术。

3. 网络安全运作。网络安全运作基于风险管理理念的日常运作模式及其概念性流程(风险评估、安全控制规划和实施、安全监控及响应恢复)，是网络安全保障体系的核心，贯穿网络安全始终；也是网络安全管理机制和技术机制在日常运作中的实现，涉及运作流程和运作管理。

4. 网络安全管理。网络安全管理是体系框架的上层基础，对网络安全运作至关重要，从人员、意识、职责等方面保证网络安全运作的顺利进行。网络安全通过运作体系实现，而网络安全管理体系是从人员组织的角度保证正常运作，网络安全技术体系是从技术角度保证运作(图 3-2)。

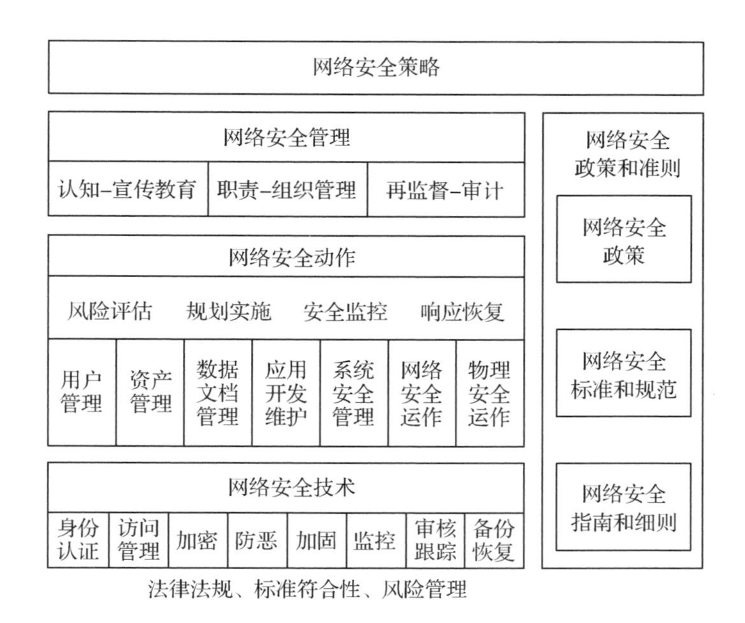


**图 3-2　网络安全保障体系框架结构**

5. 网络安全技术。网络安全运作需要的网络安全基础服务和基础设施的及时支持。先进完善的网络安全技术可以极大提高网络安全运作的有效性，从而达到网络安全保障体系的目标，实现整个生命周期(预防、保护、检测、响应与恢复)的风险防范和控制。

## 第三节 网络安全策略

### 一、网络安全策略概述

随着计算机网络的不断发展，全球信息化已成为人类发展的大趋势。但由于计算机网络具有联结形式多样性、终端分布不均匀性和网络的开放性、互连性等特征，致使网络易受黑客、怪客、恶意软件和其他不轨行为的攻击，所以网上信息的安全和保密是一个至关重要的问题。对于军用的自动化指挥网络、C3I(communication，command，control and intelligence systems，指挥自动化技术系统)系统和银行等传输敏感数据的计算机网络系统而言，其网上信息的安全和保密尤为重要。因此，上述的网络必须有足够强的安全措施，否则该网络将是个无用，甚至会危及国家安全的网络。无论是在局域网还是在广域网中，都存在着自然和人为等诸多因素的脆弱性和潜在威胁。故此，网络的安全措施应是能全方位地针对各种不同的威胁和脆弱性，这样才能确保网络信息的保密性、完整性和可用性。

网络安全策略是在制定安全区域内，与安全活动有关的一系列规则和条例，包括对企业各种网络服务的安全层次和权限的分类，确定管理员的安全职责，主要涉及 4 个方面：实体安全策略、访问控制策略、信息加密策略和网络安全管理策略。

#### (一)网络安全策略总则

网络安全策略包括总体安全策略和具体安全管理实施细则。网络

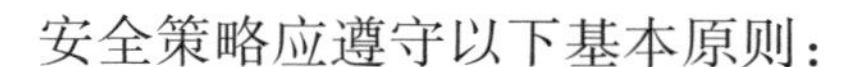
安全策略应遵守以下基本原则：

1. 均衡性原则。在安全需求、易用性、效能和安全成本之间保持相对平衡。

2. 时效性原则。影响信息安全的因素随时间变化，信息安全问题具有显著的时效性。

3. 最小限度原则。系统提供的服务越多，安全漏洞和威胁也就越多，关闭安全策略中没有规定的网络服务，以最小限度原则配量满足安全策略定义的用户权限。

**（二）安全策略的内容**

1. 物理安全策略。物理安全策略的目的是保护计算机系统、网络服务器、打印机等硬件实体和通信链路免受自然灾害、人为破坏和搭线攻击；验证用户的身份和使用权限、防止用户越权操作；确保计算机系统有一个良好的电磁兼容工作环境；建立完备的安全管理制度，防止非法进入计算机控制室和各种偷窃、破坏活动的发生。抑制和防止电磁泄漏是物理安全策略的一个主要问题。目前主要防护措施有两类：一类是对传导发射的防护，主要采取对电源线和信号线加装性能良好的滤波器，减小传输阻抗和导线间的交叉耦合。另一类是对辐射的防护，这类防护措施又可分为以下两种：一是采用各种电磁屏蔽措施，如对设备的金属屏蔽和各种接插件的屏蔽，同时对机房的下水管、暖气管和金属门窗进行屏蔽和隔离；二是干扰的防护措施，即在计算机系统工作的同时，利用干扰装置产生一种与计算机系统辐射相关的伪噪声向空间辐射来掩盖计算机系统的工作频率和信息特征。

2. 访问控制策略。访问控制策略是网络安全防范和保护的主要策略，其任务是保证网络资源不被非法使用和非法访问。各种网络安全策略必须相互配合才能真正起到保护作用，而访问控制是保证网络安全最重要的核心策略之一。访问控制策略包括入网访问控制策略、操作权限控制策略、目录安全控制策略、属性安全控制策略、网络服务

器安全控制策略、网络监测和锁定控制策略、防火墙控制策略等 7 个方面的内容。

(1) 入网访问控制策略。入网访问控制是网络访问的第一层安全机制。它控制哪些用户能够登录到服务器并获准使用网络资源，控制准许用户入网的时间和位置。用户的入网访问控制通常分为三步执行：用户名的识别与验证；用户口令的识别与验证；用户账户的默认权限检查。三道控制关卡中只要任何一关未过，该用户便不能进入网络。

对网络用户的用户名和口令进行验证是防止非法访问的第一道关卡。用户登录时首先输入用户名和口令，服务器将验证所输入的用户名是否合法。用户的口令是用户入网的关键所在。口令最好是数字、字母和其他字符的组合，长度应不少于 6 个字符，必须经过加密。口令加密的方法很多，最常见的方法有基于单向函数的口令加密、基于测试模式的口令加密、基于公钥加密方案的口令加密、基于平方剩余的口令加密、基于多项式共享的口令加密、基于数字签名方案的口令加密等。经过各种方法加密的口令，即使是网络管理员也不能够得到。系统还可采用一次性用户口令，或使用如智能卡等便携式验证设施来验证用户的身份。

网络管理员应该可对用户账户的使用、用户访问网络的时间和方式进行控制和限制。用户名或用户账户是所有计算机系统中最基本的安全形式。用户账户应只有网络管理员才能建立。用户口令是用户访问网络所必须提交的准入证。用户应该可以修改自己的口令，网络管理员对口令的控制功能包括限制口令的最小长度、强制用户修改口令的时间间隔、口令的唯一性、口令过期失效后允许入网的宽限次数。针对用户登录时多次输入口令不正确的情况，系统应按照非法用户入侵对待并给出报警信息，同时应该能够对允许用户输入口令的次数给予限制。

用户名和口令通过验证之后，系统需要进一步对用户账户的默认权限进行检查。网络应能控制用户登录入网的位置、限制用户登录入网的时间、限制用户入网的主机数量。当交费网络的用户登录时，如果系统发现“资费”用尽，还应能对用户的操作进行限制。

(2)操作权限控制策略。操作权限控制是针对可能出现的网络非法操作而采取安全保护措施。用户和用户组被赋予一定的操作权限。网络管理员能够通过设置，指定用户和用户组可以访问网络中的哪些服务器和计算机，可以在服务器或计算机上操控哪些程序，访问哪些目录、子目录、文件和其他资源。网络管理员还应该可以根据访问权限将用户分为特殊用户、普通用户和审计用户，可以设定用户对可以访问的文件、目录、设备能够执行何种操作。特殊用户是指包括网络管理员的对网络、系统和应用软件服务有特权操作许可的用户；普通用户是指那些由网络管理员根据实际需要为其分配操作权限的用户；审计用户负责网络的安全控制与资源使用情况的审计。系统通常将操作权限控制策略，通过访问控制表来描述用户对网络资源的操作权限。

(3)目录安全控制策略。访问控制策略应该允许网络管理员控制用户对目录、文件、设备的操作。目录安全允许用户在目录一级的操作对目录中的所有文件和子目录都有效。用户还可进一步自行设置对目录下的子控制目录和文件的权限。对目录和文件的常规操作有：读取(read)、写入(write)、创建(create)、删除(delete)、修改(modify)等。网络管理员应当为用户设置适当的操作权限，操作权限的有效组合可以让用户有效地完成工作，同时又能有效地控制用户对网络资源的访问。

(4)属性安全控制策略。访问控制策略还应该允许网络管理员在系统一级对文件、目录等指定访问属性。属性安全控制策略允许将设定的访问属性与网络服务器的文件、目录和网络设备联系起来。属性安全策略在操作权限安全策略的基础上，提供更进一步的网络安全保障。网络上的资源都应预先标出一组安全属性，用户对网络资源的操

作权限对应一张访问控制表，属性安全控制级别高于用户操作权限设置级别。属性设置经常控制的权限包括：向文件或目录写入、文件复制、目录或文件删除、查看目录或文件、执行文件、隐含文件、共享文件或目录等。允许网络管理员在系统一级控制文件或目录等的访问属性，可以保护网络系统中重要的目录和文件，维持系统对普通用户的控制权，防止用户对目录和文件的误删除等操作。

（5）网络服务器安全控制策略。网络系统允许在服务器控制台上执行一系列操作。用户通过控制台可以加载和卸载系统模块，可以安装和删除软件。网络服务器的安全控制包括可以设置口令锁定服务器控制台，以防止非法用户修改系统、删除重要信息或破坏数据。系统应该提供服务器登录限制、非法访问者检测等功能。

（6）网络监测和锁定控制策略。网络管理员应能够对网络实施监控。网络服务器应对用户访问网络资源的情况进行记录。对于非法的网络访问，服务器应以图形、文字或声音等形式报警，引起网络管理员的注意。对于不法分子试图进入网络的活动，网络服务器应能够自动记录这种活动的次数，当次数达到设定数值，该用户账户将被自动锁定。

（7）防火墙控制策略。防火墙是一种保护计算机网络安全的技术性措施，是用来阻止网络黑客进入企业内部网的屏障。防火墙分为专门设备构成的硬件防火墙和运行在服务器或计算机上的软件防火墙。无论哪一种，防火墙通常都安置在网络边界上，通过网络通信监控系统隔离内部网络和外部网络，以阻挡来自外部网络的入侵。

**（三）网络安全策略的制定与实施**

1. 网络安全策略的制定。安全策略是网络安全管理过程的重要内容和方法。网络安全策略包括三个重要组成部分：安全立法、安全管理、安全技术。

2. 安全策略的实施。存储重要数据和文件、及时更新加固系统、加强系统监测与监控、做好系统日志和审计。

## 二、网络安全规划基本原则

网络安全规划的主要内容：规划基本原则、安全管理、控制策略、安全组网、安全防御措施、审计和规划实施等。规划种类较多，其中，网络安全建设规划可以包括：指导思想、基本原则、现状及需求分析、建设政策依据、实体安全建设、运行安全策略、应用安全建设和规划实施等。

制定网络安全规划的基本原则，重点考虑6个方面：统筹兼顾、全面考虑、整体防御与优化、强化管理、兼顾性能、分步制定与实施。

# 第四节　网络安全管理要求

2014年，我国成立了中央网络安全和信息化领导小组，统筹协调涉及各个领域的网络安全和信息化重大问题。国务院重组了国家互联网信息办公室，授权其负责全国互联网信息内容管理工作，并负责监督管理执法。工信部发布了《关于加强电信和互联网行业网络安全工作的指导意见》，明确了提升基础设施防护、加强数据保护等八项重点工作，着力完善网络安全保障体系。我国国家网络与信息安全顶层领导力量明显加强，管理体制日趋完善，机构运行日渐高效，工作目标更加细化，对林业行业网络安全管理也提出了更高的要求。

## 一、林业网络安全工作的指导思想

深入贯彻落实党的十八大及历次全会精神，按照习近平总书记关于建设网络强国的战略目标，加强网络安全顶层设计和统一领导，正确处理发展和安全的关系，以安全保发展、以发展促安全，在开放中

谋发展，在创新中提高技术能力，有效维护网络安全。

## 二、林业网络安全工作基本原则

2014 年和 2015 年，中央召开了两次网络安全和信息化领导小组会议，习近平总书记的讲话审时度势，高瞻远瞩，总揽全局，做出了“没有网络安全就没有国家安全，没有信息化就没有现代化”的重大论断。把网络安全提升到了国家战略的高度，提升到了国家政治安全、政权安全的高度，科学回答了关于网络安全和信息化的重大理论和现实问题，具有很强的思想性、针对性、指导性，是我们当前和今后一个时期网络安全管理工作要遵循的基本原则。认真学习、深刻领会习近平总书记指示精神，并坚决贯彻落实，是我们当今最重要的任务。

## 三、林业网络安全主要任务和工作要求

### （一）提高思想认识，加强组织领导

高度重视网络安全工作，将网络安全纳入本单位信息化建设的重要日程，在制度、人力、资金方面提供有力保障，确保网络安全工作顺利开展。在中央网络安全和信息化领导小组的统一领导下，进一步加强对林业网络安全工作的领导，各省、各单位要按照“谁主管、谁负责”、“谁运行、谁负责”的原则，建立健全网络安全协调机制和工作程序，成立网络安全管理机构，安排专人负责网络安全管理与日常维护。明确各部门的职责，分清各级信息化管理、运行部门的任务要求，切实做到各司其职，各负其责。

### （二）加强顶层设计，搞好网络安全规划

坚持问题导向，加强顶层设计，统筹各方资源，坚持自主创新、技术先进和安全可控的，以国家法律、政策、标准为依据，在摸清政策文件、标准、管理规范，以及机构、人员、系统、数据资产底数基础上，搞好行业网络安全规划，出台政策标准，指导全行业开展网络

安全工作。

**（三）坚持网络安全和信息化统筹发展**

网络安全和信息化是一体两翼、驱动之双轮，必须统一谋划、统一部署、统一推进、统一实施，做到协调一致、齐头并进。正确处理网络安全和信息化的关系，严格落实网络安全与信息化建设“同步规划、同步设计、同步实施”的三同步要求，确保核心要害系统和基础网络安全稳定运行。

**（四）深入开展等级保护工作，建立安全通报机制**

按照国家信息安全等级保护标准，组织开展信息系统定级备案、等级测评、安全建设整改等工作。采取有效措施，提高网站防篡改、防病毒、防攻击、防瘫痪、防泄密能力，全面提高网站及信息系统的安全性。开展网络安全信息通报工作，加强实时监测、态势感知、通报预警工作，做到“耳聪目明、信息通畅、及时预警、主动应对”。

**（五）加强网站群建设管理，规范网站域名和名称**

进一步加强网站、信息系统建设的统筹规划，严格域名管理。按照国家林业局制定网站域名管理办法，对现有网站域名进行全面复查，统一规划各类网站域名。对各单位分散在各地或使用社会力量管理的网站、信息系统的网络环境、运维单位和人员等进行全面检查。继续采用集约化模式建设网站，采取网站物理集中或逻辑集中方式，实施网站群建设，减少互联网出口，实现统一监测、统一管理、统一防护，提高网站抵御攻击篡改的能力。对网站信息员定期培训，加强信息安全教育，实行信息三级发布审核制度，严格网站信息发布、转载和链接管理，确保信息安全。

**（六）加强软件测评管理，建立软件安全测评制度**

根据中央网信办对网站测评等提出的具体要求，加强林业软件测评工作，制定网站和信息系统性能、安全符合性标准，建立新上线软件准入、安全测试制度。新增网站和信息系统等必须经过安全测评才

能上线运行。充分利用技术手段对现有系统和网站进行测评和加固，建立信息安全风险评估机制，建设和完善信息安全监控体系，提高对网络安全事件的应对和防范能力。利用管理和技术措施，解决网络安全重视程度的逐级衰减问题。加强林业行业网络安全工作的监管、评价、考核。

**（七）开展安全检查，形成工作制度**

严格贯彻落实中央网信办、国家林业局有关信息网络安全工作的各项要求，建立林业网站、信息系统、网络定期安全检查机制，切实做好信息网络安全检查工作。加强组织领导，明确检查责任，落实检查机构、检查方法、检查经费。建立信息网络安全检查台账，开展日常检查，强化用技术手段，全面深入查找安全问题和安全隐患，切实做到不漏环节、不留死角，对发现的问题及时整改，并有针对性的采取防范对策和改进措施，提升信息网络安全整体防护能力。

**（八）加强队伍建设，提升安全防范技术能力**

做好网络信息安全工作，必须建立自己的核心技术支撑队伍。依据中央网信办网办发的4号文，即《关于加强网络安全学科建设和人才培养的意见》，一方面想方设法加强队伍建设，增加人员编制，同时要加强专业技术力量的培养，加强信息网络安全管理和技术培训。建立党政机关、事业单位和国有企业网络安全工作人员培训制度，明确重点培训内容，分级分层，按照技术领域和管理领域每年开展网络安全培训，不断提高林业行业从业人员的网络安全意识和管理水平，提升网络安全从业人员安全意识和专业技能。各种网络安全检查要将在职人员网络安全培训情况纳入检查内容，制定网络安全岗位分类规范及能力标准，建设一支政治强、业务精、作风好的强大队伍。

**（九）管控网络舆论阵地，全力维护行业网络安全**

加强数据信息安全、意识形态安全管理，管理好网络阵地、舆论阵地，营造和谐健康的网络空间。建立与公安机关的网络安全事件报告制度，与公安机关、工信部门一同构建“打防管控”一体化的网络安全综合防控体系。

### (十)强化综合运维管理，保障网络安全

加强网络综合运维管理，配备专门的运维人员和运维管理软件，切实做好运维保障工作，保障网络安全。

# 第五节　运维管理

## 一、运维管理的基本内容

运维管理包括服务交付管理、运行维护管理、资源操作管理、资源管理、安全管理以及服务规划管理六个层面，从这些方面开展运维管理工作，一方面能够确保整体运维能力的持续提升，另一方面也能够通过 IT 基础架构的稳定高效运行推动业务的发展(图 3-3)。

### (一)服务交付管理

服务交付主要进行管控、管理技术单位和用户单位之间的服务界面，是对外的统一服务窗口，在整个运营管理中处于最前端，包含了五项管理功能：

1. 服务目录管理。是服务提供方为客户提供的 IT 服务集中式信息来源，这样确保业务领域可以准确连贯地看到可用的服务以及服务的细节和状态。服务目录定义了服务提供方所提供服务的全部种类以及服务目标，服务目录往往不再单独列出，避免文档的重复。

2. 服务水平管理。是指服务提供方与客户就服务的质量、性能等方面所达成的双方共同认可的级别要求。服务水平管理是与客户一起协商适度的服务目标，商定后进行文档记录，然后进行监测，把服务交付实际情况和商定的服务水平进行比较，最后生成相关报告。服务

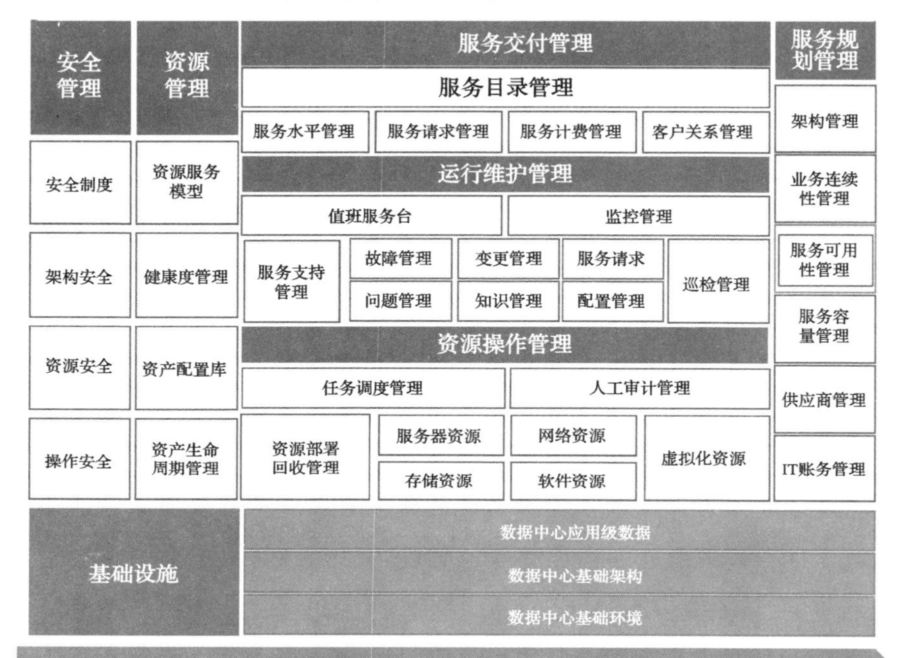


图 3-3　运维管理的基本内容

水平管理的目标，是确保对所有运营中的服务及其绩效以专业一致的方式进行衡量，并且服务和产生的报告符合业务和客户的需要。

3. 服务请求管理。为用户提供更加便利的渠道，以便其获得标准服务；有效地处理一般服务请求或投诉，减轻相关部门的工作压力，提高对外部用户的服务质量和效率，提高客户满意度。

4. 服务计费管理。是根据 IT 财务管理的要求，进行服务资源的计量、服务水平的评估，最后提供服务相关的账单，协助服务商向客户收取购买服务的费用。

5. 客户关系管理。是在理解客户及其业务基础之上，通过有效的手段与客户之间建立和维护良好的关系，以客户满意为关注焦点，统筹组织资源和运作，依靠信息技术，借助顾客满意度测量分析与评价工具，不断改进和创新，提高顾客满意度，增强竞争能力。

**（二）运行维护管理**

运行维护管理主要对于单位内部参与运维工作，包括开发单位需要对应用进行支撑的人员的有效管理。运行维护管理在整个框架中起到承上启下的作用，其主要通过一系列有效的技术管理动作，对技术单位内部参与运维工作、开发部门需要对应用进行支撑的人员进行有效管理，促进运行维护工作的开展，保证 IT 资源可以稳定、有效地发挥作用。值班服务台主要建立面向技术人员和业务用户的沟通界面，使技术人员更好地获取业务用户提交的各种服务请求，快速响应并及时处理，提升管理界面的易用性。监控管理主要包括两个层面的工作，即各类资源层面的专业资源监控和管理层面的统一监控管理。专业资源监控负责对各类资源的运行状况和性能进行监控和采集，发现故障及时生成监控信息进行警告处理。统一监控管理则站在管理角度负责收集各专业资源监控系统发送过来的警告信息和性能信息，通过一定的规则进行统一处理、短信和邮件通知、发送警告信息到故障流程和统一展现警告信息等管理功能。故障管理尽可能快地恢复到正常的服务运营，将故障对业务运营的负面影响降到最低，并确保达到最好的服务质量和可用性水平。“正常的服务运营”通常相对于服务级别协议（SLA）的要求而言。变更管理主要负责对现有服务进行变更的管控过程，通过对变更全生命周期的控制，确保变更既可以达到预期目的，又能最大限度地降低对 IT 服务中断的影响。发布管理主要负责新 IT 服务或变更后服务的发布过程，针对构建、测试并为确定的服务提供相应的能力，从而满足利益相关者的需求和预计的目标。问题管理主要目标是预防问题的产生及由此引发的故障，消除重复出现的故障，并能对不能预防的故障尽量降低其对业务的影响，问题管理包括“被

动反应式”和“主动分析式”两种管理活动。知识管理负责知识的收集、积累，并保证合适的信息可以在合适的时间内提供给适当且有能力的人，以帮助其作出明智的决策。配置管理主要负责对配置数据的维护工作，收集配置信息并审核、校对配置信息的准确性和真实性，通过流程化的管理手段对配置管理数据库及配置信息进行日常维护，保障其他管理功能对配置数据的消费。巡检管理：实现日常巡检工作的规范化，及时发现 IT 设备的故障隐患，提前预知设备性能的变化，减少突发故障的几率，提升设备运行状态，并强化交接班管理(图 3-4)。

自动扫描网络并生成拓扑，实现对设备、链路、故障、IP 地址的监控管理

主园区大楼网络拓扑

**图 3-4　设备链路及故障监控**

## (三)资源操作管理

作为日常维护的基础性工作，资源操作管理从运行维护管理剥离出来，规范人机、人与设备、人与系统之间的操作规范，强化资源操作管控，减少操作风险，是日常运维最基础的活动，也是与技术相关的操作活动。任务调度管理是指对人员、任务、软硬件设施等 IT 资源及变更窗口进行调度部署任务的管理，是实现资源服务化的基础能力体现。人工审计管理是指对操作过程的事前、事中和事后审计，事前对具体的操作命令或活动进行审计；事中对具体的操作过程进行审计；事后则对操作结果和记录进行审计，确保所有操作按照既定要求进行，

降低操作风险。资源部署与回收管理是在任务调度管理统一调度下真正对软硬件设施资源的操作，包括按照服务请求的要求完成 IT 环境的部署、配置等工作，是直接跟各类资源打交道的管理层次。日常操作管理是指对机房环境和软硬件设施定期所做操作任务的管理，比如日常巡检、预维护等。

**（四）资源管理**

资源管理负责对资源台账的梳理，是对各类资源使用情况信息的管理，对整个运营管理中各个管理模块提供统一的配置信息服务。资源服务模型负责指导、建设资源的初始模型，从资源配置信息的分类、配置项信息、配置关系信息、配置管理的深度和广度，构建资源服务模型。健康度管理对资源的运行健康度进行诊断和分析，跟踪资源的使用和运行情况，帮助运维人员准确掌握资源的运行健康度。资产配置库囊括了整个服务生命周期中的各种 IT 服务资源。它提供了一个完整的资源配置库，方便对各种资源进行管理，并为其他管理活动提供资源数据支撑。资产生命周期管理是对 IT 资产生命周期全过程的管理，其目标是保证服务交付所需的资产处于相应的管理控制之下，当需要使用资产时，保证资产的信息是正确和可靠的(图 3-5)。

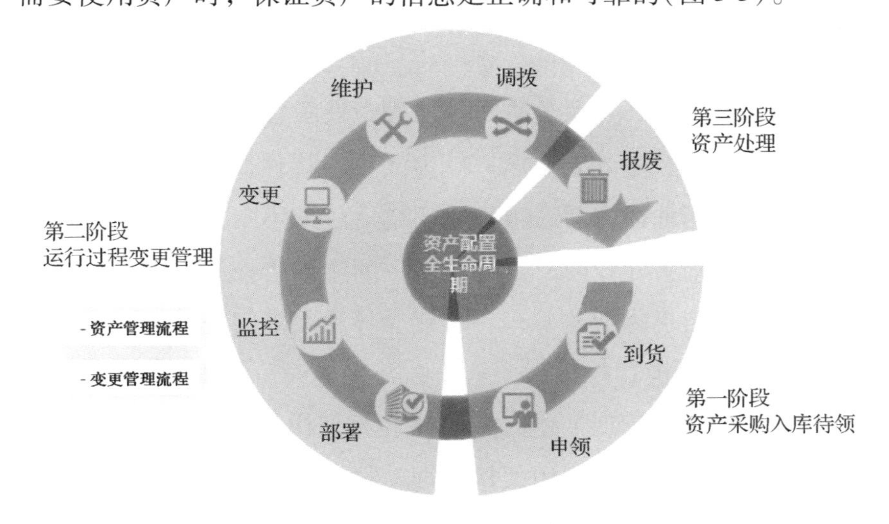

图 3-5　资产全周期管理

（五）安全管理

传统的信息安全管理框架参考信息安全管理体系的国际标准 ISO/IEC 27001，ISO/IEC27001 是建立和维持信息安全管理体系的标准，本次规划中，从运维工作的角度出发，安全管理作为运维的重要组成部分，应主要考虑以下几点：安全制度主要从政策、制度的角度，提出在安全管理方面需要重点关注的内容，包括："安全风险管理"、"法律及合同遵循"、"合规性和审计"与"业务连续性和灾难恢复"等方面；架构安全主要从技术架构与整体规划的角度，提出日常运维在安全管理方面需要重点关注的内容，包括："架构安全管理"与"可移植性和互操作性"两个方面；资源安全主要从日常运维所需管理与使用到的技术资源出发，提出日常运维在资源管理方面需要重点关注的内容，包括："虚拟资源安全管理"、"网络安全"、"应用安全"、"数据安全"与"内容安全"五个方面；操作安全是运维服务正常提供的一个基础保障措施，大资产、大数据对运维服务有序运营管理提出了更高的要求，以下部分从操作角度提出运维服务需要重点关注的内容，包括："人员安全管理"、"身份与访问管理"、"加密和密钥管理"与"安全事件响应"四个方面。

（六）服务规划管理

承担着战略角色，主要负责运维治理，要考虑架构，负责对云服务的战略规划、云技术规划与服务能力改进的管理，其核心内容为架构管控，目前从行业内来看，很多应用事后故障不断，其根源往往是架构问题。在做业务建设时，是否由统一的架构管控是关键点，如果每个系统都单独自己做架构管理，可能会导致很多问题产生，因此需要有一个统一的架构管控机制，从而在开发建设阶段即可避免风险，降低运维难度。架构管理主要负责对 IT 技术架构、技术规范和技术标准的日常管理工作，通过应用架构管理、数据架构管理、信息技术基础架构管理、技术规范管理、前沿技术研究管理等一系列管理活动，来保证架构可靠。业务连续性管理指的通过对 IT 服务风险的有效管理，保证 IT 服务供应商可以持续对外提供最低且符合事先约定的 SLA 的 IT 服务，以支撑企业整体的业务连续性管理目标的达成。服务可用性管理的目标是确保所有交付的 IT 服务都能达到承诺的可用性指标，并基于合理的成本控制和交付时效。服务容量管理确保成本合理的 IT 容量始终存在并符合当前和未来业务需要。容量管理收集容量需求和数据，考虑可用的容量，确保可用资源和容量被有效使用。在预测未来需求的基础上，通过容量计划高效率的分配可用的资源。供应商管理指的对供应商及其提供的服务进行管理的一系列活动，以确保 IT 服务提供商对最终用户提供的 IT 服务及其商业目标的实现。IT 财务管理指的是 IT 服务提供商通过一系列的流程来管理预算、核算与计费等活动。其目标是保证 IT 服务的设计、研发与交付获得合适的资金保障，最终支撑组织战略目标的实现。

## 二、运维管理的作用

运维管理工作并不是孤立存在的，运维管理是项目开发的延续，是项目投入业务生产后的关键管理行为，能够直接体现技术对业务的支持与支撑；运维管理也是针对规划与管控的具体体现，运维管理水平的稳定与提升，与适当、完整的规划、管控密不可分(图 3-6)。

从内部关系角度来看，运维工作主要有以下几个方面的作用：

1. 在运维阶段积累非功能需求，如性能要求、用户使用习惯等关键信息将作为规划的来源，继而推动架构规范的持续优化，而完善的规划又进一步引领运维水平的整体提升。

2. 对于整个技术领域的整体管控在安全主管单位，安全主管单位对于 IT 方面的管控要求要通过运维落地，而运维部门反过来需要将和安全相关发生的问题反馈到安全主管单位，形成更完善的安全规范去落实。

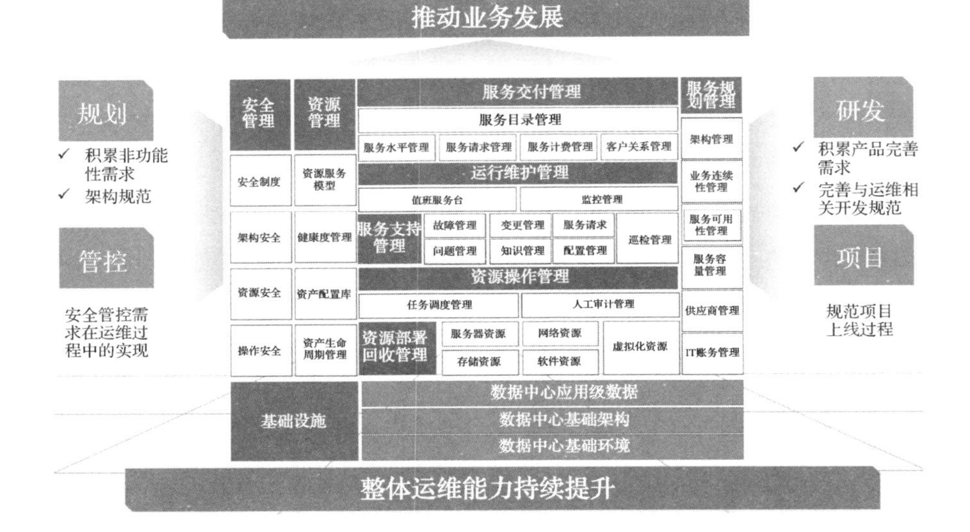


图 3-6　运维管理的应用

3. 在运维工作中，用户申报故障过程是产品新需求的一个重要来源，同时，也可根据热线服务请求的分布发现在开发建设过程中对需求理解不完善之处，继而对产品进行不断完善。对当前应用功能拾遗补漏，或将一些通用功能是否可形成应用本身的功能进行信息的收集和探讨，从而降低运维成本。

4. 对项目上线的管控，严格准入，是保证运维的重要影响因素，全面完善的上线过程管控，可以一方面降低上线风险，提升上线成功比率；另一方面为运维提供更好的支持。

## 三、运维的生命周期

从运维管理的角度，我们将信息系统的生命周期分为系统规划、系统建设、系统运维三个阶段，其中规划阶段信息系统生命周期的第一个阶段，也是最基础的一个环节，本阶段的主要任务是确定信息系统建设目标，建立在一些关键领域的规范与管理制度，本阶段的管理工作为后续建设与运维阶段奠定基础，并确保组织内使用统一的标准与要求，避免后期盲目的建设与无序的运维；系统建设阶段，信息系统从设计迈向建设实施的重要阶段，在这个阶段是信息系统从无到有，涵盖了具体的需求开发、代码开发、测试实施等工作。除此以外，建设阶段也应充分到达运维后的要求，满足监控、热线支持、版本变更等方面的要求；进入运维阶段，运维团队将从服务支持、运营保障、日常操作和运营分析四个维度开展运维工作，这个阶段是信息系统生命周期中最长的阶段，在这个阶段中运维工作中获取的频发问题以及客户的需求，将进一步影响信息系统的规划与建设，使之更加完善，信息系统生命周期的结束是以项目下线为标识。从运维的视角对规划、建设、运营三个阶段关系的充分理解，能够确保信息系统投入运维时准备充分、稳定过渡、保证质量。具体关系如图 3-7 所示。

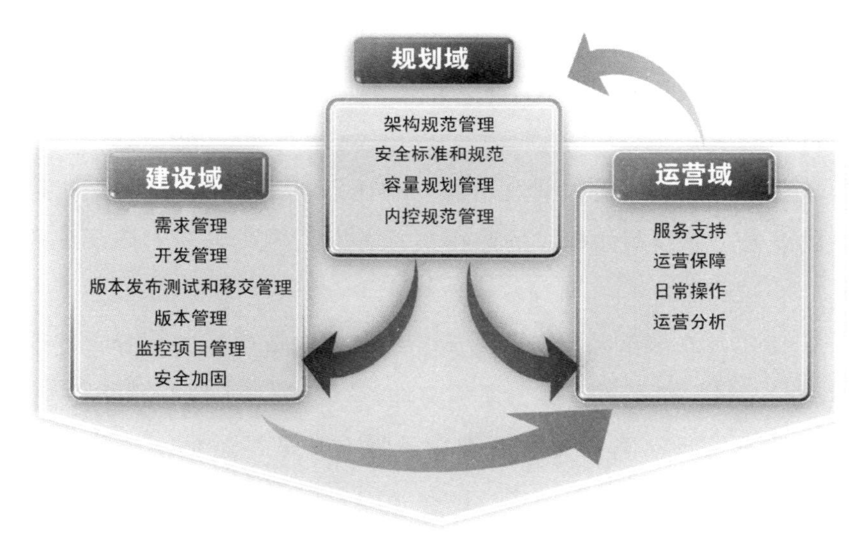


**图 3-7　运维各阶段关系**

为确保信息系统从建设阶段(图中建设域所示)进入运维阶段(图中运营域所示)时，针对信息系统的运维管理工作能够做到准备充分、平稳过渡，需要首先从运维管理的视角，提出具体的规划要求，规划内容应涵盖：

1. 架构规范管理。统一的架构在确保信息系统健壮性的同时，还能够增强信息系统对后期运维模式的适应性。

2. 安全标准和规范。建立运维与开发统一的安全标准与规范。

3. 容量规划管理。为运维阶段的容量预先做好计划与准备。

4. 内控规范管理。强化内部控制管理，提高风险防范能力。在日常实施风险平台管理的基础上，进行了专项工作治理，推行积分管理，效能监察等专项工作。

在充分、科学的规范指引下，建设阶段的需求管理与开发管理将充分考虑后期运维的需要，同时为控制后期运维工作中的变更风险、安全风险，因此需重点在以下几方面加强管理：

1. 需求管理。交付运维（运营）之后，可确认开发阶段的需求是否得到满足，在未被满足的情况下，会反映在用户反馈的服务请求中，因此，需要建立机制，以确保交付运维的追加/补充需求能够在评估合理后得到满足。

2. 开发管理。在开发管理所涵盖的任务中，应当包括为交付运维所做的准备工作，例如相应的监控工具开发，热线查询支持系统的开发等。

3. 版本发布测试和移交管理：上线管理的重要组成部分，确保交付运维时，可提供运维承接方所需文件，以及顺利上线与移交。

4. 版本管理：确保交付运维后，版本升级是运维管控的重要环节，是控制变更风险的关键之一。

5. 监控项目管理：在建设阶段，根据监控需求，要将项目监控管理作为建设阶段的重要组成部分。

6. 安全加固：针对不同的操作系统，要提出加固需求，安全加固是个规范，运维部门应该提出整个加固要求，各应用团队根据自己的需要去选择。

# 第四章 信息安全等级保护

## 第一节　信息安全等级保护概述

### 一、基本概念

信息安全等级保护是指对国家秘密信息，法人、其他组织及公民的专有信息及公开信息，存储、传输、处理这些信息的信息系统分等级实行安全保护，对信息系统中使用的信息安全产品实行按等级管理，对信息系统中发生的信息安全事件分等级响应、处置。

信息系统是指由计算机及其相关设备、设施构成的，按照一定的应用目标和规则对信息进行存储、传输、处理的系统或者网络。信息是指在信息系统中存储、传输、处理的数字化信息。

### 二、信息安全等级保护工作的内涵

简单来说，信息安全等级保护就是分等级保护、分等级监管，是将全国的信息系统（包括网络）按照重要性和遭受损坏后的危害性分成5个安全保护等级（从第一级到第五级，逐级增高）；等级确定后，第二级(含)以上信息系统到公安机关备案，公安机关对备案材料和定级准确性进行审核，审核合格后颁发备案证明；备案单位根据信息系统安全等级，按照国家标准开展安全建设整改，建设安全设施、落实安全措施、落实安全责任、建立和落实安全管理制度；备案单位选择符合国家规定条件的测评机构开展等级测评；公安机关对第二级信息系统进行指导，对第三、四级信息系统定期开展监督、检查。

根据《信息安全等级保护管理办法》的规定，等级保护工作主要分为5个环节，分别是定级、备案、建设整改、等级测评和监督检查。定级是信息安全等级保护的首要环节，通过定级可以梳理各行业、各部门、各单位的信息系统类型、重要程度和数量，确定网络安全保护的重点。建设整改是落实信息安全等级保护工作的关键，通过建设整改使具有不同等级的信息系统达到相应等级的基本保护能力，从而提高我国基础网络和重要信息系统整体防护能力。等级测评工作的主体是第三方测评机构，通过开展等级测评，可以检验和评价信息系统安全建设整改工作的成效，判断安全保护能力是否达到相关标准要求。监督检查工作的主体是公安机关等网络安全职能部门，通过开展监督、检查和指导维护重要信息系统安全和国家安全。

## 三、信息安全等级保护是基本制度、基本国策

信息安全等级保护是党中央、国务院决定在网络安全领域实施的基本国策。由公安部牵头经过近10年的探索和实践，信息安全等级保护的政策、标准体系已经基本形成，并已在全国范围内全面实施。

信息安全等级保护制度是国家网络安全保障工作的基本制度，是实现国家对重要信息系统重点保护的重大措施，是维护国家关键基础设施的重要手段。信息安全等级保护制度的核心内容是：国家制定统一的政策；各单位、各部门依法开展等级保护工作；有关职能部门对信息安全等级保护工作实施监督管理。

## 四、信息安全等级保护是网络安全工作的基本方法

信息安全等级保护也是国家网络安全保障工作的基本方法。信息安全等级保护工作的目标就是维护国家关键信息基础设施安全，维护重要网络设施、重要数据安全。等级保护制度提出了一整套安全要求，贯穿系统设计、开发、实现、运维、废弃等系统工程的整个生命周期，引入了测评技术、风险评估、灾难备份、应急处置等技术。

按照等级保护制度中规定的“定级、备案、建设、测评、检查”这五个步骤，开展网络安全工作，先对所属信息系统（包括信息网络）开展调查摸底、梳理信息系统工作，再对信息系统定级。定级后，第二级以上系统要到公安机关备案，然后按照标准进行安全建设整改，开展等级测评。公安机关按照不同的系统级别实施不同强度的监管，对进入重要信息系统的测评机构及信息安全产品分等级进行管理，对网络安全事件分等级响应和处置。经过一系列工作的开展，将网络安全保障工作落到实处。

## 五、贯彻落实信息安全等级保护制度的原则

国家信息安全等级保护坚持分等级保护、分等级监管的原则，对信息和信息系统分等级进行保护，按标准进行建设、管理和监督。信息安全等级保护制度遵循以下基本原则。

**（一）明确责任，共同保护**

通过等级保护，组织和动员国家、法人和其他组织、公民共同参与网络安全保护工作；各方主体按照规范和标准分别承担相应的、明确具体的网络安全保护责任。

**（二）依照标准，自行保护**

国家运用强制性的规范及标准，要求信息和信息系统按照相应的建设和管理要求，自行定级、自行保护。

**（三）同步建设，动态调整**

信息系统在新建、改建、扩建时应当同步建设网络安全设施，保

障网络安全与信息化建设相适应。因信息和信息系统的应用类型、范围等条件的变化及其他原因，安全保护等级需要变更的，应当根据等级保护的管理规范和技术标准的要求重新确定信息系统的安全保护等级。等级保护的管理规范和技术标准应按照等级保护工作开展的实际情况适时修订。

**（四）指导监督，重点保护**

国家指定网络安全监管职能部门通过备案、指导、检查、督促整改等方式，对重要信息和信息系统的网络安全保护工作进行指导监督。国家重点保护涉及国家安全、经济命脉、社会稳定的基础信息网络和重要信息系统，主要包括：国家事务处理信息系统（党政机关办公系统）；财政、金融、税务、海关、审计、工商、社会保障、能源、交通运输、国防工业等关系到国计民生的信息系统；教育、国家科研等单位的信息系统；公用通信、广播电视传输等基础信息网络中的信息系统；网络管理中心、重要网站的重要信息系统和其他领域的重要信息系统。

## 第二节　信息安全保护等级的划分与监管

### 一、安全保护等级的划分

信息系统的安全保护等级应当根据信息系统在国家安全、经济建设、社会生活中的重要程度，以及信息系统遭到破坏后对国家安全、社会秩序、公共利益及公民、法人和其他组织的合法权益的危害程度等因素确定。信息系统安全保护等级共分5级。

第一级，信息系统受到破坏后，会对公民、法人和其他组织的合法权益造成损害，但不损害国家安全、社会秩序和公共利益。

第二级，信息系统受到破坏后，会对公民、法人和其他组织的合法权益产生严重损害，或者对社会秩序和公共利益造成损害，但不损害国家安全。

第三级，信息系统受到破坏后，会对社会秩序和公共利益造成严重损害，或者对国家安全造成损害。

第四级，信息系统受到破坏后，会对社会秩序和公共利益造成特别严重损害，或者对国家安全造成严重损害。

第五级，信息系统受到破坏后，会对国家安全造成特别严重损害。

## 二、五级保护与监管

信息系统运营使用单位依据本办法和相关技术标准对信息系统进行保护，国家有关网络安全监管部门对其信息安全等级保护工作进行监督管理。

第一级信息系统运营使用单位应当依据国家有关管理规范和技术标准进行保护。

第二级信息系统运营使用单位应当依据国家有关管理规范和技术标准进行保护。国家网络安全监管部门对该级信息系统信息安全等级保护工作进行指导。

第三级信息系统运营使用单位应当依据国家有关管理规范和技术标准进行保护。国家网络安全监管部门对该级信息系统信息安全部级保护工作进行监督、检查。

第四级信息系统运营使用单位应当依据国家有关管理规范、技术标准和业务专门需求进行保护。国家网络安全监管部门对该级信息系统信息安全等级保护工作进行强制监督、检查。

第五级信息系统运营使用单位应当依据国家管理规范、技术标准和业务特殊安全需求进行保护。国家指定专门部门对该级信息系统信息安全等级保护工作进行专门监督、检查。

## 三、对信息安全实行分等级响应、处置的制度

国家对信息安全产品使用实行分等级管理制度。网络安全事件实

行分等级响应、处置的制度，依据网络安全事件对信息和信息系统的破坏程度、所造成的社会影响和涉及的范围确定事件等级。根据不同安全保护等级信息系统中发生的不同等级事件制定相应的预案，确定事件响应和处置的范围、程度及适用的管理制度等。网络安全事件发生后，分等级按照预案响应和处置。

## 第三节　信息安全等级保护政策标准体系

### 一、信息安全等级保护政策体系

近几年，为组织开展信息安全等级保护工作，公安部根据《中华人民共和国计算机信息系统安全保护条例》的授权，会同国家保密局、国家密码管理局、原国务院信息办和发改委、财政部、教育部、国资委等部门出台了一些政策文件，公安部对有些具体工作出台了一些指导意见和规范，这些文件构成了信息安全等级保护政策体系（图 4-1），为各地区、各部门开展信息安全等级保护工作提供了政策保障。

#### （一）总体方面的政策文件

总体方面的文件有两个，这两个文件确定了等级保护制度的总体内容和要求，对等级保护工作的开展起到宏观指导作用。

1.《关于信息安全等级保护工作的实施意见》（公通字〔2004〕66号）。具体内容见专栏 4-1。该文件是为贯彻落实国务院第 147 号令和中办 2003 年 27 号文件，由公安部、国家保密局、国家密码管理局、原国务院信息办等四部委共同会签印发，指导相关部门实施信息安全等级保护工作的纲领性文件，主要内容包括贯彻落实信息安全等级保护制度的基本原则，等级保护工作的基本内容，工作要求和实施计划，以及各部门工作职责分工等。

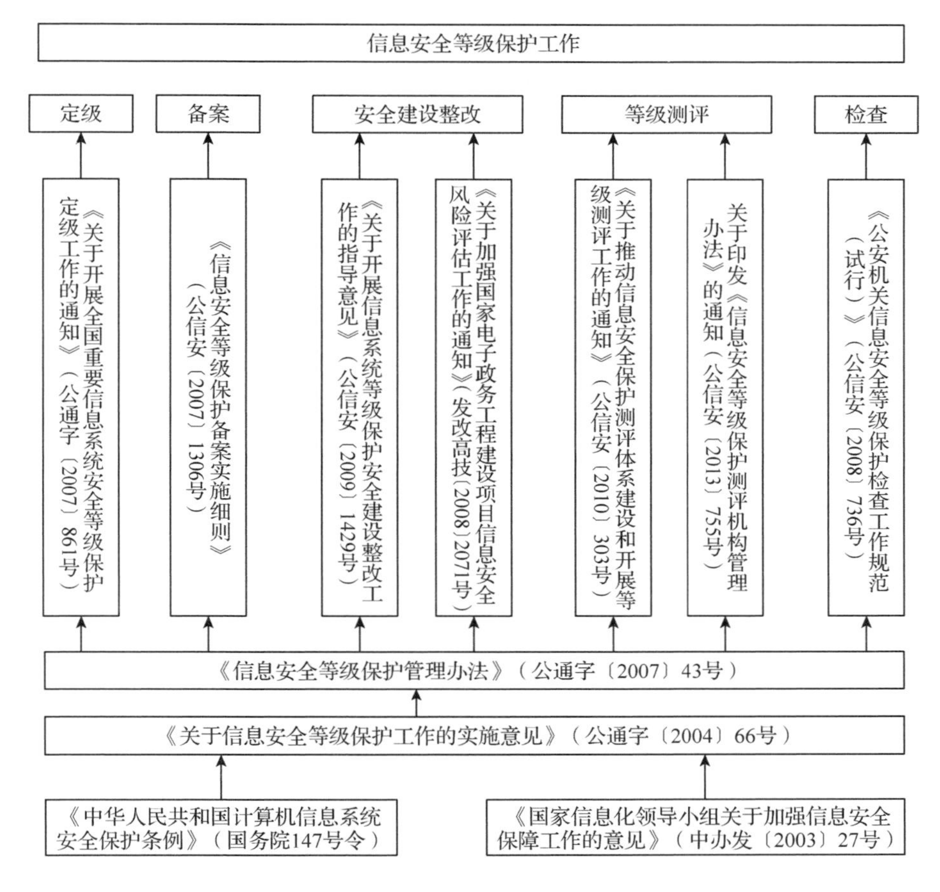


**图 4-1　安全等级保护法律政策体系**

## 专栏 4-1　关于信息安全等级保护工作的实施意见

信息安全等级保护制度是国家在国民经济和社会信息化的发展过程中，提高信息安全保障能力和水平，维护国家安全、社会稳定和公共利益，保障和促进信息化建设健康发展的一项基本制度。实行信息安全等级保护制度，能够充分调动国家、法人和其他组织及公民的积极性，发挥各方面的作用，达到有效保护的目的，增强安全保护的整体性、针对性和实效性，使信息系统安全建设更加突出重点、统一规范、科学合理，对促进我国信息安全的发展将起到重要推动作用。

为了进一步提高信息安全的保障能力和防护水平，维护国家安全、公共利

益和社会稳定，保障和促进信息化建设的健康发展，1994年国务院颁布《中华人民共和国计算机信息系统安全保护条例》规定，“计算机信息系统实行安全等级保护，安全等级的划分标准和安全等级保护的具体办法，由公安部会同有关部门制定”。2003年中央办公厅、国务院办公厅转发的《国家信息化领导小组关于加强信息安全保障工作的意见》(中办发〔2003〕27号)明确指出，“要重点保护基础信息网络和关系国家安全、经济命脉、社会稳定等方面的重要信息系统，抓紧建立信息安全等级保护制度，制定信息安全等级保护的管理办法和技术指南”。

**一、开展信息安全等级保护工作的重要意义**

近年来，党中央、国务院高度重视，各有关方面协调配合、共同努力，我国信息安全保障工作取得了很大进展。但是从总体上看，我国的信息安全保障工作尚处于起步阶段，基础薄弱，水平不高，存在以下突出问题：信息安全意识和安全防范能力薄弱，信息安全滞后于信息化发展；信息系统安全建设和管理的目标不明确；信息安全保障工作的重点不突出；信息安全监督管理缺乏依据和标准，监管措施有待到位，监管体系尚待完善。随着信息技术的高速发展和网络应用的迅速普及，我国国民经济和社会信息化进程全面加快，信息系统的基础性、全局性作用日益增强，信息资源已经成为国家经济建设和社会发展的重要战略资源之一。保障信息安全，维护国家安全、公共利益和社会稳定，是当前信息化发展中迫切需要解决的重大问题。

实施信息安全等级保护，能够有效地提高我国信息和信息系统安全建设的整体水平，有利于在信息化建设过程中同步建设信息安全设施，保障信息安全与信息化建设相协调；有利于为信息系统安全建设和管理提供系统性、针对性、可行性的指导和服务，有效控制信息安全建设成本；有利于优化信息安全资源的配置，对信息系统分级实施保护，重点保障基础信息网络和关系国家安全、经济命脉、社会稳定等方面的重要信息系统的安全；有利于明确国家、法人和其他组织、公民的信息安全责任，加强信息安全管理；有利于推动信息安全产业的发展，逐步探索出一条适应社会主义市场经济发展的信息安全模式。

**二、信息安全等级保护制度的原则**

信息安全等级保护的核心是对信息安全分等级、按标准进行建设、管理和监督。信息安全等级保护制度遵循以下基本原则：

(一)明确责任，共同保护。通过等级保护，组织和动员国家、法人和其他组织、公民共同参与信息安全保护工作；各方主体按照规范和标准分别承担相应的、明确具体的信息安全保护责任。

（二）依照标准，自行保护。国家运用强制性的规范及标准，要求信息和信息系统按照相应的建设和管理要求，自行定级、自行保护。

（三）同步建设，动态调整。信息系统在新建、改建、扩建时应当同步建设信息安全设施，保障信息安全与信息化建设相适应。因信息和信息系统的应用类型、范围等条件的变化及其他原因，安全保护等级需要变更的，应当根据等级保护的管理规范和技术标准的要求，重新确定信息系统的安全保护等级。等级保护的管理规范和技术标准应按照等级保护工作开展的实际情况适时修订。

（四）指导监督，重点保护。国家指定信息安全监管职能部门通过备案、指导、检查、督促整改等方式，对重要信息和信息系统的信息安全保护工作进行指导监督。国家重点保护涉及国家安全、经济命脉、社会稳定的基础信息网络和重要信息系统，主要包括：国家事务处理信息系统（党政机关办公系统）；财政、金融、税务、海关、审计、工商、社会保障、能源、交通运输、国防工业等关系到国计民生的信息系统；教育、国家科研等单位的信息系统；公用通信、广播电视传输等基础信息网络中的信息系统；网络管理中心、重要网站中的重要信息系统和其他领域的重要信息系统。

**三、信息安全等级保护制度的基本内容**

信息安全等级保护是指对国家秘密信息、法人和其他组织及公民的专有信息以及公开信息和存储、传输、处理这些信息的信息系统分等级实行安全保护，对信息系统中使用的信息安全产品实行按等级管理，对信息系统中发生的信息安全事件分等级响应、处置。

信息系统是指由计算机及其相关和配套的设备、设施构成的，按照一定的应用目标和规则对信息进行存储、传输、处理的系统或者网络；信息是指在信息系统中存储、传输、处理的数字化信息。

根据信息和信息系统在国家安全、经济建设、社会生活中的重要程度；遭到破坏后对国家安全、社会秩序、公共利益以及公民、法人和其他组织的合法权益的危害程度；针对信息的保密性、完整性和可用性要求及信息系统必须要达到的基本的安全保护水平等因素，信息和信息系统的安全保护等级共分五级：

（一）第一级为自主保护级，适用于一般的信息和信息系统，其受到破坏后，会对公民、法人和其他组织的权益有一定影响，但不危害国家安全、社会秩序、经济建设和公共利益。

（二）第二级为指导保护级，适用于一定程度上涉及国家安全、社会秩序、经济建设和公共利益的一般信息和信息系统，其受到破坏后，会对国家安全、社会秩序、经济建设和公共利益造成一定损害。

（三）第三级为监督保护级，适用于涉及国家安全、社会秩序、经济建设和公共利益的信息和信息系统，其受到破坏后，会对国家安全、社会秩序、经济建设和公共利益造成较大损害。

（四）第四级为强制保护级，适用于涉及国家安全、社会秩序、经济建设和公共利益的重要信息和信息系统，其受到破坏后，会对国家安全、社会秩序、经济建设和公共利益造成严重损害。

（五）第五级为专控保护级，适用于涉及国家安全、社会秩序、经济建设和公共利益的重要信息和信息系统的核心子系统，其受到破坏后，会对国家安全、社会秩序、经济建设和公共利益造成特别严重损害。

国家通过制定统一的管理规范和技术标准，组织行政机关、公民、法人和其他组织根据信息和信息系统的不同重要程度开展有针对性的保护工作。国家对不同安全保护级别的信息和信息系统实行不同强度的监管政策。第一级依照国家管理规范和技术标准进行自主保护；第二级在信息安全监管职能部门指导下依照国家管理规范和技术标准进行自主保护；第三级依照国家管理规范和技术标准进行自主保护，信息安全监管职能部门对其进行监督、检查；第四级依照国家管理规范和技术标准进行自主保护，信息安全监管职能部门对其进行强制监督、检查；第五级依照国家管理规范和技术标准进行自主保护，国家指定专门部门、专门机构进行专门监督。

国家对信息安全产品的使用实行分等级管理。

信息安全事件实行分等级响应、处置的制度。依据信息安全事件对信息和信息系统的破坏程度、所造成的社会影响以及涉及的范围，确定事件等级。根据不同安全保护等级的信息系统中发生的不同等级事件制定相应的预案，确定事件响应和处置的范围、程度以及适用的管理制度等。信息安全事件发生后，分等级按照预案响应和处置。

**四、信息安全等级保护工作职责分工**

公安机关负责信息安全等级保护工作的监督、检查、指导。国家保密工作部门负责等级保护工作中有关保密工作的监督、检查、指导。国家密码管理部门负责等级保护工作中有关密码工作的监督、检查、指导。

在信息安全等级保护工作中，涉及其他职能部门管辖范围的事项，由有关职能部门依照国家法律法规的规定进行管理。

信息和信息系统的主管部门及运营、使用单位按照等级保护的管理规范和技术标准进行信息安全建设和管理。

国务院信息化工作办公室负责信息安全等级保护工作中部门间的协调。

**五、实施信息安全等级保护工作的要求**

信息安全等级保护工作要突出重点、分级负责、分类指导、分步实施，按照谁主管谁负责、谁运营谁负责的要求，明确主管部门以及信息系统建设、运行、维护、使用单位和个人的安全责任，分别落实等级保护措施。实施信息安全等级保护应当做好以下六个方面工作：

（一）完善标准，分类指导。制定系统完整的信息安全等级保护管理规范和技术标准，并根据工作开展的实际情况不断补充完善。信息安全监管职能部门对不同重要程度的信息和信息系统的安全等级保护工作给予相应的指导，确保等级保护工作顺利开展。

（二）科学定级，严格备案。信息和信息系统的运营、使用单位按照等级保护的管理规范和技术标准，确定其信息和信息系统的安全保护等级，并报其主管部门审批同意。

对于包含多个子系统的信息系统，在保障信息系统安全互联和有效信息共享的前提下，应当根据等级保护的管理规定、技术标准和信息系统内各子系统的重要程度，分别确定安全保护等级。跨地域的大系统实行纵向保护和属地保护相结合的方式。

国务院信息化工作办公室组织国内有关信息安全专家成立信息安全保护等级专家评审委员会。重要的信息和信息系统的运营、使用单位及其主管部门在确定信息和信息系统的安全保护等级时，应请信息安全保护等级专家评审委员会给予咨询评审。

安全保护等级在三级以上的信息系统，由运营、使用单位报送本地区地市级公安机关备案。跨地域的信息系统由其主管部门向其所在地的同级公安机关进行总备案，分系统分别由当地运营、使用单位向本地地市级公安机关备案。

信息安全产品使用的分等级管理以及信息安全事件分等级响应、处置的管理办法由公安部会同保密局、国密办、信息产业部和认监委等部门制定。

（三）建设整改，落实措施。对已有的信息系统，其运营、使用单位根据已经确定的信息安全保护等级，按照等级保护的管理规范和技术标准，采购和使用相应等级的信息安全产品，建设安全设施，落实安全技术措施，完成系统整改。对新建、改建、扩建的信息系统应当按照等级保护的管理规范和技术标准

进行信息系统的规划设计、建设施工。

（四）自查自纠，落实要求。信息和信息系统的运营、使用单位及其主管部门按照等级保护的管理规范和技术标准，对已经完成安全等级保护建设的信息系统进行检查评估，发现问题及时整改，加强和完善自身信息安全等级保护制度的建设，加强自我保护。

（五）建立制度，加强管理。信息和信息系统的运营、使用单位按照与本系统安全保护等级相对应的管理规范和技术标准的要求，定期进行安全状况检测评估，及时消除安全隐患和漏洞，建立安全制度，制定不同等级信息安全事件的响应、处置预案，加强信息系统的安全管理。信息和信息系统的主管部门应当按照等级保护的管理规范和技术标准的要求做好监督管理工作，发现问题，及时督促整改。

（六）监督检查，完善保护。公安机关按照等级保护的管理规范和技术标准的要求，重点对第三、第四级信息和信息系统的安全等级保护状况进行监督检查。发现确定的安全保护等级不符合等级保护的管理规范和技术标准的，要通知信息和信息系统的主管部门及运营、使用单位进行整改；发现存在安全隐患或未达到等级保护的管理规范和技术标准要求的，要限期整改，使信息和信息系统的安全保护措施更加完善。对信息系统中使用的信息安全产品的等级进行监督检查。

对第五级信息和信息系统的监督检查，由国家指定的专门部门、专门机构按照有关规定进行。

国家保密工作部门、密码管理部门以及其他职能部门按照职责分工指导、监督、检查。

**六、信息安全等级保护工作实施计划**

计划用三年左右的时间在全国范围内分三个阶段实施信息安全等级保护制度。

（一）准备阶段。为了保障信息安全等级保护制度的顺利实施，在全面实施等级保护制度之前，用一年左右的时间做好下列准备工作：

1. 加强领导，落实责任。在国家网络与信息安全协调小组的领导下，地方各级人民政府、信息安全监管职能部门、信息系统的主管部门和运营、使用单位要明确各自的安全责任，建立协调配合机制，分别制定详细的实施方案，积极推进信息安全等级保护制度的建立，推动信息安全管理运行机制的建立和完善。

2. 加快完善法律法规和标准体系。法律规范和技术标准是推广和实施信息安全等级保护工作的法律依据和技术保障。为此，《信息安全等级保护管理办法》和《信息安全等级保护实施指南》、《信息安全等级保护评估指南》等法规、规范要加紧制定，尽快出台。

加快信息安全等级保护管理与技术标准的制定和完善，其他现行的相关标准规范中与等级保护管理规范和技术标准不相适应的，应当进行调整。

3. 建设信息安全等级保护监督管理队伍和技术支撑体系。信息安全监管职能部门要建立专门的信息安全等级保护监督检查机构，充实力量，加强建设，抓紧培训，使监督检查人员能够全面掌握信息安全等级保护相关法律规范和管理规范及技术标准，熟练运用技术工具，切实承担信息安全等级保护的指导、监督、检查职责。同时，还要建立信息安全等级保护监督、检查工作的技术支撑体系，组织研制、开发科学、实用的检查、评估工具。

4. 进一步做好等级保护试点工作。选择电子政务、电子商务以及其他方面的重点单位开展等级保护试点工作，并在试点工作的基础上进一步完善等级保护实施指南等相关的配套规范、标准和工具，积累信息安全等级保护工作实施的方法和经验。

5. 加强宣传、培训工作。地方各级人民政府、信息安全监管职能部门和信息系统的主管部门要积极宣传信息安全等级保护的相关法规、标准和政策，组织开展相关培训，提高对信息安全等级保护工作的认识和重视，积极推动各有关部门、单位做好开展信息安全等级保护工作的前期准备。

（二）重点实行阶段。在做好前期准备工作的基础上，用一年左右的时间，在国家重点保护的涉及国家安全、经济命脉、社会稳定的基础信息网络和重要信息系统中实行等级保护制度。经过一年的建设，使基础信息网络和重要信息系统的核心要害部位得到有效保护，涉及国家安全、经济命脉、社会稳定的基础信息网络和重要信息系统的保护状况得到较大改善，结束目前基本没有保护措施或保护措施不到位的状况。

在工作中，如发现等级保护的管理规范和技术标准以及检查评估工具等存在问题，及时组织有关部门进行调整和修订。

（三）全面实行阶段。在试行工作的基础上，用一年左右的时间，在全国全面推行信息安全等级保护制度。已经实施等级保护制度的信息和信息系统的运营、使用单位及其主管部门，要进一步完善信息安全保护措施。没有实施等级保护制度的，要按照等级保护的管理规范和技术标准认真组织落实。

经过三年的努力，逐步将信息安全等级保护制度落实到信息安全规划、建设、评估、运行维护等各个环节，使我国信息安全保障状况得到基本改善。

（摘自中国信息安全等级保护网 http：//www. djbh. net）

2.《信息安全等级保护管理办法》（公通字〔2007〕43 号）。具体内容见专栏4-2。该文件是在开展信息系统安全等级保护基础调查工作和信息安全保护试点工作的基础上，由四部委共同印发的重要管理规范，主要内容包括信息安全等级制度的基本内容、流程及工作要求，信息系统定级、备案、安全建设整改、等级测评的实施与管理，以及信息安全产品和测评机构的选择等，为开展信息安全等级保护工作提供了规范保障。

**专栏 4-2　信息安全等级保护管理办法**

**第一章　总　则**

**第一条**　为规范信息安全等级保护管理，提高信息安全保障能力和水平，维护国家安全、社会稳定和公共利益，保障和促进信息化建设，根据《中华人民共和国计算机信息系统安全保护条例》等有关法律法规，制定本办法。

**第二条**　国家通过制定统一的信息安全等级保护管理规范和技术标准，组织公民、法人和其他组织对信息系统分等级实行安全保护，对等级保护工作的实施进行监督、管理。

**第三条**　公安机关负责信息安全等级保护工作的监督、检查、指导。国家保密工作部门负责等级保护工作中有关保密工作的监督、检查、指导。国家密码管理部门负责等级保护工作中有关密码工作的监督、检查、指导。涉及其他职能部门管辖范围的事项，由有关职能部门依照国家法律法规的规定进行管理。国务院信息化工作办公室及地方信息化领导小组办事机构负责等级保护工作的部门间协调。

**第四条**　信息系统主管部门应当依照本办法及相关标准规范，督促、检查、指导本行业、本部门或者本地区信息系统运营、使用单位的信息安全等级保护工作。

**第五条** 信息系统的运营、使用单位应当依照本办法及其相关标准规范，履行信息安全等级保护的义务和责任。

## 第二章 等级划分与保护

**第六条** 国家信息安全等级保护坚持自主定级、自主保护的原则。信息系统的安全保护等级应当根据信息系统在国家安全、经济建设、社会生活中的重要程度，信息系统遭到破坏后对国家安全、社会秩序、公共利益以及公民、法人和其他组织的合法权益的危害程度等因素确定。

**第七条** 信息系统的安全保护等级分为以下五级：

第一级，信息系统受到破坏后，会对公民、法人和其他组织的合法权益造成损害，但不损害国家安全、社会秩序和公共利益。

第二级，信息系统受到破坏后，会对公民、法人和其他组织的合法权益产生严重损害，或者对社会秩序和公共利益造成损害，但不损害国家安全。

第三级，信息系统受到破坏后，会对社会秩序和公共利益造成严重损害，或者对国家安全造成损害。

第四级，信息系统受到破坏后，会对社会秩序和公共利益造成特别严重损害，或者对国家安全造成严重损害。

第五级，信息系统受到破坏后，会对国家安全造成特别严重损害。

**第八条** 信息系统运营、使用单位依据本办法和相关技术标准对信息系统进行保护，国家有关信息安全监管部门对其信息安全等级保护工作进行监督管理。

第一级信息系统运营、使用单位应当依据国家有关管理规范和技术标准进行保护。

第二级信息系统运营、使用单位应当依据国家有关管理规范和技术标准进行保护。国家信息安全监管部门对该级信息系统信息安全等级保护工作进行指导。

第三级信息系统运营、使用单位应当依据国家有关管理规范和技术标准进行保护。国家信息安全监管部门对该级信息系统信息安全等级保护工作进行监督、检查。

第四级信息系统运营、使用单位应当依据国家有关管理规范、技术标准和业务专门需求进行保护。国家信息安全监管部门对该级信息系统信息安全等级保护工作进行强制监督、检查。

第五级信息系统运营、使用单位应当依据国家管理规范、技术标准和业务特殊安全需求进行保护。国家指定专门部门对该级信息系统信息安全等级保护工作进行专门监督、检查。

## 第三章　等级保护的实施与管理

**第九条**　信息系统运营、使用单位应当按照《信息系统安全等级保护实施指南》具体实施等级保护工作。

**第十条**　信息系统运营、使用单位应当依据本办法和《信息系统安全等级保护定级指南》确定信息系统的安全保护等级。有主管部门的，应当经主管部门审核批准。

跨省或者全国统一联网运行的信息系统可以由主管部门统一确定安全保护等级。

对拟确定为第四级以上信息系统的，运营、使用单位或者主管部门应当请国家信息安全保护等级专家评审委员会评审。

**第十一条**　信息系统的安全保护等级确定后，运营、使用单位应当按照国家信息安全等级保护管理规范和技术标准，使用符合国家有关规定，满足信息系统安全保护等级需求的信息技术产品，开展信息系统安全建设或者改建工作。

**第十二条**　在信息系统建设过程中，运营、使用单位应当按照《计算机信息系统安全保护等级划分准则》(GB17859—1999)、《信息系统安全等级保护基本要求》等技术标准，参照《信息安全技术信息系统通用安全技术要求》(GB/T20271—2006)、《信息安全技术网络基础安全技术要求》(GB/T20270—2006)、《信息安全技术操作系统安全技术要求》(GB/T20272—2006)、《信息安全技术数据库管理系统安全技术要求》(GB/T20273—2006)、《信息安全技术服务器技术要求》、《信息安全技术终端计算机系统安全等级技术要求》(GA/T671—2006)等技术标准同步建设符合该等级要求的信息安全设施。

**第十三条**　运营、使用单位应当参照《信息安全技术信息系统安全管理要求》(GB/T20269—2006)、《信息安全技术信息系统安全工程管理要求》(GB/T20282—2006)、《信息系统安全等级保护基本要求》等管理规范，制定并落实符合本系统安全保护等级要求的安全管理制度。

**第十四条**　信息系统建设完成后，运营、使用单位或者其主管部门应当选择符合本办法规定条件的测评机构，依据《信息系统安全等级保护测评要求》等技术标准，定期对信息系统安全等级状况开展等级测评。第三级信息系统应当每年至少进行一次等级测评，第四级信息系统应当每半年至少进行一次等级测评，第五级信息系统应当依据特殊安全需求进行等级测评。信息系统运营、使用单位及其主管部门应当定期对信息系统安全状况、安全保护制度及措施的落实情况进行自查。第三级信息系统应当每年至少进行一次自查，第四级信息系统应当每半年至少进行一次自查，第五级信息系统应当依据特殊安全需求进行自查。

经测评或者自查，信息系统安全状况未达到安全保护等级要求的，运营、使用单位应当制订方案进行整改。

**第十五条** 已运营(运行)的第二级以上信息系统，应当在安全保护等级确定后 30 日内，由其运营、使用单位到所在地设区的市级以上公安机关办理备案手续。

新建第二级以上信息系统，应当在投入运行后 30 日内，由其运营、使用单位到所在地设区的市级以上公安机关办理备案手续。隶属于中央的在京单位，其跨省或者全国统一联网运行并由主管部门统一定级的信息系统，由主管部门向公安部办理备案手续。跨省或者全国统一联网运行的信息系统在各地运行、应用的分支系统，应当向当地设区的市级以上公安机关备案。

**第十六条** 办理信息系统安全保护等级备案手续时，应当填写《信息系统安全等级保护备案表》，第三级以上信息系统应当同时提供以下材料：

(一)系统拓扑结构及说明；

(二)系统安全组织机构和管理制度；

(三)系统安全保护设施设计实施方案或者改建实施方案；

(四)系统使用的信息安全产品清单及其认证、销售许可证明；

(五)测评后符合系统安全保护等级的技术检测评估报告；

(六)信息系统安全保护等级专家评审意见；

(七)主管部门审核批准信息系统安全保护等级的意见。

**第十七条** 信息系统备案后，公安机关应当对信息系统的备案情况进行审核，对符合等级保护要求的，应当在收到备案材料之日起的 10 个工作日内颁发信息系统安全等级保护备案证明；发现不符合本办法及有关标准的，应当在收到备案材料之日起的 10 个工作日内通知备案单位予以纠正；发现定级不准的，应当在收到备案材料之日起的 10 个工作日内通知备案单位重新审核确定。

运营、使用单位或者主管部门重新确定信息系统等级后，应当按照本办法向公安机关重新备案。

**第十八条** 受理备案的公安机关应当对第三级、第四级信息系统的运营、使用单位的信息安全等级保护工作情况进行检查。对第三级信息系统每年至少检查一次，对第四级信息系统每半年至少检查一次。对跨省或者全国统一联网运行的信息系统的检查，应当会同其主管部门进行。

对第五级信息系统，应当由国家指定的专门部门进行检查。

公安机关、国家指定的专门部门应当对下列事项进行检查：

（一）信息系统安全需求是否发生变化，原定保护等级是否准确；

（二）运营、使用单位安全管理制度、措施的落实情况；

（三）运营、使用单位及其主管部门对信息系统安全状况的检查情况；

（四）系统安全等级测评是否符合要求；

（五）信息安全产品使用是否符合要求；

（六）信息系统安全整改情况；

（七）备案材料与运营、使用单位、信息系统的符合情况；

（八）其他应当进行监督检查的事项。

**第十九条** 信息系统运营、使用单位应当接受公安机关、国家指定的专门部门的安全监督、检查、指导，如实向公安机关、国家指定的专门部门提供下列有关信息安全保护的信息资料及数据文件：

（一）信息系统备案事项变更情况；

（二）安全组织、人员的变动情况；

（三）信息安全管理制度、措施变更情况；

（四）信息系统运行状况记录；

（五）运营、使用单位及主管部门定期对信息系统安全状况的检查记录；

（六）对信息系统开展等级测评的技术测评报告；

（七）信息安全产品使用的变更情况；

（八）信息安全事件应急预案，信息安全事件应急处置结果报告；

（九）信息系统安全建设、整改结果报告。

**第二十条** 公安机关检查发现信息系统安全保护状况不符合信息安全等级保护有关管理规范和技术标准的，应当向运营、使用单位发出整改通知。运营、使用单位应当根据整改通知要求，按照管理规范和技术标准进行整改。整改完成后，应当将整改报告向公安机关备案。必要时，公安机关可以对整改情况组织检查。

**第二十一条** 第三级以上信息系统应当选择使用符合以下条件的信息安全

产品：

（一）产品研制、生产单位是由中国公民、法人投资或者国家投资或者控股的，在中华人民共和国境内具有独立的法人资格；

（二）产品的核心技术、关键部件具有我国自主知识产权；

（三）产品研制、生产单位及其主要业务、技术人员无犯罪记录；

（四）产品研制、生产单位声明没有故意留有或者设置漏洞、后门、木马等程序和功能；

（五）对国家安全、社会秩序、公共利益不构成危害；

（六）对已列入信息安全产品认证目录的，应当取得国家信息安全产品认证机构颁发的认证证书。

**第二十二条** 第三级以上信息系统应当选择符合下列条件的等级保护测评机构进行测评：

（一）在中华人民共和国境内注册成立（港澳台地区除外）；

（二）由中国公民投资、中国法人投资或者国家投资的企事业单位（港澳台地区除外）；

（三）从事相关检测评估工作两年以上，无违法记录；

（四）工作人员仅限于中国公民；

（五）法人及主要业务、技术人员无犯罪记录；

（六）使用的技术装备、设施应当符合本办法对信息安全产品的要求；

（七）具有完备的保密管理、项目管理、质量管理、人员管理和培训教育等安全管理制度；

（八）对国家安全、社会秩序、公共利益不构成威胁。

**第二十三条** 从事信息系统安全等级测评的机构，应当履行下列义务：

（一）遵守国家有关法律法规和技术标准，提供安全、客观、公正的检测评估服务，保证测评的质量和效果；

（二）保守在测评活动中知悉的国家秘密、商业秘密和个人隐私，防范测评风险；

（三）对测评人员进行安全保密教育，与其签订安全保密责任书，规定应当履行的安全保密义务和承担的法律责任，并负责检查落实。

## 第四章 涉及国家秘密信息系统的分级保护管理

**第二十四条** 涉密信息系统应当依据国家信息安全等级保护的基本要求，

按照国家保密工作部门有关涉密信息系统分级保护的管理规定和技术标准，结合系统实际情况进行保护。

非涉密信息系统不得处理国家秘密信息。

**第二十五条** 涉密信息系统按照所处理信息的最高密级，由低到高分为秘密、机密、绝密三个等级。涉密信息系统建设使用单位应当在信息规范定密的基础上，依据涉密信息系统分级保护管理办法和国家保密标准 BMB17—2006《涉及国家秘密的计算机信息系统分级保护技术要求》确定系统等级。对于包含多个安全域的涉密信息系统，各安全域可以分别确定保护等级。保密工作部门和机构应当监督指导涉密信息系统建设使用单位准确、合理地进行系统定级。

**第二十六条** 涉密信息系统建设使用单位应当将涉密信息系统定级和建设使用情况，及时上报业务主管部门的保密工作机构和负责系统审批的保密工作部门备案，并接受保密部门的监督、检查、指导。

**第二十七条** 涉密信息系统建设使用单位应当选择具有涉密集成资质的单位承担或者参与涉密信息系统的设计与实施。

涉密信息系统建设使用单位应当依据涉密信息系统分级保护管理规范和技术标准，按照秘密、机密、绝密三级的不同要求，结合系统实际进行方案设计，实施分级保护，其保护水平总体上不低于国家信息安全等级保护第三级、第四级、第五级的水平。

**第二十八条** 涉密信息系统使用的信息安全保密产品原则上应当选用国产品，并应当通过国家保密局授权的检测机构依据有关国家保密标准进行的检测，通过检测的产品由国家保密局审核发布目录。

**第二十九条** 涉密信息系统建设使用单位在系统工程实施结束后，应当向保密工作部门提出申请，由国家保密局授权的系统测评机构依据国家保密标准 BMB22—2007《涉及国家秘密的计算机信息系统分级保护测评指南》，对涉密信息系统进行安全保密测评。

涉密信息系统建设使用单位在系统投入使用前，应当按照《涉及国家秘密的信息系统审批管理规定》，向设区的市级以上保密工作部门申请进行系统审批，涉密信息系统通过审批后方可投入使用。已投入使用的涉密信息系统，其建设使用单位在按照分级保护要求完成系统整改后，应当向保密工作部门备案。

**第三十条** 涉密信息系统建设使用单位在申请系统审批或者备案时，应当提交以下材料：

（一）系统设计、实施方案及审查论证意见；

（二）系统承建单位资质证明材料；

（三）系统建设和工程监理情况报告；

（四）系统安全保密检测评估报告；

（五）系统安全保密组织机构和管理制度情况；

（六）其他有关材料。

**第三十一条** 涉密信息系统发生涉密等级、连接范围、环境设施、主要应用、安全保密管理责任单位变更时，其建设使用单位应当及时向负责审批的保密工作部门报告。保密工作部门应当根据实际情况，决定是否对其重新进行测评和审批。

**第三十二条** 涉密信息系统建设使用单位应当依据国家保密标准 BMB20—2007《涉及国家秘密的信息系统分级保护管理规范》，加强涉密信息系统运行中的保密管理，定期进行风险评估，消除泄密隐患和漏洞。

**第三十三条** 国家和地方各级保密工作部门依法对各地区、各部门涉密信息系统分级保护工作实施监督管理，并做好以下工作：

（一）指导、监督和检查分级保护工作的开展；

（二）指导涉密信息系统建设使用单位规范信息定密，合理确定系统保护等级；

（三）参与涉密信息系统分级保护方案论证，指导建设使用单位做好保密设施的同步规划设计；

（四）依法对涉密信息系统集成资质单位进行监督管理；

（五）严格进行系统测评和审批工作，监督检查涉密信息系统建设使用单位分级保护管理制度和技术措施的落实情况；

（六）加强涉密信息系统运行中的保密监督检查。对秘密级、机密级信息系统每两年至少进行一次保密检查或者系统测评，对绝密级信息系统每年至少进行一次保密检查或者系统测评；

（七）了解掌握各级各类涉密信息系统的管理使用情况，及时发现和查处各种违规违法行为和泄密事件。

## 第五章　信息安全等级保护的密码管理

**第三十四条** 国家密码管理部门对信息安全等级保护的密码实行分类分级管理。根据被保护对象在国家安全、社会稳定、经济建设中的作用和重要程度，被保护对象的安全防护要求和涉密程度，被保护对象被破坏后的危害程度以及

密码使用部门的性质等，确定密码的等级保护准则。

信息系统运营、使用单位采用密码进行等级保护的，应当遵照《信息安全等级保护密码管理办法》、《信息安全等级保护商用密码技术要求》等密码管理规定和相关标准。

**第三十五条** 信息系统安全等级保护中密码的配备、使用和管理等，应当严格执行国家密码管理的有关规定。

**第三十六条** 信息系统运营、使用单位应当充分运用密码技术对信息系统进行保护。采用密码对涉及国家秘密的信息和信息系统进行保护的，应报经国家密码管理局审批，密码的设计、实施、使用、运行维护和日常管理等，应当按照国家密码管理有关规定和相关标准执行；采用密码对不涉及国家秘密的信息和信息系统进行保护的，须遵守《商用密码管理条例》和密码分类分级保护有关规定与相关标准，其密码的配备使用情况应当向国家密码管理机构备案。

**第三十七条** 运用密码技术对信息系统进行系统等级保护建设和整改的，必须采用经国家密码管理部门批准使用或者准于销售的密码产品进行安全保护，不得采用国外引进或者擅自研制的密码产品；未经批准不得采用含有加密功能的进口信息技术产品。

**第三十八条** 信息系统中的密码及密码设备的测评工作由国家密码管理局认可的测评机构承担，其他任何部门、单位和个人不得对密码进行评测和监控。

**第三十九条** 各级密码管理部门可以定期或者不定期对信息系统等级保护工作中密码配备、使用和管理的情况进行检查和测评，对重要涉密信息系统的密码配备、使用和管理情况每两年至少进行一次检查和测评。在监督检查过程中，发现存在安全隐患或者违反密码管理相关规定或者未达到密码相关标准要求的，应当按照国家密码管理的相关规定进行处置。

## 第六章 法律责任

**第四十条** 第三级以上信息系统运营、使用单位违反本办法规定，有下列行为之一的，由公安机关、国家保密工作部门和国家密码工作管理部门按照职责分工责令其限期改正；逾期不改正的，给予警告，并向其上级主管部门通报情况，建议对其直接负责的主管人员和其他直接责任人员予以处理，并及时反馈处理结果：

（一）未按本办法规定备案、审批的；

（二）未按本办法规定落实安全管理制度、措施的；

（三）未按本办法规定开展系统安全状况检查的；

（四）未按本办法规定开展系统安全技术测评的；

（五）接到整改通知后，拒不整改的；

（六）未按本办法规定选择使用信息安全产品和测评机构的；

（七）未按本办法规定如实提供有关文件和证明材料的；

（八）违反保密管理规定的；

（九）违反密码管理规定的；

（十）违反本办法其他规定的。

违反前款规定，造成严重损害的，由相关部门依照有关法律、法规予以处理。

**第四十一条**　信息安全监管部门及其工作人员在履行监督管理职责中，玩忽职守、滥用职权、徇私舞弊的，依法给予行政处分；构成犯罪的，依法追究刑事责任。

**第七章　附　则**

**第四十二条**　已运行信息系统的运营、使用单位自本办法施行之日起 180 日内确定信息系统的安全保护等级；新建信息系统在设计、规划阶段确定安全保护等级。

**第四十三条**　本办法所称“以上”包含本数（级）。

**第四十四条**　本办法自发布之日起施行，《信息安全等级保护管理办法（试行）》（公通字〔2006〕7 号）同时废止。

（摘自中国信息安全等级保护网 http：//www. djbh. net）

## （二）具体环节的政策文件

对应等级保护工作的具体环节（信息系统定级、备案、安全建设整改、等级测评、安全检查），出台了相应的政策规范。

1. 定级环节。《关于开展全国重要信息系统安全等级保护定级工作的通知》（公通字〔2007〕861 号，下称《定级工作通知》）。该文件由公安部、国家保密局、国家密码管理局、原国务院信息办四部委共同会签印发。2007 年 7 月 20 日，四部委在北京联合召开了“全国重要信息系统安全等级保护工作电视电话会议”，会议根据该通知精神部署

在全国范围内开展信息系统安全等级保护定级备案工作，标志着全国信息安全等级保护工作全面开展。

2. 备案环节。《信息安全等级保护备案实施细则》(公信安〔2007〕1360号)。具体内容见专栏4-3。该文件规定了公安机关受理信息系统运营使用单位信息系统备案工作的内容、流程、审核等内容，并附带有关法律文书，指导各级公安机关受理信息系统备案工作。该文件由公安部网络安全保卫局印发。

**专栏4-3　信息安全等级保护备案实施细则**

**第一条**　为加强和指导信息安全等级保护备案工作，规范备案受理、审核和管理等工作，根据《信息安全等级保护管理办法》制定本实施细则。

**第二条**　本细则适用于非涉及国家秘密的第二级以上信息系统的备案。

**第三条**　地市级以上公安机关公共信息网络安全监察部门受理本辖区内备案单位的备案。隶属于省级的备案单位，其跨地(市)联网运行的信息系统，由省级公安机关公共信息网络安全监察部门受理备案。

**第四条**　隶属于中央的在京单位，其跨省或者全国统一联网运行并由主管部门统一定级的信息系统，由公安部公共信息网络安全监察局受理备案，其他信息系统由北京市公安局公共信息网络安全监察部门受理备案。隶属于中央的非在京单位的信息系统，由当地省级公安机关公共信息网络安全监察部门(或其指定的地市级公安机关公共信息网络安全监察部门)受理备案。跨省或者全国统一联网运行并由主管部门统一定级的信息系统在各地运行、应用的分支系统(包括由上级主管部门定级，在当地有应用的信息系统)由所在地地市级以上公安机关公共信息网络安全监察部门受理备案。

**第五条**　受理备案的公安机关公共信息网络安全监察部门应该设立专门的备案窗口，配备必要的设备和警力，专门负责受理备案工作，受理备案地点、时间、联系人和联系方式等应向社会公布。

**第六条**　信息系统运营、使用单位或者其主管部门(以下简称“备案单位”)应当在信息系统安全保护等级确定后30日内，到公安机关公共信息网络安全监察部门办理备案手续。办理备案手续时，应当首先到公安机关指定的网址下载并填写备案表，准备好备案文件，然后到指定的地点备案。

**第七条** 备案时应当提交《信息系统安全等级保护备案表》(以下简称《备案表》)(一式两份)及其电子文档。第二级以上信息系统备案时需提交《备案表》中的表一、二、三；第三级以上信息系统还应当在系统整改、测评完成后30日内提交《备案表》表四及其有关材料。

**第八条** 公安机关公共信息网络安全监察部门收到备案单位提交的备案材料后，对属于本级公安机关受理范围且备案材料齐全的，应当向备案单位出具《信息系统安全等级保护备案材料接收回执》备案材料不齐全的，应当当场或者在五日内一次性告知其补正内容；对不属于本级公安机关受理范围的，应当书面告知备案单位到有管辖权的公安机关办理。

**第九条** 接收备案材料后，公安机关公共信息网络安全监察部门应当对下列内容进行审核：(一)备案材料填写是否完整，是否符合要求，其纸质材料和电子文档是否一致；(二)信息系统所定安全保护等级是否准确。

**第十条** 经审核，对符合等级保护要求的，公安机关公共信息网络安全监察部门应当自收到备案材料之日起的十个工作日内，将加盖本级公安机关印章(或等级保护专用章)的《备案表》一份反馈备案单位，一份存档；对不符合等级保护要求的，公安机关公共信息网络安全监察部门应当在十个工作日内通知备案单位进行整改，并出具《信息系统安全等级保护备案审核结果通知》。

**第十一条** 《备案表》中表一、表二、表三内容经审核合格的，公安机关公共信息网络安全监察部门应当出具《信息系统安全等级保护备案证明》(以下简称《备案证明》《备案证明》由公安部统一监制。

**第十二条** 公安机关公共信息网络安全监察部门对定级不准的备案单位，在通知整改的同时，应当建议备案单位组织专家进行重新定级评审，并报上级主管部门审批。备案单位仍然坚持原定等级的，公安机关公共信息网络安全监察部门可以受理其备案，但应当书面告知其承担由此引发的责任和后果，经上级公安机关公共信息网络安全监察部门同意后，同时通报备案单位上级主管部门。

**第十三条** 对拒不备案的，公安机关应当依据《中华人民共和国计算机信息系统安全保护条例》等其他有关法律、法规规定，责令限期整改。逾期仍不备案的，予以警告，并向其上级主管部门通报。依照前款规定向中央和国家机关通报的，应当报经公安部公共信息网络安全监察局同意。

**第十四条** 受理备案的公安机关公共信息网络安全监察部门应当及时将备案文件录入到数据库管理系统，并定期逐级上传《备案表》中表一、表二、表三

内容的电子数据。上传时间为每季度的第一天。受理备案的公安机关公共信息网络安全监察部门应当建立管理制度，对备案材料按照等级进行严格管理，严格遵守保密制度，未经批准不得对外提供查询。

**第十五条** 公安机关公共信息网络安全监察部门受理备案时不得收取任何费用。

**第十六条** 本细则所称“以上”包含本数(级)。

**第十七条** 各省(区、市)公安机关公共信息网络安全监察部门可以依据本细则制定具体的备案工作规范，并报公安部公共信息网络安全监察局备案。

3. 安全建设整改环节。

(1)《关于开展信息系统等级保护安全建设整改工作的指导意见》(公信安〔2009〕1429 号)。该文件明确了非涉及国家秘密信息系统开展安全建设整改工作的目标、内容、流程和要求等，文件附件包括《信息安全等级保护安全建设整改工作指南》和《信息安全等级保护主要标准简要说明》。该文件由公安部印发。

(2)《关于加强国家电子政务工程建设项目信息安全风险评估工作的通知》(发改高技〔2008〕2071 号)。该文件要求非涉密国家电子政务项目开展等级测评和信息安全风险评估要按照《信息安全等级保护管理办法》进行，明确了项目验收条件：公安机关颁发的信息系统安全等级保护备案证明、等级测评报告和风险评估报告。该文件由发改委、公安部、国家保密局共同会签印发。

(3)《国家发展改革委关于进一步加强国家电子政务工程建设项目管理工作的通知(发改高技〔2008〕2544 号)》。该文件要求国家电子政务项目的信息安全工作，按照国家信息安全等级保护制度要求，项目建设部门在电子政务项目的需求分析报告和建设方案中，应同步落实等级测评要求。

(4)《关于进一步加强国家电子政务网络建设和应用的通知》(发改高技〔2012〕1986 号)。该文件要求开展国家电子政务网络建设和应用工作中，按照信息安全等级保护要求建设和管理国家电子政务外网。该文件由国家发改委、公安部、财政部、国家保密局、国家电子政务内网建设和管理协调小组办公室联合印发。

4. 等级测评环节。

（1）《关于推动信息安全等级保护测评体系建设和开展等级测评工作的通知》（公信安〔2010〕303 号）。为了规范等级测评活动，加强对测评机构和测评人员的管理，在等级测评体系建设试点工作的基础上，安全部网络安全保卫局出台了该文件。该文件确定开展信息安全等级保护测评体系建设和等级测评工作的目标、内容和工作要求。

（2）关于印发《信息安全等级保护测评机构管理办法》的通知（公信安〔2013〕755 号）。该文件规定了测评的条件、业务范围和禁止行为，规范了测评机构的申请、受理、测评能力评估、审核、推荐的流程和要求，规范了等级测评师培训、考试、获证的流程和要求，规范了测评机构开展测评活动的内容和要求，规范了对测评机构的监督、检查和指导内容，确保测评机构的水平和能力符合要求及测评活动客观、公正和安全。以利于等级测评机构的规范化、制度化建设，为等级测评工作的顺利开展提供政策支持。原《信息安全等级保护测评工作管理规范（试行）》废止。该文件由公安部网络安全保卫局印发。

（3）关于印发《信息安全等级保护测评报告模版（2015 年版）》的通知（公信安〔2014〕2866 号）。该文件明确了等级测评活动的内容、方法和测试报告格式等，用以规范等级测评报告的主要内容。《信息安全等级保护测评报告模版（试行）》废止。该文件由公安部网络安全保卫局印。

（4）《关于做好信息安全等级保护测评机构审核推荐工作的通知》（公信安〔2010〕559 号），附件包含《等级测评机构审核推荐工作流程和方法》。该文件明确规定了等级测评机构审核推荐的方法、流程、要求，用于规范等级测评机构和测评管理师。该文件由公安部网络安全保卫局印发。

5. 安全检查环节。《公安机关信息安全等级保护检查工作规范（试行）》（公信安〔2008〕736 号）。该文件规定了公安机关开展信息安全等级保护检查工作的内容、程序、方式及相关法律文书等，使检查工作规范化、制度化。该文件由公安部网络安全保卫局印发。

## 二、信息安全等级保护标准体系

为推动我国信息安全等级保护工作的开展，10 多年来，全国信息安全标准化技术委员会和公安部信息系统安全标准化技术委员会组织制定了信息安全等级保护工作需要的一系列标准，形成了比较完整的信息安全等级保护标准体系，为开展信息安全等级保护工作提供了标准保障。信息安全等级保护相关标准参见《信息安全等级保护主要标准简要说明》。

### （一）信息安全等级保护相关标准类别

信息安全等级保护相关标准大致分为 4 类，分别是基础类、应用类、产品类和其他类。

1. 基础类标准。《计算机系统安全保护等级划分准则》（GB17859—1999）。

2. 应用类标准。

（1）信息系统定级。《信息系统安全保护等级定级指南》（GB/T 22240—2008）。

（2）等级保护实施。《信息系统安全等级保护实施指南》（GB/T 25058—2010）。

具体内容见专栏 4-4。

## 专栏4-4 信息系统安全等级保护实施指南

**1 范围**

本标准规定了信息系统安全等级保护实施的过程，适用于指导信息系统安全等级保护的实施。

**2 规范性引用文件**

下列文件中的条款通过在本标准中的引用而成为本标准的条款。凡是注日期的引用文件，其随后所有的修改单（不包括勘误的内容）或修订版均不适用于本标准，然而，鼓励根据本标准达成协议的各方研究是否使用这些文件的最新版本。凡是不注明日期的引用文件，其最新版本适用于本标准。

GB/T 5271.8 信息技术词汇第8部分：安全

GB17859—1999 计算机信息系统安全保护等级划分准则

GB/T AAAA—AAAA 信息安全技术信息系统安全等级保护定级指南

**3 术语和定义**

GB/T 5271.8 和 GB 17859—1999 确立的以及下列术语和定义适用于本标准。

3.1

等级测评 classified security testing and evaluation

确定信息系统安全保护能力是否达到相应等级基本要求的过程。

**4 等级保护实施概述**

4.1 基本原则

信息系统安全等级保护的核心是对信息系统分等级、按标准进行建设、管理和监督。信息系统安全等级保护实施过程中应遵循以下基本原则：

a）自主保护原则

信息系统运营、使用单位及其主管部门按照国家相关法规和标准，自主确定信息系统的安全保护等级，自行组织实施安全保护。

b）重点保护原则

根据信息系统的重要程度、业务特点，通过划分不同安全保护等级的信息系统，实现不同强度的安全保护，集中资源优先保护涉及核心业务或关键信息资产的信息系统。

c）同步建设原则

信息系统在新建、改建、扩建时应当同步规划和设计安全方案，投入一定比例的资金建设信息安全设施，保障信息安全与信息化建设相适应。

d）动态调整原则

要跟踪信息系统的变化情况，调整安全保护措施。由于信息系统的应用类型、范围等条件的变化及其他原因，安全保护等级需要变更的，应当根据等级保护的管理规范和技术标准的要求，重新确定信息系统的安全保护等级，根据信息系统安全保护等级的调整情况，重新实施安全保护。

4.2 角色和职责

信息系统安全等级保护实施过程中涉及的各类角色和职责如下：

a）国家管理部门

公安机关负责信息安全等级保护工作的监督、检查、指导；国家保密工作部门负责等级保护工作中有关保密工作的监督、检查、指导；国家密码管理部门负责等级保护工作中有关密码工作的监督、检查、指导；涉及其他职能部门管辖范围的事项，由有关职能部门依照国家法律法规的规定进行管理；国务院信息化工作办公室及地方信息化领导小组办事机构负责等级保护工作的部门间协调。

b）信息系统主管部门

负责依照国家信息安全等级保护的管理规范和技术标准，督促、检查和指导本行业、本部门或者本地区信息系统运营、使用单位的信息安全等级保护工作。

c）信息系统运营、使用单位

负责依照国家信息安全等级保护的管理规范和技术标准，确定其信息系统的安全保护等级，有主管部门的，应当报其主管部门审核批准；根据已经确定的安全保护等级，到公安机关办理备案手续；按照国家信息安全等级保护管理规范和技术标准，进行信息系统安全保护的规划设计；使用符合国家有关规定，满足信息系统安全保护等级需求的信息技术产品和信息安全产品，开展信息系统安全建设或者改建工作；制定、落实各项安全管理制度，定期对信息系统的安全状况、安全保护制度及措施的落实情况进行自查，选择符合国家相关规定的等级测评机构，定期进行等级测评；制定不同等级信息安全事件的响应、处置预案，对信息系统的信息安全事件分等级进行应急处置。

d）信息安全服务机构

负责根据信息系统运营、使用单位的委托，依照国家信息安全等级保护的管理规范和技术标准，协助信息系统运营、使用单位完成等级保护的相关工作，包括确定其信息系统的安全保护等级、进行安全需求分析、安全总体规划、实施安全建设和安全改造等。

e)信息安全等级测评机构

负责根据信息系统运营、使用单位的委托或根据国家管理部门的授权，协助信息系统运营、使用单位或国家管理部门，按照国家信息安全等级保护的管理规范和技术标准，对已经完成等级保护建设的信息系统进行等级测评；对信息安全产品供应商提供的信息安全产品进行安全测评。

f)信息安全产品供应商

负责按照国家信息安全等级保护的管理规范和技术标准，开发符合等级保护相关要求的信息安全产品，接受安全测评；按照等级保护相关要求销售信息安全产品并提供相关服务。

4.3　实施的基本流程

在安全运行与维护阶段，信息系统因需求变化等原因导致局部调整，而系统的安全保护等级并未改变，应从安全运行与维护阶段进入安全设计与实施阶段，重新设计、调整和实施安全措施，确保满足等级保护的要求；但信息系统发生重大变更导致系统安全保护等级变化时，应从安全运行与维护阶段进入信息系统定级阶段，重新开始一轮信息安全等级保护的实施过程。

**5　信息系统定级**

5.1　信息系定级阶段的工作流程

信息系统定级阶段的目标是信息系统运营、使用单位按照国家有关管理规范和GB/T AAAA—AAAA，确定信息系统的安全保护等级，信息系统运营、使用单位有主管部门的，应当经主管部门审核批准。

5.2　信息系统分析

5.2.1　系统识别和描述

活动目标：

本活动的目标是通过从信息系统运营、使用单位相关人员处收集有关信息系统的信息，并对信息进行综合分析和整理，依据分析和整理的内容形成组织机构内信息系统的总体描述性文档。

参与角色：信息系统运营、使用单位，信息安全服务机构。

活动输入：信息系统的立项、建设和管理文档。

活动描述：

本活动主要包括以下子活动内容：

a)识别信息系统的基本信息

调查了解信息系统的行业特征、主管机构、业务范围、地理位置以及信息

系统基本情况，获得信息系统的背景信息和联络方式。

b)识别信息系统的管理框架

了解信息系统的组织管理结构、管理策略、部门设置和部门在业务运行中的作用、岗位职责，获得支持信息系统业务运营的管理特征和管理框架方面的信息，从而明确信息系统的安全责任主体。

c)识别信息系统的网络及设备部署

了解信息系统的物理环境、网络拓扑结构和硬件设备的部署情况，在此基础上明确信息系统的边界，即确定定级对象及其范围。

d)识别信息系统的业务种类和特性

了解机构内主要依靠信息系统处理的业务种类和数量，这些业务各自的社会属性、业务内容和业务流程等，从中明确支持机构业务运营的信息系统的业务特性，将承载比较单一的业务应用或者承载相对独立的业务应用的信息系统作为单独的定级对象。

e)识别业务系统处理的信息资产

了解业务系统处理的信息资产的类型，这些信息资产在保密性、完整性和可用性等方面的重要性程度。

f)识别用户范围和用户类型

根据用户或用户群的分布范围了解业务系统的服务范围、作用以及业务连续性方面的要求等。

g)信息系统描述

对收集的信息进行整理、分析，形成对信息系统的总体描述文件。一个典型的信息系统的总体描述文件应包含以下内容：

1)系统概述；

2)系统边界描述；

3)网络拓扑；

4)设备部署；

5)支撑的业务应用的种类和特性；

6)处理的信息资产；

7)用户的范围和用户类型；

8)信息系统的管理框架。

活动输出：信息系统总体描述文件。

5.2.2 信息系统划分

活动目标：

本活动的目标是依据信息系统的总体描述文件，在综合分析的基础上将组织机构内运行的信息系统进行合理分解，确定所包含可以作为定级对象的信息系统的个数。

参与角色：信息系统运营、使用单位，信息安全服务机构。

活动输入：信息系统总体描述文件。

活动描述：

本活动主要包括以下子活动内容：

a)划分方法的选择

一个组织机构可能运行一个大型信息系统，为了突出重点保护的等级保护原则，应对大型信息系统进行划分，进行信息系统划分的方法可以有多种，可以考虑管理机构、业务类型、物理位置等因素，信息系统的运营、使用单位应该根据本单位的具体情况确定一个系统的分解原则。

b)信息系统划分

依据选择的系统划分原则，将一个组织机构内拥有的大型信息系统进行划分，划分出相对独立的信息系统并作为定级对象，应保证每个相对独立的信息系统具备定级对象的基本特征。在信息系统划分的过程中，应该首先考虑组织管理的要素，然后考虑业务类型、物理区域等要素。

c)信息系统详细描述

在对信息系统进行划分并确定定级对象后，应在信息系统总体描述文件的基础上，进一步增加信息系统划分信息的描述，准确描述一个大型信息系统中包括的定级对象的个数。

进一步的信息系统详细描述文件应包含以下内容：

1)相对独立信息系统列表；

2)每个定级对象的概述；

3)每个定级对象的边界；

4)每个定级对象的设备部署；

5)每个定级对象支撑的业务应用及其处理的信息资产类型；

6)每个定级对象的服务范围和用户类型；

7)其他内容。

活动输出：信息系统详细描述文件。

5.3　安全保护等级确定

5.3.1　定级、审核和批准

活动目标：

本活动的目标是按照国家有关管理规范和 GB/T AAAA—AAAA，确定信息系统的安全保护等级，并对定级结果进行审核和批准，保证定级结果的准确性。

参与角色：信息系统主管部门，信息系统运营、使用单位，信息安全服务机构。

活动输入：信息系统总体描述文件，信息系统详细描述文件。

活动描述：

本活动主要包括以下子活动内容：

a）信息系统安全保护等级初步确定

根据国家有关管理规范和 GB/T AAAA—AAAA 确定的定级方法，信息系统运营、使用单位对每个定级对象确定初步的安全保护等级。

b）定级结果审核和批准

信息系统运营、使用单位初步确定了安全保护等级后，有主管部门的，应当经主管部门审核批准。跨省或者全国统一联网运行的信息系统可以由主管部门统一确定安全保护等级。对拟确定为第四级以上信息系统的，运营使用单位或者主管部门应当邀请国家信息安全保护等级专家评审委员会评审。

活动输出：信息系统定级评审意见。

5.3.2　形成定级报告

活动目标：

本活动的目标是对定级过程中产生的文档进行整理，形成信息系统定级结果报告。

参与角色：信息系统主管部门，信息系统运营、使用单位。

活动输入：信息系统总体描述文件，信息系统详细描述文件，信息系统定级结果。

活动描述：

对信息系统的总体描述文档、信息系统的详细描述文件、信息系统安全保护等级确定结果等内容进行整理，形成文件化的信息系统定级结果报告。

信息系统定级结果报告可以包含以下内容：

a）单位信息化现状概述；

b）管理模式；

c)信息系统列表；

d)每个信息系统的概述；

e)每个信息系统的边界；

f)每个信息系统的设备部署；

g)每个信息系统支撑的业务应用；

h)信息系统列表、安全保护等级以及保护要求组合；

i)其他内容。

活动输出：信息系统安全保护等级定级报告。

**6　总体安全规划**

6.1　总体安全规划阶段的工作流程

总体安全规划阶段的目标是根据信息系统的划分情况、信息系统的定级情况、信息系统承载业务情况，通过分析明确信息系统安全需求，设计合理的、满足等级保护要求的总体安全方案，并制定出安全实施计划，以指导后续的信息系统安全建设工程实施。对于已运营(运行)的信息系统，需求分析应当首先分析判断信息系统的安全保护现状与等级保护要求之间的差距。

6.2　安全需求分析

6.2.1　基本安全需求的确定

活动目标：

本活动的目标是根据信息系统的安全保护等级，判断信息系统现有的安全保护水平与国家等级保护管理规范和技术标准之间的差距，提出信息系统的基本安全保护需求。

参与角色：信息系统运营、使用单位，信息安全服务机构，信息安全等级测评机构。

活动输入：信息系统详细描述文件，信息系统安全保护等级定级报告，信息系统相关的其他文档，信息系统安全等级保护基本要求。

活动描述：

本活动主要包括以下子活动内容：

a)确定系统范围和分析对象

明确不同等级信息系统的范围和边界，通过调查或查阅资料的方式，了解信息系统的构成，包括网络拓扑、业务应用、业务流程、设备信息、安全措施状况等。初步确定每个等级信息系统的分析对象，包括整体对象，如机房、办公环境、网络等，也包括具体对象，如边界设备、网关设备、服务器设备、工

作站、应用系统等。

b)形成评价指标和评估方案

根据各个信息系统的安全保护等级从信息系统安全等级保护基本要求中选择相应等级的指标，形成评价指标。根据评价指标，结合确定的具体对象制定可以操作的评估方案，评估方案可以包含以下内容：

1)管理状况评估表格；

2)网络状况评估表格；

3)网络设备(含安全设备)评估表格；

4)主机设备评估表格；

5)主要设备安全测试方案；

6)重要操作的作业指导书。

c)现状与评价指标对比

通过观察现场、询问人员、查询资料、检查记录、检查配置、技术测试、渗透攻击等方式进行安全技术和安全管理方面的评估，判断安全技术和安全管理的各个方面与评价指标的符合程度，给出判断结论。整理和分析不符合的评价指标，确定信息系统安全保护的基本需求。

活动输出：基本安全需求。

6.2.2　额外特殊安全需求的确定

活动目标：

本活动的目标是通过对信息系统重要资产特殊保护要求的分析，确定超出相应等级保护基本要求的部分或具有特殊安全保护要求的部分，采用需求分析/风险分析的方法，确定可能的安全风险，判断对超出等级保护基本要求部分实施特殊安全措施的必要性，提出信息系统的特殊安全保护需求。

参与角色：信息系统运营、使用单位，信息安全服务机构。

活动输入：信息系统详细描述文件，信息系统安全保护等级定级报告，信息系统相关的其他文档。

活动描述：

确定特殊安全需求可以采用目前成熟或流行的需求分析/风险分析方法，或者采用下面介绍的活动：

a)重要资产的分析

明确信息系统中的重要部件，如边界设备、网关设备、核心网络设备、重要服务器设备、重要应用系统等。

b）重要资产安全弱点评估

检查或判断上述重要部件可能存在的弱点，包括技术上和管理上的；分析安全弱点被利用的可能性。

c）重要资产面临威胁评估

分析和判断上述重要部件可能面临的威胁，包括外部的威胁和内部的威胁，威胁发生的可能性或概率。

d）综合风险分析

分析威胁利用弱点可能产生的结果，结果产生的可能性或概率，结果造成的损害或影响的大小，以及避免上述结果产生的可能性、必要性和经济性。按照重要资产的排序和风险的排序确定安全保护的要求。

活动输出：重要资产的特殊保护要求。

6.2.3　形成安全需求分析报告

活动目标：

本活动的目标是总结基本安全需求和特殊安全需求，形成安全需求分析报告。

参与角色：信息系统运营，使用单位，信息安全服务机构。

活动输入：信息系统详细描述文件，信息系统安全保护等级定级报告，基本安全需求，重要资产的特殊保护要求。

活动描述：

本活动主要包括以下子活动内容：

a）完成安全需求分析报告

根据基本安全需求和特殊的安全保护需求等形成安全需求分析报告。

安全需求分析报告可以包含以下内容：

1）信息系统描述；

2）安全管理状况；

3）安全技术状况；

4）存在的不足和可能的风险；

5）安全需求描述。

活动输出：安全需求分析报告。

6.3　总体安全设计

6.3.1　总体安全策略设计

活动目标：

本活动的目标是形成机构纲领性的安全策略文件，包括确定安全方针，制定安全策略，以便结合等级保护基本要求和安全保护特殊要求，构建机构信息系统的安全技术体系结构和安全管理体系结构。

参与角色：信息系统运营、使用单位，信息安全服务机构。

活动输入：信息系统详细描述文件，信息系统安全保护等级定级报告，安全需求分析报告。

活动描述：

本活动主要包括以下子活动内容：

a)确定安全方针

形成机构最高层次的安全方针文件，阐明安全工作的使命和意愿，定义信息安全的总体目标，规定信息安全责任机构和职责，建立安全工作运行模式等。

b)制定安全策略

形成机构高层次的安全策略文件，说明安全工作的主要策略，包括安全组织机构划分策略、业务系统分级策略、数据信息分级策略、子系统互连策略、信息流控制策略等。

活动输出：总体安全策略文件。

6.3.2　安全技术体系结构设计

活动目标：

本活动的目标是根据信息系统安全等级保护基本要求、安全需求分析报告、机构总体安全策略文件等，提出系统需要实现的安全技术措施，形成机构特定的系统安全技术体系结构，用以指导信息系统分等级保护的具体实现。

参与角色：信息系统运营、使用单位，信息安全服务机构。

活动输入：信息系统详细描述文件，信息系统安全保护等级定级报告，安全需求分析报告，信息系统安全等级保护基本要求。

活动描述：

本活动主要包括以下子活动内容：

a)规定骨干网/城域网的安全保护技术措施

根据机构总体安全策略文件、等级保护基本要求和安全需求，提出骨干网/城域网的安全保护策略和安全技术措施。骨干网/城域网的安全保护策略和安全技术措施提出时应考虑网络线路和网络设备共享的情况，如果不同级别的子系统通过骨干网/城域网的同一线路和设备传输数据，线路和设备的安全保护策略和安全技术措施应满足最高级别子系统的等级保护基本要求。

b)规定子系统之间互联的安全技术措施

根据机构总体安全策略文件、等级保护基本要求和安全需求，提出跨局域网互联的子系统之间的信息传输保护策略要求和具体的安全技术措施，包括同级互联的策略、不同级别互联的策略等；提出局域网内部互联的子系统之间的信息传输保护策略要求和具体的安全技术措施，包括同级互联的策略、不同级别互联的策略等。

c)规定不同级别子系统的边界保护技术措施

根据机构总体安全策略文件、等级保护基本要求和安全需求，提出不同级别子系统边界的安全保护策略和安全技术措施。子系统边界安全保护策略和安全技术措施提出时应考虑边界设备共享的情况，如果不同级别的子系统通过同一设备进行边界保护，这个边界设备的安全保护策略和安全技术措施应满足最高级别子系统的等级保护基本要求。

d)规定不同级别子系统内部系统平台和业务应用的安全保护技术措施

根据机构总体安全策略文件、等级保护基本要求和安全需求，提出不同级别子系统内部网络平台、系统平台和业务应用的安全保护策略和安全技术措施。

e)规定不同级别信息系统机房的安全保护技术措施

根据机构总体安全策略文件、等级保护基本要求和安全需求，提出不同级别信息系统机房的安全保护策略和安全技术措施。信息系统机房安全保护策略和安全技术措施提出时应考虑不同级别的信息系统共享机房的情况，如果不同级别的信息系统共享同一机房，机房的安全保护策略和安全技术措施应满足最高级别信息系统的等级保护基本要求。

f)形成信息系统安全技术体系结构

将骨干网/城域网、通过骨干网/城域网的子系统互联、局域网内部的子系统互联、子系统的边界、子系统内部各类平台、机房以及其他方面的安全保护策略和安全技术措施进行整理、汇总，形成信息系统的安全技术体系结构。

活动输出：信息系统安全技术体系结构。

6.3.3　整体安全管理体系结构设计

活动目标：

本活动的目标是根据等级保护基本要求、安全需求分析报告、机构总体安全策略文件等，调整原有管理模式和管理策略，既从全局高度考虑为每个等级信息系统制定统一的安全管理策略，又从每个信息系统的实际需求出发，选择和调整具体的安全管理措施，最后形成统一的整体安全管理体系结构。

参与角色：信息系统运营、使用单位，信息安全服务机构。

活动输入：信息系统详细描述文件，信息系统安全保护等级定级报告，安全需求分析报告，信息系统安全等级保护基本要求。

活动描述：

本活动主要包括以下子活动内容：

a)规定信息安全的组织管理体系和对各信息系统的安全管理职责

根据机构总体安全策略文件、等级保护基本要求和安全需求，提出机构的安全组织管理机构框架，分配各个级别信息系统的安全管理职责，规定各个级别信息系统的安全管理策略等。

b)规定各等级信息系统的人员安全管理策略

根据机构总体安全策略文件、等级保护基本要求和安全需求，提出各个不同级别信息系统的管理人员框架，分配各个级别信息系统的管理人员职责，规定各个级别信息系统的人员安全管理策略等。

c)规定各等级信息系统机房及办公区等物理环境的安全管理策略

根据机构总体安全策略文件、等级保护基本要求和安全需求，提出各个不同级别信息系统的机房和办公环境的安全策略。

d)规定各等级信息系统介质、设备等的安全管理策略

根据机构总体安全策略文件、等级保护基本要求和安全需求，提出各个不同级别信息系统的介质、设备等的安全策略。

e)规定各等级信息系统运行安全管理策略

根据机构总体安全策略文件、等级保护基本要求和安全需求，提出各个不同级别信息系统的安全运行与维护框架和运维安全策略等。

f)规定各等级信息系统安全事件处置和应急管理策略

根据机构总体安全策略文件、等级保护基本要求和安全需求，提出各个不同级别信息系统的安全事件处置和应急管理策略等。

g)形成信息系统安全管理策略框架

将上述各个方面的安全管理策略进行整理、汇总，形成信息系统的整体安全管理体系结构。

活动输出：信息系统安全管理体系结构。

6.3.4　设计结果文档化

活动目标：

本活动的目标是将总体安全设计工作的结果文档化，最后形成一套指导机

构信息安全工作的指导性文件。

参与角色：信息系统运营、使用单位，信息安全服务机构。

活动输入：安全需求分析报告，信息系统安全技术体系结构，信息系统安全管理体系结构。

活动描述：

对安全需求分析报告、信息系统安全技术体系结构和安全管理体系结构等文档进行整理，形成信息系统总体安全方案。

信息系统总体安全方案包含以下内容：

a)信息系统概述；

b)总体安全策略；

c)信息系统安全技术体系结构；

d)信息系统安全管理体系结构。

活动输出：信息系统安全总体方案。

6.4　安全建设项目规划

6.4.1　安全建设目标确定

活动目标：

本活动的目标是依据信息系统安全总体方案(一个或多个文件构成)、机构或单位信息化建设的中长期发展规划和机构的安全建设资金状况确定各个时期的安全建设目标。

参与角色：信息系统运营、使用单位，信息安全服务机构。

活动输入：信息系统安全总体方案、机构或单位信息化建设的中长期发展规划。

活动描述：

本活动主要包括以下子活动内容：

a)信息化建设中长期发展规划和安全需求调查

了解和调查单位信息化建设的现况、中长期信息化建设的目标、主管部门对信息化的投入，对比信息化建设过程中阶段状态与安全策略规划之间的差距，分析急迫和关键的安全问题，考虑可以同步进行的安全建设内容等。

b)提出信息系统安全建设分阶段目标

制定系统在规划期内(一般安全规划期为3年)所要实现的总体安全目标；制定系统短期(1年以内)要实现的安全目标，主要解决目前急迫和关键的问题，争取在短期内安全状况有大幅度提高。

活动输出：信息系统分阶段安全建设目标。

6.4.2 安全建设内容规划

活动目标：

本活动的目标是根据安全建设目标和信息系统安全总体方案的要求，设计分期分批的主要建设内容，并将建设内容组合成不同的项目，阐明项目之间的依赖或促进关系等。

参与角色：信息系统运营、使用单位，信息安全服务机构。

活动输入：信息系统安全总体方案，信息系统分阶段安全建设目标。

活动描述：

本活动主要包括以下子活动内容：

a)确定主要安全建设内容

根据信息系统安全总体方案明确主要的安全建设内容，并将其适当的分解。主要建设内容可能分解但不限于以下内容：

1)安全基础设施建设；

2)网络安全建设；

3)系统平台和应用平台安全建设；

4)数据系统安全建设；

5)安全标准体系建设；

6)人才培养体系建设；

7)安全管理体系建设。

b)确定主要安全建设项目

组合安全建设内容为不同的安全建设项目，描述项目所解决的主要安全问题及所要达到的安全目标，对项目进行支持或依赖等相关性分析，对项目进行紧迫性分析，对项目实施难易程度进行分析，对项目进行预期效果分析，描述项目的具体工作内容、建设方案，形成安全建设项目列表。

活动输出：安全建设项目列表(含安全建设内容)。

6.4.3 形成安全建设项目计划

活动目标：

本活动的目标是根据建设目标和建设内容，在时间和经费上对安全建设项目列表进行总体考虑，分到不同的时期和阶段，设计建设顺序，进行投资估算，形成安全建设项目计划。

参与角色：信息系统运营、使用单位，信息安全服务机构。

活动输入：信息系统安全总体方案，信息系统分阶段安全建设目标，安全建设内容等。

活动描述：

对信息系统分阶段安全建设目标、安全总体方案和安全建设内容等文档进行整理，形成信息系统安全建设项目计划。

安全建设项目计划可包含以下内容：

a）规划建设的依据和原则；

b）规划建设的目标和范围；

c）信息系统安全现状；

d）信息化的中长期发展规划；

e）信息系统安全建设的总体框架；

f）安全技术体系建设规划；

g）安全管理与安全保障体系建设规划；

h）安全建设投资估算；

i）信息系统安全建设的实施保障等内容。

活动输出：信息系统安全建设项目计划。

**7　安全设计与实施**

7.1　安全设计与实施阶段的工作流程

安全设计与实施阶段的目标是按照信息系统安全总体方案的要求，结合信息系统安全建设项目计划，分期分步落实安全措施。

7.2　安全方案详细设计

7.2.1　技术措施实现内容设计

活动目标：

本活动的目标是根据建设目标和建设内容将信息系统安全总体方案中要求实现的安全策略、安全技术体系结构、安全措施和要求落实到产品功能或物理形态上，提出能够实现的产品或组件及其具体规范，并将产品功能特征整理成文档。使得在信息安全产品采购和安全控制开发阶段具有依据。

参与角色：信息系统运营、使用单位，信息安全服务机构，信息安全产品供应商。

活动输入：信息系统安全总体方案，信息系统安全建设项目计划，各类信息技术产品和信息安全产品技术白皮书。

活动描述：

本活动主要包括以下子活动内容：

a)结构框架设计

依据本次实施项目的建设内容和信息系统的实际情况，给出与总体安全规划阶段的安全体系结构一致的安全实现技术框架，内容可能包括安全防护的层次、信息安全产品的使用、网络子系统划分、IP 地址规划其他内容。

b)功能要求设计

对安全实现技术框架中使用到的相关信息安全产品，如防火墙、VPN、网闸、认证网关、代理服务器、网络防病毒、PKI 等提出功能指标要求。对需要开发的安全控制组件，提出功能指标要求。

c)性能要求设计

对安全实现技术框架中使用到的相关信息安全产品，如防火墙、VPN、网闸、认证网关、代理服务器、网络防病毒、PKI 等提出性能指标要求。对需要开发的安全控制组件，提出性能指标要求。

d)部署方案设计

结合目前信息系统网络拓扑，以图示的方式给出安全技术实现框架的实现方式，包括信息安全产品或安全组件的部署位置、连线方式、IP 地址分配等。对于需对原有网络进行调整的，给出网络调整的图示方案等。

e)制定安全策略实现计划

依据信息系统安全总体方案中提出的安全策略的要求，制定设计和设置信息安全产品或安全组件的安全策略实现计划。

活动输出：技术措施落实方案。

7.2.2　管理措施实现内容设计

活动目标：

本活动的目标是根据机构当前安全管理需要和安全技术保障需要提出与信息系统安全总体方案中管理部分相适应的本期安全实施内容，以保证安全技术建设的同时，安全管理的同步建设。

参与角色：信息系统运营、使用单位，信息安全服务机构。

活动输入：信息系统安全总体方案，信息系统安全建设项目计划。

活动描述：

结合系统实际安全管理需要和本次技术建设内容，确定本次安全管理建设的范围和内容，同时注意与信息系统安全总体方案的一致性。安全管理设计的内容主要考虑：安全管理机构和人员的配套、安全管理制度的配套、人员安全管理技能的配套等。

活动输出：管理措施落实方案。

7.2.3 设计结果文档化

活动目标：

本活动的目标是将技术措施落实方案、管理措施落实方案汇总，同时考虑工时和费用，最后形成指导安全实施的指导性文件。

参与角色：信息系统运营、使用单位，信息安全服务机构。

活动输入：技术措施落实方案，管理措施落实方案。

活动描述：

对技术措施落实方案中技术实施内容和管理措施落实方案中管理实施内容等文档进行整理，形成信息系统安全建设详细设计方案。

安全详细设计方案包含以下内容：

a）本期建设目标和建设内容；

b）技术实现框架；

c）信息安全产品或组件功能及性能；

d）信息安全产品或组件部署；

e）安全策略和配置；

f）配套的安全管理建设内容；

g）工程实施计划；

h）项目投资概算。

活动输出：安全详细设计方案。

7.3 管理措施实现

7.3.1 管理机构和人员的设置

活动目标：

本活动的目标是建立配套的安全管理职能部门，通过管理机构的岗位设置、人员的分工以及各种资源的配备，为信息系统的安全管理提供组织上的保障。

参与角色：信息系统运营、使用单位，信息安全服务机构。

活动输入：机构现有相关管理制度和政策，安全详细设计方案。

活动描述：

本活动主要包括以下子活动内容：

a）安全组织确定

识别与信息安全管理有关的组织成员及其角色，例如：操作人员、文档管

理员、系统管理员、安全管理员等，形成安全组织结构表。

b)角色说明

以书面的形式详细描述每个角色与职责，确保有人对所有的风险负责。

活动输出：机构、角色与职责说明书。

7.3.2　管理制度的建设和修订

活动目标：

本活动的目标是建设或修订与信息系统安全管理相配套的、包括所有信息系统的建设、开发、运维、升级和改造等各个阶段和环节所应当遵循的行为规范和操作规程。

参与角色：信息系统主管部门，信息系统运营、使用单位，信息安全服务机构。

活动输入：安全组织结构表，安全成员及角色说明书，安全详细设计方案。

活动描述：

本活动主要包括以下子活动内容：

a)应用范围明确

管理制度建立首先要明确制度的应用范围，如机房管理、账户管理、远程访问管理、特殊权限管理、设备管理、变更管理等方面的内容。

b)人员职责定义

管理制度的建立要明确相关岗位人员的责任和权利范围，并要征求相关人员的意见，要保证责任明确。

c)行为规范规定

管理制度是通过制度化、规范化的流程和行为，来保证各项管理工作的一致性。

d)评估与完善

制度在发布、执行过程中，要定期对其进行评估，根据实际环境和情况的变化，对制度进行修改和完善，必要时考虑管理制度的重新制定。

活动输出：各项管理制度和操作规范。

7.3.3　人员安全技能培训

活动目标：

本活动的目标是对人员的职责、素质、技能等方面进行培训，保证人员具有与其岗位职责相适应的技术能力和管理能力，以减少人为因素给系统带来的安全风险。

参与角色：信息系统主管部门，信息系统运营、使用单位，信息安全服务机构。

活动输入：系统/产品使用说明书，各项管理制度和操作规范。

活动描述：

针对普通员工、管理员、开发人员、主管人员以及安全人员的特定技能培训和安全意识培训，培训后进行考核，合格者发给上岗资格证书等。

活动输出：培训记录及上岗资格证书等。

7.3.4　安全实施过程管理

活动目标：

本活动的目标是在系统定级、规划设计、实施过程中，对工程的质量、进度、文档和变更等方面的工作进行监督控制和科学管理。

参与角色：信息系统运营、使用单位，信息安全服务机构，信息安全产品供应商。

活动输入：安全设计与实施阶段参与各方相关进度控制和质量监督要求文档。

活动描述：

本活动主要包括以下子活动内容：

a)质量管理

质量管理首先要控制系统建设的质量，保证系统建设始终处于等级保护制度所要求的框架内进行。同时，还要保证用于创建系统的过程的质量。在系统建设的过程中，要建立一个不断测试和改进质量的过程。在整个系统的生命周期中，通过测量、分析和修正活动，保证所完成目标和过程的质量。

b)风险管理

为了识别、评估和减低风险，以保证系统工程活动和全部技术工作项目都成功实施。在整个系统建设过程中，风险管理要贯穿始终。

c)变更管理

在系统建设的过程中，由于各种条件的变化，会导致变更的出现，变更发生在工程的范围、进度、质量、费用、人力资源、沟通、合同等多方面。每一次的变更处理，必须遵循同样的程序，即相同的文字报告、相同的管理办法、相同的监控过程。必须确定每一次变更对系统成本、进度、风险和技术要求的影响。一旦批准变更，必须设定一个程序来执行变更。

d)进度管理

系统建设的实施必须要有一组明确的可交付成果，同时也要求有结束的日期。因此在建设系统的过程中，必须制订项目进度计划，绘制网络图，将系统分解为不同的子任务，并进行时间控制确保项目的如期完成。

e)文档管理

文档是记录项目整个过程的书面资料，在系统建设的过程中，针对每个环节都有大量的文档输出，文档管理涉及系统建设的各个环节，主要包括：系统定级、规划设计、方案设计、安全实施、系统验收、人员培训等方面。

活动输出：各阶段管理过程文档。

7.4　技术措施实现

7.4.1　信息安全产品采购

活动目标：

本活动的目标是按照安全详细设计方案中对于产品的具体指标要求进行产品采购，根据产品或产品组合实现的功能满足安全设计要求的情况来选购所需的信息安全产品。

参与角色：信息安全产品供应商，信息系统运营、使用单位。

活动输入：安全详细设计方案，相关产品信息。

活动描述：

本活动主要包括以下子活动内容：

a)制定产品采购说明书

信息安全产品选型过程首先依据安全详细设计方案的设计要求，制定产品采购说明书，对产品的采购原则、采购范围、指标要求、采购方式、采购流程等方面进行说明，然后依据产品采购说明书对现有产品进行比对和筛选。对于产品的功能和性能指标，可以依据国家认可的测试机构所出具的产品测试报告，也可以依据用户自行组织的信息安全产品功能和性能选型测试所出具的报告。

b)产品选择

在依据产品采购说明书对现有产品进行选择时，不仅要考虑产品的使用环境、安全功能、成本(包括采购和维护成本)、易用性、可扩展性、与其他产品的互动和兼容性等因素，还要考虑产品质量和可信性。产品可信性是保证系统安全的基础，用户在选择信息安全产品时应确保符合国家关于信息安全产品使用的有关规定。对于密码产品的使用，应当按照国家密码管理的相关规定进行选择和使用。

活动输出：需采购信息安全产品清单。

7.4.2 安全控制开发

活动目标：

本活动的目标是对于一些不能通过采购现有信息安全产品来实现的安全措施和安全功能，通过专门进行的设计、开发来实现。安全控制的开发应当与系统的应用开发同步设计、同步实施，而应用系统一旦开发完成后，再增加安全措施会造成很大的成本投入。因此，在应用系统开发的同时，要依据安全详细设计方案进行安全控制的开发设计，保证系统应用与安全控制同步建设。

参与角色：信息系统运营、使用单位，信息安全服务机构。

活动输入：安全详细设计方案。

活动描述：

本活动主要包括以下子活动内容：

a)安全措施需求分析

以规范的形式准确表达安全方案设计中的指标要求，确定软件设计的约束和软件同其他系统相关的接口细节。

b)概要设计

概要设计要考虑安全方案中关于身份鉴别、访问控制、安全审计、剩余信息保护、通信完整性、通信保密性、抗抵赖等方面的指标要求，设计安全措施模块的体系结构，定义开发安全措施的模块组成，定义每个模块的主要功能和模块之间的接口。

c)详细设计

依据概要设计说明书，将安全控制开发进一步细化，对每个安全功能模块的接口，函数要求，各接口之间的关系，各部分的内在实现机理都要进行详细的分析和细化设计。

按照功能的需求和模块划分进行各个部分的详细设计，包含接口设计和管理方式设计等。详细设计是设计人员根据概要设计书进行模块设计，将总体设计所获得的模块按照单元、程序、过程的顺序逐步细化，详细定义各个单元的数据结构、程序的实现算法以及程序、单元、模块之间的接口等，作为以后编码工作的依据。

d)编码实现

按照设计进行硬件调试和软件的编码，在编码和开发过程中，要关注硬件组合的安全性和编码的安全性，并通过论证和测试。

e)测试

开发基本完成后要进行测试，保证功能的实现和安全性的实现。测试分为单元测试、集成测试、系统测试和以用户试用为主的用户测试四个步骤。

f)安全控制开发过程文档化

安全控制开发过程需要将概要设计说明书、详细设计说明书、开发测试报告以及开发说明书等整理归档。

活动输出：安全控制开发过程相关文档。

7.4.3　安全控制集成

活动目标：

本活动的目标是将不同的软硬件产品集成起来，依据安全详细设计方案，将信息安全产品、系统软件平台和开发的安全控制模块与各种应用系统综合、整合成为一个系统。安全控制集成的过程需要把安全实施、风险控制、质量控制等有机结合起来，遵循运营使用单位与信息安全服务机构共同参与相互配合的实施的原则。

参与角色：信息系统运营、使用单位，信息安全服务机构。

活动输入：安全详细设计方案。

活动描述：

本活动主要包括以下子活动内容：

a)集成实施方案制定

主要工作内容是制定集成实施方案，集成实施方案的目标是具体指导工程的建设内容、方法和规范等，实施方案有别于安全设计方案的一个显著特征之处就是它的可操作性很强，要具体落实到产品的安装、部署和配置中，实施方案是工程建设的具体指导文件。

b)集成准备

主要工作内容是对实施环境进行准备，包括硬件设备准备、软件系统准备、环境准备。为了保证系统实施的质量，信息安全服务机构应该依据系统设计方案，制定一套可行的系统质量控制方案，以便有效地指导系统实施过程。该质量控制方案应该确定系统实施各个阶段的质量控制目标、控制措施、工程质量问题的处理流程、系统实施人员的职责要求等，并提供详细的安全控制集成进度表。

c)集成实施

主要工作内容是将配置好策略的信息安全产品和开发控制模块部署到实际

的应用环境中，并调整相关策略。集成实施应严格按照集成进度安排进行，出现问题各方应及时沟通。系统实施的各个环节应该遵照质量控制方案的要求，分别进行系统测试，逐步实现质量控制目标。例如：综合布线系统施工过程中，应该及时利用网络测试仪测定线路质量，及早发现并解决质量问题。

d）培训

信息系统建设完成后，安全服务提供商应当向运营和使用单位提供信息系统使用说明书及建设过程文档，同时需要对系统维护人员进行必要培训，培训效果的好坏将直接影响到今后系统能否安全运行。

e）形成安全控制集成报告

应将安全控制集成过程相关内容文档化，并形成安全控制集成报告，其包含集成实施方案、质量控制方案、集成实施报告以及培训考核记录等内容。

活动输出：安全控制集成报告。

7.4.4 系统验收

活动目标：

本活动的目标是检验系统是否严格按照安全详细设计方案进行建设，是否实现了设计的功能和性能。在安全控制集成工作完成后，系统测试及验收是从总体出发，对整个系统进行集成性安全测试，包括对系统运行效率和可靠性的测试，也包括对管理措施落实内容的验收。

参与角色：信息系统主管部门，信息系统运营、使用单位，信息安全服务机构。

活动输入：安全详细设计方案，安全控制集成报告。

活动描述：

本活动主要包括以下子活动内容：

a）系统验收准备

安全控制开发、集成完成后，要根据安全设计方案中需要达到的安全目标，准备系统验收方案。系统验收方案应当立足于合同条款、需求说明书和安全设计方案，充分体现用户的安全需求。

成立系统验收工作组对验收方案进行审核，组织制定验收计划、定义验收的方法和严格程度。

b）组织系统验收

由系统验收工作组按照验收计划负责组织实施，组织测试人员根据已通过评审的系统验收方案对系统进行测试。

c)验收报告

在测试完成后形成验收报告，验收报告需要用户与建设方进行确认。验收报告将明确给出验收的结论，安全服务提供商应当根据验收意见尽快修正有关问题，重新进行验收或者转入合同争议处理程序。

d)系统交付

在系统验收通过以后，要进行系统的交付，需要安全服务提供商提交系统建设过程中的文档、指导用户进行系统运行维护的文档、服务承诺书等。

活动输出：系统验收报告。

**8　安全运行与维护**

8.1　安全运行与维护阶段的工作流程

安全运行与维护是等级保护实施过程中确保信息系统正常运行的必要环节，涉及的内容较多，包括安全运行与维护机构和安全运行与维护机制的建立，环境、资产、设备、介质的管理，网络、系统的管理，密码、密钥的管理，运行、变更的管理，安全状态监控和安全事件处置，安全审计和安全检查等内容。本标准并不对上述所有的管理过程进行描述，希望全面了解和控制安全运行与维护阶段各类过程的本标准使用者可以参见其他标准或指南。

本标准关注安全运行与维护阶段的运行管理和控制、变更管理和控制、安全状态监控、安全事件处置和应急预案、安全检查和持续改进以及监督检查等过程。

8.2　运行管理和控制

8.2.1　运行管理职责确定

活动目标：

本活动的目标是通过对运行管理活动或任务的角色划分，并授予相应的管理权限，来确定安全运行管理的具体人员和职责。

参与角色：信息系统运营、使用单位。

活动输入：安全详细设计方案，安全组织机构表。

活动描述：

本活动主要包括以下子活动内容：

a)划分运行管理角色

根据管理制度和实际运行管理需求，划分运行管理需要的角色。越高安全保护等级的运行管理角色划分越细。

b)授予管理权限

根据管理制度和实际运行管理需要，授予每一个运行管理角色不同的管理权限。安全保护等级越高的系统管理权限的划分也越细。

c)定义人员职责

根据不同的安全保护等级要求的控制粒度，分析所需要运行管理控制的内容，并以此定义不同运行管理角色的职责。

活动输出：运行管理人员角色和职责表。

8.2.2　运行管理过程控制

活动目标：

本活动的主要目标是通过制定运行管理操作规程，确定运行管理人员的操作目的、操作内容、操作时间和地点、操作方法和流程等，并进行操作过程记录，确保对操作过程进行控制。

参与角色：信息系统运营、使用单位。

活动输入：运行管理需求，运行管理人员角色和职责表。

活动描述：

本活动主要包括以下子活动内容：

a)建立操作规程

将操作过程或流程规范化，并形成指导运行管理人员工作的操作规程，操作规程作为正式文件处理。

b)操作过程记录

对运行管理人员按照操作规程执行的操作过程形成相关的记录文件，可能是日志文件，记录操作的时间和人员、正常或异常等信息。

活动输出：各类运行管理操作规程。

8.3　变更管理和控制

8.3.1　变更需求和影响分析

活动目标：

本活动的主要目标是通过对变更需求和变更影响的分析，来确定变更的类别，计划后续的活动内容。

参与角色：信息系统运营、使用单位。

活动输入：变更需求。

活动描述：

本活动主要包括以下子活动内容：

a)变更需求分析

对变更需求进行分析，确定变更的内容、变更资源需求和变更范围等，判断变更的必要性和可行性。

b)变更影响分析

对变更可能引起的后果进行判断和分析，确定可能产生的影响大小，进行变更的先决条件和后续活动等。

c)明确变更的类别

确定信息系统是局部调整还是重大变更。如果是由信息系统类型发生变化、承载的信息资产类型发生变化、信息系统服务范围发生变化和业务处理自动化程度发生变化等原因引起信息系统安全保护等级发生变化的重大变更，则需要重新确定信息系统安全保护等级，返回到等级保护实施过程的信息系统定级阶段。如果是局部调整，则需要确定配套进行的其他工作内容。

d)制定变更方案

根据a)、b)、c)的结果制定变更方案。

活动输出：变更方案。

8.3.2　变更过程控制

活动目标：

本活动的目标是确保变更实施过程受到控制，各项变化内容进行记录，保证变更对业务的影响最小。

参与角色：信息系统运营、使用单位。

活动输入：变更方案。

活动描述：

本活动主要包括以下子活动内容：

a)变更内容审核和审批

对变更目的、内容、影响、时间和地点以及人员权限进行审核，以确保变更合理、科学的实施。按照机构建立的审批流程对变更方案进行审批。

b)建立变更过程日志

按照批准的变更方案实施变更，对变更过程各类系统状态、各种操作活动等建立操作记录或日志。

c)形成变更结果报告

收集变更过程的各类相关文档，整理、分析和总结各类数据，形成变更结果报告，并归档保存。

活动输出：变更结果报告。

8.4 安全状态监控

8.4.1 监控对象确定

活动目标：

本活动的目标是确定可能会对信息系统安全造成影响的因素，即确定安全状态监控的对象。

参与角色：信息系统运营、使用单位。

活动输入：安全详细设计方案、系统验收报告等。

活动描述：

本活动主要包括以下子活动内容：

a)安全关键点分析

对影响系统、业务安全性的关键要素进行分析，确定安全状态监控的对象，这些对象可能包括防火墙、入侵检测、防病毒、核心路由器、核心交换机、主要通信线路、关键服务器或客户端等系统范围内的对象；也可能包括安全标准和法律法规等外部对象。

b)形成监控对象列表

根据确定的监控对象，分析监控的必要性和可行性、监控的开销和成本等因素，形成监控对象列表。

活动输出：监控对象列表。

8.4.2 监控对象状态信息收集

活动目标：

本活动的目标是选择状态监控工具，收集安全状态监控的信息，识别和记录入侵行为，对信息系统的安全状态进行监控。

参与角色：信息系统运营、使用单位。

活动输入：监控对象列表。

活动描述：

本活动主要包括以下子活动内容：

a)选择监控工具

根据监控对象的特点、监控管理的具体要求、监控工具的功能和性能特点等，选择合适的监控工具。监控工具也可能不是自动化的工具，而只是由各类人员构成的，遵循一定规则进行操作的组织，或者是两者的综合。

b)状态信息收集

收集来自监控对象的各类状态信息，可能包括网络流量、日志信息、安全报警和性能状况等；或者是来自外部环境的安全标准和法律法规的变更信息。

活动输出：安全状态信息。

8.4.3 监控状态分析和报告

活动目标：

本活动的目标通过是对安全状态信息进行分析，及时发现安全事件或安全变更需求，并对其影响程度和范围进行分析，形成安全状态结果分析报告。

参与角色：信息系统运营、使用单位。

活动输入：安全状态信息。

活动描述：

本活动主要包括以下子活动内容：

a)状态分析

对安全状态信息进行分析，及时发现险情、隐患或安全事件，并记录这些安全事件，分析其发展趋势。

b)影响分析

根据对安全状况变化的分析，分析这些变化对安全的影响，通过判断他们的影响决定是否有必要作出响应。

c)形成安全状态分析报告

根据安全状态分析和影响分析的结果，形成安全状态分析报告，上报安全事件或提出变更需求。

活动输出：安全状态分析报告。

8.5 安全事件处置和应急预案

8.5.1 安全事件分级

活动目标：

本活动的目标是结合信息系统的实际情况，分析事件对信息系统的破坏程度，所造成后果严重程度，将安全事件依次进行分级。

参与角色：信息系统运营、使用单位。

活动输入：各类安全事件列表。

活动描述：

本活动主要包括以下子活动内容：

a)安全事件调查和分析

针对各类安全事件列表，调查本系统内安全事件的类型、安全事件对业务的影响范围和程度以及安全事件的敏感程度等信息，分析对安全事件进行响应恢复所需要的时间。

b)安全事件等级划分

根据以上调查和分析结果，根据信息安全事件造成的损失程度，信息系统遭到破坏后对国家安全、社会秩序、公共利益以及公民、法人和其他组织的合法权益的危害程度等因素，确定事件等级，制定安全事件的报告程序。

活动输出：安全事件报告程序。

8.5.2　应急预案制定

活动目标：

本活动的目标是通过对安全事件的等级分析，在统一的应急预案框架下制定不同安全事件的应急预案。

参与角色：信息系统运营、使用单位。

活动输入：安全事件报告程序。

活动描述：

本活动主要包括以下子活动内容：

a)确定应急预案对象

针对安全事件等级，考虑其可能性和对系统和业务产生的影响，确定需制订应急预案的安全事件对象。

b)确定和认可各项职责

在统一的应急预案框架下，明确和认可应急预案中各部门的职责，并协调各部门间的合作和分工。

c)制订应急预案程序及其执行条件

针对不同等级、不同优先级的安全事件制定相应的应急预案程序，确定不同等级事件的响应和处置范围、程度以及适用的管理制度，说明应急预案启动的条件，发生安全事件后要采取的流程和措施，并按照预案定期开展演练。

活动输出：各类应急预案。

8.5.3　安全事件处置

活动目标：

本活动的目标是对监控到的安全事件采取适当的方法进行处置，对安全事件的影响程度和等级进行分析，确定是否启动应急响应。

参与角色：信息系统运营、使用单位。

活动输入：安全状态分析报告，安全事件报告程序，各类应急预案。

活动描述：

本活动主要包括以下子活动内容：

a）安全事件上报

根据安全状态分析报告分析可能的安全事件，对接报的安全事件进行分析，明确安全事件等级、影响程度以及优先级等，按照安全事件报告程序上报安全事件，确定是否应对安全事件启动应急预案。

b）安全事件处置

对于应该启动应急预案的安全事件按照应急预案响应机制进行安全事件处置。对未知安全事件的处置，应根据安全事件的等级，制定安全事件处置方案，包括安全事件处置方法以及应采取的措施等；并按照安全事件处置流程和方案对安全事件进行处置。

c）安全事件总结和报告

一旦安全事件得到解决，对于未知的安全事件进行事件记录，分析记录信息并补充所需信息，使安全事件成为已知事件，并文档化；对安全事件处置过程进行总结，制定安全事件处置报告，并保存。

活动输出：安全事件处置报告。

8.6　安全检查和持续改进

8.6.1　安全状态检查

活动目标：

本活动的主要目标是通过对信息系统的安全状态进行检查，为信息系统的持续改进过程提供依据和建议，确保信息系统的安全保护能力满足相应等级安全要求。

关于等级测评见 8.7 节，关于监督检查见 8.9 节，本节描述自我检查过程。

参与角色：信息系统主管部门，信息系统运营、使用单位。

活动输入：信息系统详细描述文件，变更结果报告，安全状态分析报告。

活动描述：

本活动主要包括以下子活动内容：

a）确定检查对象和检查方法

确定检查的目标和意义，确定本次安全检查活动是自己组织的检查还是其他方组织的安全检查，如果是其他方组织的安全检查，则需要与其他方实施检查的单位进行沟通、洽谈和配合。

b）制定检查计划和检查方案

确定检查工作的角色和职责，确定检查工作的方法，成立安全检查工作组。

制定安全检查工作计划和安全检查方案，说明安全检查的范围、对象、工作方法等，准备安全检查需要的各类表单和工具。

c)安全检查实施

根据安全检查计划，通过询问、检查和测试等多种手段，进行安全状况检查，记录各种检查活动的结果数据，分析安全措施的有效性、安全事件产生的可能性和信息系统的实际改进需求等。

d)安全检查结果和报告

总结安全检查的结果，提出改进的建议，并产生安全检查报告。将安全检查过程的各类文档、资料归档保存。

活动输出：安全检查报告。

8.6.2　改进方案制定

活动目标：

本活动的主要目标是依据安全检查的结果，调整信息系统的安全状态，保证信息系统安全防护的有效性。

参与角色：信息系统运营、使用单位。

活动输入：安全检查报告。

活动描述：

本活动主要包括以下子活动内容：

a)安全改进的立项

根据安全检查结果确定安全改进的策略，如果涉及安全保护等级的变化，则应进入安全保护等级保护实施的一个新的循环过程；如果安全保护等级不变，但是调整内容较多、涉及范围较大，则应对安全改进项目进行立项，重新开始安全实施/实现过程，参见第7章；如果调整内容较小，则可以直接进行安全改进实施。

b)制定安全改进方案

确定安全改进的工作方法、工作内容、人员分工、时间计划等，制定安全改进方案。安全改进方案只适用于小范围内的安全改进，如安全加固、配置加强、系统补丁等。

活动输出：安全改进方案。

8.6.3　安全改进实施

活动目标：

本活动的目标是保证按照安全改进方案实现各项补充安全措施，并确保原

有的技术措施和管理措施与各项补充的安全措施一致有效地工作。

参与角色：信息系统运营、使用单位。

活动输入：安全改进方案。

活动描述：

本活动主要包括以下子活动内容：

a)安全方案实施控制

见7.3.4节。

b)安全措施测试与验收

见7.4.4节。

c)配套技术文件和管理制度的修订

按照安全改进方案实施和落实各项补充的安全措施后，要调整和修订各类相关的技术文件和管理制度，保证原有体系完整性和一致性。

活动输出：测试或验收报告。

8.7　等级测评

活动目标：

本活动的目标是通过信息安全等级测评机构对已经完成等级保护建设的信息系统定期进行等级测评，确保信息系统的安全保护措施符合相应等级的安全要求。

参与角色：信息系统主管部门，信息系统运营、使用单位，信息安全等级测评机构。

活动输入：信息系统详细描述文件，信息系统安全保护等级定级报告，系统验收报告。

活动描述：

参见有关信息系统安全保护等级测评的规范或标准。

活动输出：安全等级测评报告。

8.8　系统备案

活动目标：

本活动的目标是根据国家管理部门对备案的要求，整理相关备案材料，并向受理备案的单位提交备案材料。

参与角色：信息系统主管部门，信息系统运营、使用单位，国家管理部门。

活动输入：信息系统安全保护等级定级报告，信息系统安全总体方案，安全详细设计方案，安全等级测评报告。

活动描述：

本活动主要包括以下子活动内容：

a）备案材料整理

信息系统运营、使用单位针对备案材料的要求，整理、填写备案材料，

b）备案材料提交

信息系统运营、使用单位根据国家管理部门的要求办理定级备案手续，提交备案材料；国家管理部门接收备案材料。

活动输出：备案材料。

8.9　监督检查

活动目标：

本活动的目标是通过国家管理部门对信息系统定级、规划设计、建设实施和运行管理等过程进行监督检查，确保其符合信息系统安全保护相应等级的要求。

参与角色：信息系统主管部门，信息系统运营、使用单位，国家管理部门。

活动输入：备案材料。

活动描述：

参见信息安全等级保护监督检查的规范或标准。

活动输出：监督检查结果报告。

**9　信息系统终止**

9.1　信息系统终止阶段的工作流程

信息系统终止阶段是等级保护实施过程中的最后环节。当信息系统被转移、终止或废弃时，正确处理系统内的敏感信息对于确保机构信息资产的安全是至关重要的。在信息系统生命周期中，有些系统并不是真正意义上的废弃，而是改进技术或转变业务到新的信息系统，对于这些信息系统在终止处理过程中应确保信息转移、设备迁移和介质销毁等方面的安全。

本标准在信息系统终止阶段关注信息转移、暂存和清除，设备迁移或废弃，存储介质的清除或销毁等活动。

9.2　信息转移、暂存和清除

活动目标：

本活动的目标是在信息系统终止处理过程中，对于可能会在另外的信息系统中使用的信息采取适当的方法将其安全地转移或暂存到可以恢复的介质中，确保将来可以继续使用，同时采用安全的方法清除要终止的信息系统中的信息。

参与角色：信息系统运营、使用单位。

活动输入：信息系统信息资产清单。

活动描述：

本活动主要包括以下子活动内容：

a）识别要转移、暂存和清除的信息资产

根据要终止的信息系统的信息资产清单，识别重要信息资产、所处的位置以及当前状态等，列出需转移、暂存和清除的信息资产的清单。

b）信息资产转移、暂存和清除

根据信息资产的重要程度制定信息资产的转移、暂存、清除的方法和过程。如果是涉密信息，应该按照国家相关部门的规定进行转移、暂存和清除。

c）处理过程记录

记录信息转移、暂存和清除的过程，包括参与的人员，转移、暂存和清除的方式以及目前信息所处的位置等。

活动输出：信息转移、暂存、清除处理记录文档。

9.3　设备迁移或废弃

活动目标：

本活动的目标是确保信息系统终止后，迁移或废弃的设备内不包括敏感信息，对设备的处理方式应符合国家相关部门的要求。

参与角色：信息系统运营、使用单位。

活动输入：设备迁移或废弃清单等。

活动描述：

本活动主要包括以下子活动内容：

a）软硬件设备识别

根据要终止的信息系统的设备清单，识别要被迁移或废弃的硬件设备、所处的位置以及当前状态等，列出需迁移、废弃的设备的清单。

b）制定硬件设备处理方案

根据规定和实际情况制定设备处理方案，包括重用设备、废弃设备、敏感信息的清除方法等。

c）处理方案审批

包括重用设备、废弃设备、敏感信息的清除方法等的设备处理方案应该经过主管领导审查和批准。

d）设备处理和记录

根据设备处理方案对设备进行处理，如果是涉密信息的设备，其处理过程应符合国家相关部门的规定；记录设备处理过程，包括参与的人员、处理的方式、是否有残余信息的检查结果等。

活动输出：设备迁移、废弃处理报告。

9.4 存储介质的清除或销毁

活动目标：

本活动的目标是通过采用合理的方式对计算机介质(包括磁带、磁盘、打印结果和文档)进行信息清除或销毁处理，防止介质内的敏感信息泄露。

参与角色：信息系统运营、使用单位。

活动输入：存储介质清单等。

活动描述：

本活动主要包括以下子活动内容：

a)识别要清除或销毁的介质

根据要终止的信息系统的存储介质清单，识别载有重要信息的存储介质、所处的位置以及当前状态等，列出需清除或销毁的存储介质清单。

b)确定存储介质处理方法和流程

根据存储介质所承载信息的敏感程度确定对存储介质的处理方式和处理流程。存储介质的处理包括数据清除和存储介质销毁等。对于存储涉密信息的介质应按照国家相关部门的规定进行处理。

c)处理方案审批

包括存储介质的处理方式和处理流程等的处理方案应该经过主管领导审查和批准。

d)存储介质处理和记录

根据存储介质处理方案对存储介质进行处理，记录处理过程，包括参与的人员、处理的方式、是否有残余信息的检查结果等。

活动输出：存储介质的清除或销毁记录文档。

(摘自中国信息安全等级保护网 http://www.djbh.net)

(3)信息系统安全建设。《信息系统安全等级保护基本要求》(GB/T 22239—2008)；《信息系统通用安全技术要求》(GB/T 20271—2006)；《信息系统等级保护安全设计技术要求》(GB/T 24856—2009)；《信息系统安全管理要求》(GB/T 20269—2006)；《信息系统安全工程

管理要求》(GB/T 20282—2006);《信息系统物理安全技术要求》(GB/T 21052—2007);《网络基础安全技术要求》(GB/T 20270—2006);《信息系统安全等级保护体系框架》(GA/T 708—2007);《信息系统安全等级保护基本模型》(GA/T 709—2007);《信息系统安全等级保护基本配置》(GA/T 710—2007)。

(4)等级测评。《信息系统安全等级保护测评要求》(GB/T 28448—2012);《信息系统安全等级测评过程指南》(GB/T 28449—2012);《信息系统安全管理测评》(GA/T 713—2007)。

3. 产品类标准。

(1)操作系统。《操作系统安全技术要求》(GB/T 20272—2006);《操作系统安全评估准则》(GB/T 20008—2005)。

(2)数据库。《数据库管理系统安全技术要求》(GB/T 20273—2006);《数据库管理系统安全评估准则》(GB/T 20009—2005)。

(3)网络。《网络端设备隔离部件技术要求》(GB/T 20279—2006);《网络端设备隔离部件测试评价方法》(GB/T 20277—2006);《网络脆弱性扫描产品技术要求》(GB/T 20278—2006);《网络脆弱性扫描产品测试评价方法》(GB/T 20280—2006);《网络交换机安全技术要求》(GA/T 684—2007);《虚拟专用网安全技术要求》(GA/T 686—2007)。

(4)PKI。《公钥基础设施安全技术要求》(GA/T 687—2007);《PKI 系统安全等级保护技术要求》(GB/T 21053—2007)。

(5)网关。《网关安全技术要求》(GA/T 681—2007)。

(6)服务器。《服务器技术要求》(GB/T 21028—2007)。

(7)入侵检测。《入侵检测系统技术要求和检测方法》(GB/T 20275—2006);《计算机网络入侵分级要求》(GA/T 700—2007)。

(8)防火墙。《防火墙安全技术要求》(GA/T 683—2007);《防火墙技术测评方法》;《信息系统安全等级保护防火墙安全配置指南》

（GB/T 20279—2006）；《防火墙技术要求和测评方法》（GB/T 20281—2006）；《包过滤防火墙评估准则》（GB/T 20010—2005）。

（9）路由器。《路由器安全技术要求》（GB/T 18018—2007）；《路由器安全评估准则》（GB/T 20011—2005）；《路由器安全测评要求》（GB/T 682—2007）。

（10）交换机。《网络交换机安全技术要求》（GB/T 21050—2007）；《交换机安全测评要求》（GA/T 685—2007）。

（11）其他产品。《终端机计算机系统安全等级技术要求》（GA/T 671—2006）；《终端机计算机系统测评方法》（GA/T 671—2006）；《审计产品技术要求和测评方法》（GB/T 20945—2006）；《虹膜特征识别技术要求》（GB/T 20979—2007）；《虚拟专网安全技术要求》（GA/T 686—2007）；《应用软件系统安全等级保护通用技术指南》（GA/T 711—2007）；《应用软件系统安全等级保护通用测试指南》（GA/T 712—2007）；《网络和终端设备隔离部件测试评价方法》（GB/T 20277—2006）；《网络脆弱性扫描产品测评方法》（GB/T 20280—2006）。

4. 其他类标准。

（1）风险评估。《信息安全风险评估规范》（GB/T 20984—2007）。

（2）事件管理。《信息安全事件管理指南》（GB/Z 20985—2007）；《信息安全事件分类分级指南》（GB/Z 20986—2007）；《信息系统灾难恢复规范》（GB/T 20988—2007）。

**（二）相关标准与等级保护各工作环节的关系**

相关标准与等级保护各工作环节的关系如图 4-2 所示。

1. 基础标准。《计算机信息系统安全保护等级划分准则》是强制性国家标准，也是等级保护的基础性标准，在此基础上制定了《信息系统通用安全技术要求》等技术类、《信息系统安全管理要求》和《信息系统安全工程管理要求》等管理类、《操作系统安全技术要求》等产品类

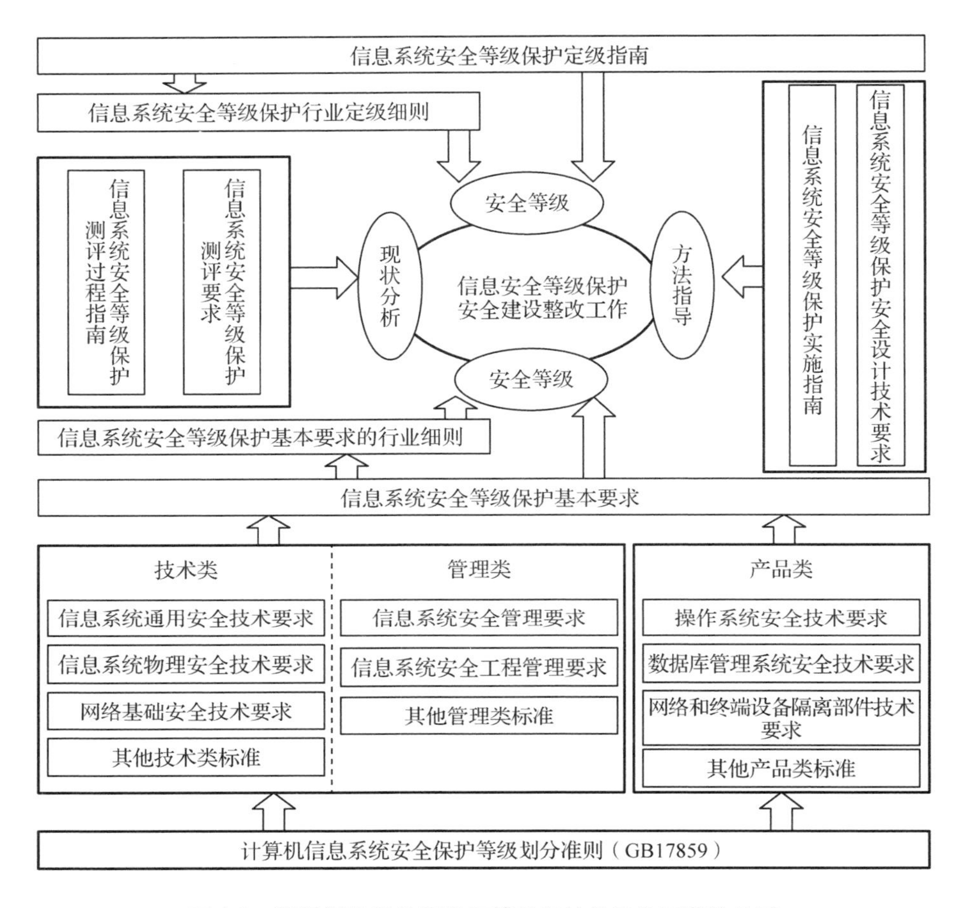


**图 4-2　等级保护相关标准与等级保护各工作环节的关系**

标准，为相关标准的制定起到了基础性作用。

2. 安全要求类标准。《信息系统安全等级保护基本要求》（下称《基本要求》）及行业标准规范或细则构成了信息系统安全建设整改的安全需求。

（1）《信息系统安全等级保护基本要求》。该标准在《计算机信息系统安全保护等级划分准则》、技术类标准和管理类标准基础上，总结几年的实践经验，结合当前信息技术发展的实际情况研究制定，提出了各级信息系统应当具备的安全保护能力，并从技术和管理两方面提出了相应的措施。

（2）信息系统安全等级保护基本要求的行业标准或细则。重点行业可以按照《基本要求》等国家标准，结合行业特点，在公安部等有关部门指导下确定《基本要求》的具体指标，在不低于《基本要求》的情况下，结合系统安全保护特殊需求制定行业标准规范或细则。

3. 定级类标准。《信息系统安全等级保护定级指南》和信息系统安全等级保护行业定级细则为确定信息系统安全保护等级提供支持。

（1）《信息系统安全等级保护定级指南》（GB/T 22240—2008）。本标准规定了定级的依据、对象、流程和方法及等级变更等内容，用于指导开展信息系统安全保护等级定级工作。

（2）信息系统安全等级保护行业定级规范或细则。重点行业可以按照《信息系统安全等级保护定级指南》等国家标准，结合行业特点和信息系统的特殊性，在公安部等有关部门的指导下制定行业信息系统安全等级保护定级规范或细则。

4. 方法指导类标准。《信息系统安全等级保护实施指南》和《信息系统等级保护安全设计技术要求》构成了指导信息系统安全建设整改的方法指导类标准。

（1）《信息系统安全等级保护实施指南》（GB/T 25058—2010）。本标准阐述了等级保护实施的基本原则、参与角色，以及在信息系统定级、总体安全规划、安全设计与实施、安全运行与维护、信息系统终止等主要工作阶段中如何按照信息安全等级保护政策和标准要求来实施等级保护工作。

（2）《信息系统等级保护安全设计技术要求》（GB/T 24856—2009）。本标准提出了信息系统等级保护安全设计的技术要求，包括第一级至第五级信息系统安全保护环境的安全计算环境、安全区域边界、安全通信网络和安全管理中心等方面的设计技术要求，以及定级系统互联的设计技术要求，明确了体现定级系统安全保护能力的整体控制机制，用于指导信息系统运营使用单位、信息安全企业、信息安全服务机构等开展信息系统等级保护安全技术设计。

5. 现状分析类标准。《信息系统安全等级保护测评要求》和《信息系统安全等级保护测评过程指南》构成了指导开展等级测评的标准规范。

(1)《信息系统安全等级保护测评要求》。本标准阐述了等级测评的原则、测评内容、测评强度、单元测评要求，整体测评要求、等级测评结论的产生方法等内容，用于规范和指导测评人员如何开展等级测评工作。

(2)《信息系统安全等级保护测评过程指南》。本标准阐述了信息系统等级测评的测评过程，明确了等级测评的工作任务、分析方法及工作结果等，包括测评准备活动、方案编制活动、现场测评活动、分析与报告编制活动，用于规范测评机构的等级测评过程。

## 第四节　网络安全测评

网络安全检测与评估是保证计算机网络信息系统安全运行的重要手段，对于准确掌握计算机网络信息系统的安全状况具有重要意义。由于计算机网络信息系统安全状况是动态变化的，因此网络安全评估与等级测评也是一个动态的过程。在计算机网络信息系统的整个生命周期内，随着网络结构的变化、新的漏洞的发现，管理员/用户的操作，主机的安全状况是不断变化着的，随时都有可能需要对系统的安全性进行检测与评估，只有让安全意识和安全制度贯穿整个过程才有可能做到尽可能相对的安全。一劳永逸的网络安全检测与评估技术是不存在的。

### 一、网络安全漏洞

安全威胁是指能够对计算机网络信息系统的网络服务和网络信息

的机密性、可用性和完整性产生阻碍、破坏或中断的各种因素。安全威胁可以分为人为安全威胁和非人为安全威胁两大类。安全威胁与安全漏洞密切相关，安全漏洞的可度量性使得人们对系统安全的潜在影响有了更加直观的认识。

漏洞是在硬件、软件、协议的具体实现或系统安全策略上存在的缺陷，可以使攻击者在未授权的情况下访问或破坏系统。对于安全漏洞，可以按照风险等级对其进行归类。

**表 4-1　漏洞威胁等级分类**

| 严重度 | 等级 | 影响度 |
| --- | --- | --- |
| 低严重度：漏洞难以利用，并且潜在的损失较少。 | 1 | 低影响度：漏洞的影响较低，不会产生连带的其他安全漏洞。 |
| 中等严重度：漏洞难以利用，但是潜在的损失较大，或者漏洞易于利用，但是潜在的损失较少。 | 2 | 中等影响度：漏洞可能影响系统的一个或多个模块，该漏洞的利用可能会导致其他漏洞可利用。 |
| 高严重度：漏洞易于利用，并且潜在的损失较大。 | 3 | 高影响度：漏洞影响系统的大部分模块，并且该漏洞的利用显著增加其他漏洞的可利用性。 |

## 二、等级测评的工作流程和工作内容

### （一）基本工作流程和工作方法

为确保等级测评工作的顺利开展，应首先了解等级测评的工作流程，以便对等级测评工作过程进行控制。

等级测评过程可以分为测评准备、方案编制、现场测评及分析、报告编制，而测评双方的沟通与洽谈应贯彻整个等级测评过程。

等级测评的主要测评方法包括：访谈，访谈的对象主要是人员。检查，检查主要有评审、核查、审查、观察、研究和分析等。检查对象是文档、机制、设备等，检查工具是技术核查表。测试，主要包括功能、性能测试及渗透测试，测评对象包括安全机制、设备等。

### （二）收集系统信息

与信息系统相关的信息收集是完成系统定级、等级测评、需求分

析、安全设计等工作的前提，通常是以发放调查表格的形式，通过与人员访谈、资料查阅、实地考察等方式完成的。

与信息系统相关的信息包括物理环境信息、网络信息、主机信息、应用信息和管理信息等，以下简要介绍信息系统相关信息的收集方法。

1. 物理环境信息收集。信息系统所在物理环境的信息收集包括机房数量、每个机房中部署的信息系统、机房的物理位置、办公环境的物理位置等。

2. 系统网络信息收集。信息系统网络信息的收集涉及网络拓扑图、网络结构情况、系统外联情况、网络设备情况和安全设备情况等。

(1)网络拓扑图。应获得信息系统最新的网络拓扑图，并保证网络拓扑图清晰地标示出网络功能区域划分、网络与外部连接、网络设备、服务器设备和主要终端等情况。通过最新的网络拓扑图可以了解整个信息系统的网络结构，这也是与被测系统网络管理人员沟通的基础。

(2)网络结构情况。网络结构的信息收集内容包括网络功能区域划分情况、各个区域的主要功能和作用，每个网络区域 IP 网段地址、每个区域中服务器和终端的数量、与每个区域相连的其他网络区域、网络区域之间的互联设备、每个区域的重要程度等。

(3)系统外联情况。由于信息系统的出口(即信息系统的外联情况)是与外界直接相连的，面临的威胁较多，因此是信息收集过程中重要的关注环节。系统外联的信息收集内容包括外联单位的名称、外连线路的网络区域、接入线路的种类、线路的传输速率(带宽)、外连线路的接入设备及外连线路承载的主要业务应用等。

(4)网络设备情况。网络设备的信息收集内容包括网络设备名称、设备型号、设备的物理位置、设备所在的网络区域、设备的 IP 地址/掩码/网关、设备的系统软件、软件版本及补丁情况、设备端口类型及数量、设备的主要用途、是否采用双机热备等。设备型号及系统软件相关情况是选择或开放测评指导书的基础。设备的IP地址等情况是接入测试工具时必须了解的。设备的主要用途则是选择测评对象时需要考虑的。

(5)安全设备情况。安全设备包括防火墙、网关、网闸、IDS、IPS等。安全设备的信息收集内容包括安全设备名称、设备型号、设备是否纯软件或软/硬结合件构成、设备的物理位置、设备所在的网络区域、设备的IP地址/掩码/网关、设备的系统软件及运行平台、设备的端口类型及数量、是否采用双机设备等。设备型号及系统软件相关情况是选择或开放测评指导书的基础。

3. 主机信息收集。信息系统主机信息的收集涉及服务器设备情况和终端设备情况等。

(1)服务器设备情况。服务器设备的信息收集包括服务器设备的名称、型号、物理位置、所在网络区域、IP地址地址/掩码/网关、安装的操作系统版本/补丁、安装的数据库系统版本/补丁，以及服务器承载的主要业务应用、服务器安装的应用系统软件、服务器中应用涉及的业务数据、服务器的重要程度、是否采用双机热备等。服务器型号、操作系统及数据库系统情况是选择或开发测评知道书的基础。通过服务器承载的主要业务应用可以了解业务应用与设备的关联关系。服务器的重要程度则是选择测评对象时的考虑因素之一。

(2)终端设备情况。终端信息收集对象一般包括业务终端、管理终端、设备控制台等。终端设备的信息收集内容包括终端设备的名称、型号、物理位置、所在网络区域、IP地址/掩码/网关、安装的操作系统/补丁、安装的应用系统软件名称、涉及的业务数据，以及终端的主要用途、终端的重要程度、同类终端设备的数量等。

4. 应用信息收集。信息系统应用信息的收集涉及应用系统情况和业务数据情况等。

(1)应用系统情况。业务应用系统的信息收集内容包括业务(服

务）的名称、业务的主要功能、业务处理的数据、业务应用的用户数量、用户分布范围、业务采用的应用系统软件名称、应用系统的开发商、应用系统采用C/S或B/S模式，业务应用示范24小时运行、业务的主要程度、应用软件的处理流程等。

（2）业务数据情况。业务数据的信息收集内容包括业务数据名称、涉及的业务应用、数据总量及日增量、数据所在的服务器、是否有单独的存储系统、数据的备份周期、数据是否异地保存、数据的重要程度等。

5. 管理信息收集。管理信息的收集内容包括管理机构的设置情况、人员职责的分配情况、各类管理制度的名称、各类设计方案的名称等。管理机构的设置情况和人员职责的分配情况主要通过对一些开放型问题的访谈交流获取。

**（三）现场测试的实施内容**

等级测评包括两方面，分别是单元测评和整体测评，因此，现场测评实施内容也主要从这两方面分别展开。确定单元测评内容，首先要依据《测评要求》将上述几个步骤得到的测评指标、测评方式及测评对象结合起来，然后将测评对象与具体的测评方法和步骤结合起来，这也是编制测评指导书的第一步。整体测评内容主要依据《测评要求》中的整体测评方法，结合信息系统的实际情况，根据现场测评的结果记录进行分析。

在编制测评方案时，测评指标的选择和测评对象的选择是比较重要的工作，以下简要介绍选择方法。

《基本要求》是等级测评依据的主要标准。在进行等级测评时，这些基本要求可以转化为针对不同被测系统的测评指标。

由于信息系统不但有安全保护等级，还有业务信息安全保护等级和系统服务安全保护等级，而《基本要求》中的各项要求也分为业务信息安全保护类、系统服务安全保护类和通用安全保护类要求，因此，测评指标也应该由这三类组成。

确定测评指标的具体步骤如下。①根据调查结果得到被测系统的安全保护等级、业务信息安全保护等级和系统服务安全保护等级。②从《基本要求》中选择与被测系统的安全保护等级对应的保护要求类别为G类的所有基本要求。③从《基本要求》中选择与被测系统的业务信息安全保护等级对应的保护要求类别为S类的所有基本要求。④从《基本要求》中选择与被测系统的系统服务安全保护等级对应的保护要求类别为A类的所有基本要求。⑤如果同时测评的多个被测系统位于同一个物理环境中，而且有的管理方面采用相同的管理，则采取就高原则，选择所有被测系统中最高级别的物理安全和相同管理方面对应的基本要求作为物理安全和一些管理安全方面的测评指标。⑥综合以上步骤得到的基本要求，将其作为被测系统的测评指标。

假设信息系统的定级结果为：系统安全保护等级为第三级，业务信息安全保护等级为第二级，系统服务安全保护等级为第三级。则该系统的测评指标将包括《基本要求》中“技术要求”的第三级通用指标类（G3）、第二级业务信息安全性指标类（S2）、第三级业务服务保证性指标类（A3）及第三级“管理要求”中的所有指标类。如果同时测评的另一个信息系统的定级结果为：系统安全保护等级为第四级，业务信息安全保护等级为第四级，系统服务安全保护等级为第三级。而且，这两个信息系统共用机房，由相同的人员进行管理，所有的管理内容都采用相同的管理方法。则应调整物理安全的测评指标为第四级通用指标类（G4）、第四级业务信息安全性指标类（S3）、第三级业务服务保证性指标类（A3），并调整管理安全评测指标为第四级“管理要求”。

## 三、等级测评报告的主要内容

信息系统运营使用单位选择测评机构完成等级测评工作后，应要求等级测评机构按照公安部制定的《信息系统安全等级测评报告模板

(2015板)》(公信安〔2014〕2866号)出具等级测评报告。等级测评报告是等级测评工作的最终产品，直接体现测评的成果。按照公安部对等级测评报告的格式要求，测评报告应包括但不局限于以下内容：信息系统等级测评基本信息表、测评项目概述、被测信息系统情况、等级测评范围与方法、单元测评、整体测评、总体安全状况分析、等级测评结论、问题处置建议。

测评项目概述。描述本次测评的主要测评目的和依据、测评过程、报告分发范围。

被测信息系统情况。简要描述本次测评的被测系统的情况，包括承载的业务情况、网络结构、系统构成情况(包括业务应用软件、关键数据类别、主机/存储设备、网络互联设备、安全设备、安全相关人员、安全管理文档、安全环境等)、前一次测评发现的主要问题和测评结论等。

等级测评范围与方法。描述本次测评的测评指标、测评对象选择方法及选中的测评对象、测评过程中使用测评方法等。描述等级测评中采用的访谈、检查、测试和风险分析等方法。

单元测评。主要是针对测评指标、结合测评对象(网络设备、主机和业务应用系统等)，分层面描述单元测评指标的符合情况，包括现场测评中获取的测评证据记录、结果汇总及发现的问题分析等。

整体测评。从安全控制间、层面间、区域间和验证测试等方面对单元测评的结果进行验证、分析和整体评价。具体内容参照《信息安全技术信息系统安全等级保护测评要求》(GB/T28488)。

总体安全状况分析。包括系统安全保障评估、安全问题风险评估、等级测评结论。

系统安全保障评估。以表格形式汇总被测信息系统已采取的安全保护措施情况，综合测评项符合程度得分及修正后测评项符合程度得分，以算术平均法合并多个测评对象在同一测评项的得分，得到各测评项的多对象平均分。

安全问题风险评估。依据信息安全标准规范，采用风险分析的方法进行危害分析和风险等级判定。针对等级测评结果中存在的所有安全问题，结合关联资产和威胁分别分析安全危害，找出可能对信息系统、单位、社会及国家造成的最大安全危害(损失)，根据最大安全危害的严重程度进一步确定信息系统面临的风险等级，结果为“高”、“中”或“低”，并以列表形式给出等级测评发现的安全问题、风险分析和评价情况。其中，对最大安全危害(损失)结合安全问题所影响业务的重要程度、相关系统组件的重要程度、安全问题的严重程度及安全事件的影响范围等进行综合分析。

等级测评结论。综合测评与风险分析结果，根据符合性差别依据给出等级测评结论，并计算信息系统的综合得分。等级测评结论应为“符合”、“基本符合”或者“不符合”。结论判定及得分计算方式可参照《信息系统安全等级测评报告模板(2015 版)》。

问题处置建议。针对信息系统存在的安全问题，有针对性地提出安全整改建议。

# 第五章 网络安全技术

## 第一节　网络协议安全概述

### 一、网络协议安全问题

通常来讲，网络模型分为TCP/IP模型和OSI网络模型，TCP/IP模型与OSI参考模型不同，TCP/IP模型由低到高分为接口层、网络层、传输层及应用层。而这四层体系与OSI参考模型的七层体系以及常用的相关协议的对应关系如表5-1所示。

**表5-1　OSI参考模型和TCP/IP模型及协议的对应关系**

| OSI参考模型 | TCP/IP模型 | 对应网络协议 |
|---|---|---|
| 应用(application) | 应用层 | TFTP，FTP，NFS，WAIA |
| 表示(presentation) | | Telnet，Rlogin，SNMP，Gopher |
| 会话层(session) | | SMTP，DNS |
| 传输层(transport) | 传输层 | TCP，UDP |
| 网络层(network) | 网络层 | IP，ICMP，ARP，RARP，AKP，UUCP |
| 数据链路层(data link) | 接口层 | FDDL，Ethernet，Arpanet，PDN，SLIP，PPP |
| 物理层(physical) | | IEEE 802.1A，IEEE 802.2到IEEE 802.11 |

现有网络依靠各种网络协议实现各个节点之间的通信与数据交换，网络协议是计算机网络极为重要的组成部分，在设计之初只注重网络的互联，从体系上忽略了安全性问题，并且，网络各层协议是一个开放体系，这种开放性及缺陷使网络系统处于安全风险和隐患的环境。计算机网络的安全风险大致可归结为 3 个方面：一是网络协议自身的设计缺陷和实现中存在的一些安全漏洞容易受到入侵和攻击。二是某些协议不具有有效的认证机制，不具有验证通信双方真实性的机制。三是没有保密机制，不具有保护网上数据机密性的功能。

## 二、TCP/IP 层次安全性

计算机网络安全是一个整体概念，是一个集合，是由多个安全层构成的，每个安全层都是一个包含多个特征的实体。在 TCP/IP 的不同层次可以使用不同的网络安全策略和机制，以增强网络安全性。例如：传输层使用安全套接字层(secure socket layer，SSL)协议提供的服务，满足传输链路的安全，在网络层提供虚拟专用网(VPN)例如 IPSec，PPTP 等。TCP/IP 的不同网络安全层次安全性的方法和手段如图 5-1 所示。

<table>
<tr><td>应用层</td><td colspan="4">应用层安全协议(如S/MIME、SHTTP、SNMPv3)</td><td rowspan="7">第三方公证（如Kerberos）数字签名</td><td rowspan="7">入侵检测（IDS）漏洞扫描审计、日志响应、恢复</td><td rowspan="2">安全服务管理</td><td rowspan="7">系统安全管理</td></tr>
<tr><td></td><td>用户身份认证</td><td colspan="3">授权与代理服务器防火墙，如CA</td></tr>
<tr><td></td><td colspan="4">传输层安全协议(如SSL/TLS、PCT、SSH、SOCKS)</td><td rowspan="3">安全机制管理</td></tr>
<tr><td>传输层</td><td colspan="4">电路级防水墙</td></tr>
<tr><td></td><td colspan="4">网络层安全协议（如IPSec）</td></tr>
<tr><td>网络层（IP）</td><td>数据源认证 IPSecAH</td><td>包过滤防水墙</td><td colspan="2">VPN等</td><td>安全设备管理</td></tr>
<tr><td>接口层</td><td>相邻结点间的认证（如MSCHAP）</td><td>子网划分、VLAN、物理隔绝</td><td>MDC MAC</td><td>点对点加密(MS-MPPE)</td><td>物理保护</td></tr>
<tr><td></td><td>认证</td><td>访问控制</td><td>数据完整性</td><td>数据机密性</td><td>抗抵赖</td><td>可控性</td><td>可审计性</td><td>可用性</td></tr>
</table>

**图 5-1 TCP/IP 网络安全层次体系**

### (一)网络接口层的安全性

OSI 模型的物理层和数据链路层对应 TCP/IP 模型的网络接口层。物理层安全问题是指由网络环境及物理特性产生的网络设施和线路安全问题，致使网络系统出现安全风险，如设备被盗、意外故障、设备损坏与老化、信息探测与窃听等。由于以太网组网技术上存在交换设备并且交换设备采用广播方式进行寻址，可能在某个广播域中侦听、分析信息并窃取。为此，保护链路层路上的设备安全极为重要，物理层的安全措施相对较少，最好采用隔离技术使任意两个网络之间保证在逻辑上能够连通，同时从物理上隔断，并加强设备实体安全管理与维护。

### (二)网络层的安全性

网络层的主要功能是保证数据包在网络中正常传输，其中 IP 协议是整个 TCP/IP 协议系统结构的重要基础，TCP/IP 中所有协议的数据都以 IP 数据报形式进行传输。国际上对网络层进行了很多安全协议的标准化工作。如网络层安全协议(NLSP)、安全协议 3 号(SP3)、集成化 NLSP(I-NLSP)和 IPSec 等安全协议。这些安全协议都基于 IP 封装技术。主要包括三个过程：一是在发送端，加密数据包内容，在外层封装 IP 报文头等；二是对加密后的数据包进行 Internet 路由选择和传输；三是到达另一端后，外层 IP 报文头被拆开，数据被解密，然后将数据还原后送到上一协议层。

### (三)传输层的安全性

传输层的安全问题主要有传输与控制安全、数据交换与认证安全、数据保密性与完整性等。其安全措施主要取决于具体的协议，主要包括传输控制协议(TCP)和用户数据报协议(UDP)。TCP 是一个面向连接的协议，用于多数的互联网服务，如 HTTP，FTP 和 SMTP。为了保证传输层的安全，Netscape 通信公司设计了安全套阶层协议 SSL 更名为传输层协议(Transport layer security，TLS)，主要包括 SSL 握手协议和 SSL 记录协议。

SSL 握手协议用于数据认证和数据加密的过程，利用了多种有效密钥交换算法和机制。SSL 记录协议对应用程序提供的信息分段、压缩、认证和加密。SSL 协议提供了身份验证、完整性检验和保密性服务，密钥管理的安全服务可为各种传输协议重复使用。

网络层（或传输层）的安全协议允许为主机（或进程）之间的数据通讯增加安全属性。若两个主机之间建立了一条安全的通道，则所有在这条通道上传输的数据包都会被自动加密。同样，若两个进程之间通过传输层安全协议建立了一条安全的数据通道，则两个进程间传输的所有数据信息都可自动被加密。

**（四）应用层的安全性**

在应用层中利用 TCP/IP 协议运行和管理控制的程序很多。网络安全问题主要体现在需要重点解决的常用应用系统，包括 HTTP、FTP、SMTP、DNS、Telnet 等。

1. 超文本传输协议（HTTP）。使互联网上应用最广泛的协议，使用 80 端口建立连接，并使用应用程序进行浏览、数据传输和对外服务。其客户端使用浏览器访问并接受从服务器返回的 Web 网页。一旦加载具有破坏性的 ActiveX 控件或 Java Applets 插件，将可能在用户端上运行并感染恶意代码、病毒或木马，因此最好不下载未经过检验的程序。

2. 文件传输协议（FTP）。是建立在 TCP/IP 连接上的文件发送与接收协议，由服务器和客户端组成，每个 TCP/IP 主机都有内置的 FTP 客户端，而且多数服务器都有 FTP 服务器端程序。FTP 常用 20 和 21 端口，20 端口建立连接，使连接端口在整个 FTP 会话中保持开放，用于在客户端和服务器之间发送控制信息和命令。在 FTP 的主动模式下常用 20 端口进行数据传输，在客户端和服务器之间传输任一文件都要建立一次数据连接。

3. 简单邮件传输协议(SMTP)。黑客可以利用 SMTP 对 E-mail 服务器进行干扰和破坏。如发送大量的垃圾邮件和巨型数据包，致使服务器不能正常处理合法用户的使用请求，导致邮件服务器拒绝服务。现在绝大部分的计算机病毒是通过邮件或其附件进行传播的，所以，SMTP 服务器应增加过滤，扫描及设置拒绝制定邮件等功能。

4. 域名系统(DNS)。计算机网络通过 DNS 在解析域名请求时使用53 端口，在进行区域传输时使用 TCP 53 端口。黑客可以进行区域传输或利用攻击 DNS 服务器窃取区域文件，并从窃取区域中所有系统的 IP 地址和主机名。可采用防火墙保护 DNS 服务器并阻止各种区域传输，还可以通过配置系统来限制接收特定主机的区域传输。

5. 远程登录协议(Telnet)。Telnet 的功能是进行远程终端登录访问，用于管理 UNIX Linux 等设备。允许远程用户登录时使用 Telnet 协议是安全威胁的主要问题，另外，Telnet 以明文方式发送所有用户名和密码，所以使用不安全的 Telnet 协议管理，给非法者以可乘之机，建议使用 SSH 代理 Telnet 来进行远程终端管理。

## 三、IPv6 的安全性概述

IPv6 是在 IPv4 基础上改进的下一代互联网协议，对其研究和建设正逐步成为信息技术领域的热点之一，IPv6 的网络安全以成为下一代互联网研究中一个重要课题。

### (一)IPv6 的优势及特点

1. 扩展地址空间及应用。IPv6 最初是为了解决互联网快速发展使 IPv4 地址空间被耗尽问题，以免阻碍互联网的进一步扩展。IPv4 采用 32 位地址长度，大约只有 43 亿个地址，而 IPv6 采用 128 位地址长度，极大地扩展了 IP 地址空间。IPv6 的设计还解决了 IPv4 的其他问题，如端到端 IP 连接、安全性、服务质量(QoS)、多播、移动性和即插即用等功效。IPv6 还对报头进行了重新设计，由一个简化的长度固定的基本报头和多个可选的扩展报头组成。既可加快路由速度，又能灵活地支持多种应用，便于扩展新的应用。

2. 提高网络整体性能。IPv6 的数据包可以超过 64KB，使应用程序可利用最大传输单元(MTU)获得更快、更可靠的数据传输，并在设计上改进了选路结构，采用简化的报头定长结构和更合理的分段方法，使路由器加快数据包处理速度，从而提高了转发率，并提高了网络的整体吞吐量等性能。

3. 提高网络安全性能。IPv6 以内嵌安全机制要求强制实现 IP 安全协议 IPSec，提供支持数据源发认证、完成性和保密性的能力，同时可抗重放攻击。安全机制主要由两个扩展模式：认证头 AH 模式(authentication header，AH)和封装安全载荷 ESP 模式(encapsulation security payload，ESP)。AH 具有 3 个功能：保护数据完整性(不被非法篡改)、数据源发认证(防止源地址假冒)及抗重放攻击、IPv6 对安全机制的增强可简化实现安全的虚拟专用网(VPN)。ESP 在 AH 所实现的安全功能基础上，还增加了对数据保密性的支持，AH 和 ESP 都有传输模式和隧道模式两种使用方法。传输模式只应用于主机实现，并只提供对上层协议的保护，而不保护 IP 报头。隧道模式可用于主机或安全网关。在此模式中，内部的 IP 报头带有最终的源地址和目的地址，而外面的 IP 报头可能包含性质不同的 IP 地址，如安全网关地址。

4. 实现更好的组播功能。组播是一种将信息传递给已登记且计划接受该信息的主机功能，可同时给大量用户传输数据，传递过程只占用一些公共或专用带宽而不在整个网络广播，以减少带宽。IPv6 还具有限制组播传递范围的一些特性，组播消息可被限制于一特定区域、公司、位置或其他约定范围，从而减少带宽的使用并提高安全性。

5. 提供必选的资源预留协议 RSVP 功能，用户可在从源点到目的地的路由器上预留带宽，以便提供确保服务质量和其他实时业务的正常使用。

**(二)IPv6 的安全机制**

1. 协议安全。在协议安全层面，IPv6 全面支持认证头(AH)认证和封装安全有效载荷(ESP)扩展头，支持数据源认证、完整性和抗重放攻击等。

2. 网络安全。IPv6 对于网络安全实现主要体现在 4 个方面。(1)实现端到端安全。在两端主机对报文进行 IPSec 封装，中间路由器实现对有 IPSec 扩展头的 IPv6 报文进行封装传输，从而实现端到端的安全。(2)提供内网安全。当内部主机与 Internet 上其他主机通信时，可通过配置 IPSec 网关实现内网安全。由于 IPSec 作为 IPv6 的扩展报头不能被中间路由器解析，而只能被目的节点解析处理，因此，可利用 IPSec 隧道方式实现 IPSec 网关，也可通过 IPv6 扩展头中提供的路由头和隧道选项结合应用层网关技术实现。后者实现方式更灵活，有利于提供完善的内网安全，但较为复杂。(3)由安全隧道构建安全 VPN。通过 IPv6 的 IPSec 隧道实现的 VPN，可在路由器之间建立 IPSec 安全通道，是最常用的安全组件 VPN 的方式。IPSec 网关路由器实际上是 IPSec 隧道的终点和起点，为了满足转发性能，需要路由器专用加密加速版卡。(4)以隧道嵌套实现网络安全。通过隧道嵌套的方式可获得多重安全保护，当配置 IPSec 的主机通过安全隧道接入配置 IPSec 网关的路由器，且该路由器作为外部隧道的终结点将外部隧道封装剥除时，嵌套的内部安全隧道便构成对内网的安全隔离。

3. 其他安全保障。网络的安全威胁是多层面且分布于各层之间的。对物理层的安全隐患，可通过配置冗余设备、冗余线路、安全供电、保障电磁兼容环境和加强安全管理进行保护。对于其以上层面安全隐患，可采取的防范措施包括：以身份认证和安全访问控制协议对用户访问权限进行控制；通过 MAC 地址和 IP 地址绑定、限制各端口的 MAC 地址使用量、设立各端口广播包流量门限，利用基于端口和 VLAN 的 ACL 建立安全用户隧道等来防范针对第二层网络的攻击；通过路由过滤、对路由信息加密和认证、定向组播控制、提高路由收敛速度、减轻振荡的影响等措施来加强第三层网络安全性；路由器和交换机对 IPSec 的支持可保证网络数据和信息内容的有效性、一致性及完整性，并为网络安全提供更多解决办法。

**（三）移动 IPv6 的安全性**

移动 IPv6 是 IPv6 的一个重要组成部分，移动性是其最大的特点。引入的移动 IP 协议给网络带来新的安全隐患，需要其特殊的安全措施。

1. 移动 IPv6 的特性。从 IPv4 到 IPv6 使移动 IP 技术发生了根本性变化，IPv6 的许多新特性也为节点移动性提供了更高的支持，如“无状态地址自动配置”和“邻居发现”等。而且，IPv6 组网技术极大地简化了网络重组，可更有效地促进因特网的移动性。

2. 移动 IPv6 面临的安全威胁。移动 IPv6 基本工作流程只针对理想状态的互联网，并未考虑现实网络的安全问题。而且，移动性的引入也会带来新的安全威胁，如对报文的窃听、篡改和拒绝服务攻击等。其次，在移动 IPv6 的具体实施中须谨慎处理这些安全威胁，以免降低网络安全级别。移动 IP 主要用于无线网络，不仅要面对无线网络所有的安全威胁，还要处理由移动性带来的新安全问题，所以，移动 IP 相对有线网络更脆弱和复杂。另外，移动 IPv6 协议通过定义移动结点、HA 和通信结点之间的信令机制，较好地解决了移动 IPv4 的三角路由问题，但在优化同时也出现了新的安全问题。目前，移动 IPv6 受到的主要威胁包括拒绝服务攻击、重放攻击和信息窃取等。

**（四）移动 IPv6 的安全机制**

移动 IPv6 协议针对上述安全威胁，在注册消息中通过添加序列号以防范重放攻击，并在协议报文中引入时间随机数。对 Ha 和通信结点可比较前后两个注册消息序列号，并结合随机数的散列值，判定注册消息是否为重放攻击。若消息序列号不匹配或随机数散列值不正确，则可作为过期注册消息，不予处理。

对其他形式的攻击，可利用(移动结点，通信结点)和(移动结点，归属代理)之间的信令消息传递进行有效防范。移动结点和归属代理之间可通过建立 IPSec 安全联盟，保护信令消息和业务流量。由于移动结点归属地址和归属代理为已知，所以可以预先为移动结点和归属代理配置安全联盟，并使用 IPSec AH 和 ESP 建立安全隧道，提供数据源认证、完成性检查、数据加密和重放攻击防护。

## 第二节　网络安全主要技术

随着网络的迅速发展，网络的安全性显得非常重要，这是因为怀有恶意的攻击者窃取、修改网络上传输的信息，通过网络非法进入远程主机，获取储存在主机上的机密信息，或占用网络资源，阻止其他用户使用等。然而，网络作为开放的信息系统必然存在众多潜在的安全隐患，因此，网络安全技术作为一个独特的领域越来越受到全球网络建设者的关注。

一般来说，计算机系统本身的脆弱性和通信设施的脆弱性再加上网际协议的漏洞共同构成了网络的潜在威胁。计算机网络安全是指计算机、网络系统的硬件、软件以及系统中的数据受到保护，不因偶然或恶意的原因遭到破坏、泄露，能确保网络连续可靠的运行。网络安全其实就是网络上的信息存储和传输安全。下面就主要安全技术作简要介绍。

### 一、防火墙

防火墙是最为常见的网络安全设备，建立在被保护网络与不可信网络之间的一道安全屏障，用于保护内部网络和资源，实现网络访问控制。它在内部和外部两个网络之间建立一个安全控制点，对进、出内部网络的服务和访问进行控制和审计，早前防火墙设备只是基于网络层和应用端口进行访问控制，根据技术的进步和发展，当前主流防火墙为NGFW下一代防护墙，下一代防火墙可以全面应对应用层威胁的高性能防火墙。通过深入洞察网络流量中的用户、应用和内容，并借助全新的高性能单路径异构并行处理引擎，NGFW能够为用户提供有效的应用层一体化安全防护，帮助用户安全地开展业务并简化用户的网络安全架构。

## 二、虚拟专用网

虚拟专用网(VPN)的实现技术和方式有很多，主要有数据链路层的L2TP、传输层的IPSEC和应用层的SSL等方式。但是所有的VPN产品都应该保证通过公用网络平台传输数据的专用性和安全性。如在非面向连接的公用IP网络上建立一个隧道，利用加密技术对经过隧道传输的数据进行加密，以保证数据的私有性和安全性。此外，还需要防止非法用户对网络资源或私有信息的访问。

常见的VPN接入技术有多种，它们所处的协议层次、解决的主要问题都不尽相同，而且每种技术都有其适用范围和优缺点，主流的VPN技术主要有以下三种：

### (一) L2TP/PPTP VPN

L2TP/PPTP VPN属于二层VPN技术。在Windows主流的操作系统中都集成了L2TP/PPTP VPN客户端软件，因此其无需安装任何客户端软件，部署和使用比较简单；但是由于协议自身的缺陷，没有高强度的加密和认证手段，安全性较低；同时这种VPN技术仅解决了移动用户的VPN访问需求，对于LAN-TO-LAN的VPN应用无法解决。

### (二) IPSEC VPN

IPSEC VPN属于三层VPN技术，协议定义了完整的安全机制，对用户数据的完整性和私密性都有完善的保护措施；同时工作在网络协议的三层，对应用程序是透明的，能够无缝支持各种 C/S、B/S 应用；既能够支持移动用户的 VPN 应用，也能支持 LAN-TO-LAN 的 VPN 组网；组网方式灵活，支持多种网络拓扑结构。其缺点是网络协议比较复杂，配置和管理需要较多的专业知识，而且需要在移动用户的机器上安装单独的客户端软件。

**（三）SSL VPN**

SSL VPN 属于应用层 VPN 技术，其协议定义了完整的安全机制，对用户数据的完整性和私密性都有完善的保护；由于在 Windows 等操作系统中的 IE 浏览器已经支持了完整的 SSL 协议，因此原理上对于 B/S 应用是无需安装客户端软件的，部署使用较为简单。其主要适用于移动用户的接入和访问 B/S 结构的应用系统，对于 C/S 应用的支持仍然需要安装客户端的插件。

以上几种 VPN 技术都各有其优缺点，而在用户的实际应用中，往往需要将这几种 VPN 技术进行综合应用，才能满足较为复杂的用户需求。

## 三、虚拟局域网

虚拟局域网（VLAN）是一组逻辑上的设备和用户，这些设备和用户并不受物理位置的限制，可以根据功能、部门及应用等因素将它们组织起来，相互之间的通信就好像它们在同一个网段中一样，由此得名虚拟局域网。VLAN 是一种比较新的技术，工作在 OSI 参考模型的第二层和第三层，一个 VLAN 就是一个广播域，VLAN 之间的通信是通过第三层的路由器来完成的。与传统的局域网技术相比较，VLAN 技术更加灵活，它具有以下优点：网络设备的移动、添加和修改的管理开销减少；可以控制广播活动；可提高网络的安全性，可利用 MAC 层的数据包过滤技术，对安全性要求高的 VLAN 端口实施 MAC 帧过滤。而且，即使黑客攻破某一虚拟子网，也无法得到整个网络的信息，但 VLAN 技术的局限在新的 VLAN 机制中较好地解决了，这一新的 VLAN 就是专用虚拟局域网(PVLAN)技术。

## 四、漏洞检测

漏洞检测就是对重要计算机系统或网络系统进行检查，发现其中存在的薄弱环节和所具有的攻击性特征，可以通过手工或漏洞扫描工具进行，漏洞扫描工具通常采用两种策略，即被动式策略和主动式策略。漏洞检测和扫描采用基于应用的检测技术，被动的非破坏性的办法检查应用软件包的设置，发现安全漏洞。采用基于主机的检测技术，被动的非破坏性的办法检测系统的内核、文件的属性、操作系统的补丁等问题。这种技术还包括口令解密，把一些简单的口令剔除。因此，这种技术可以非常准确地定位系统的问题，发现系统的漏洞。采用基于目标的漏洞检测技术，被动的非破坏性的办法检查系统属性和文件属性，如数据库、注册号等。通过消息文摘算法，对文件的加密数进行检验。技术实现通过在一个运行的闭环上，不断地处理文件、系统目标、系统目标属性，然后产生检验数，把这些检验数同原来的检验数相比较，发现改变即通知管理员。采用基于网络的检测技术，积极的非破坏性的办法来检验系统被攻击崩溃的可能性。利用一系列的脚本模拟对系统进行攻击的行为，然后对结果进行分析，针对已知的网络漏洞进行检验。网络检测技术常被用于发现一系列平台的漏洞，穿透实验和安全审计，使漏洞检测产品成为辅助网络系统管理员进行穿透实验，安全审计，提供实时安全建议的有效脆弱性评估工具。

## 五、入侵检测

入侵检测系统(IDS)将网络上传输的数据实时捕获下来，通过程度较深的分析检查是否有黑客入侵或可疑活动的发生，一旦发现有黑客入侵或可疑活动的发生，系统将做出实时报警响应。具有入侵检测能力并能够实施阻断入侵的设备称为入侵防御系统（IPS）。由于攻击手段的发展，近年来有针对APT攻击的深度检测系统。

网络入侵防御系统，是串联在计算机网络中可对网络数据流量进行深度检测、实时分析，并对网络中的攻击行为进行主动防御的安全设备；入侵防御系统主要是对应用层的数据流进行深度分析，动态地保护来自内部和外部网络攻击行为的网关设备。必须同时具备以下功能深层检测（deep packet inspection）、串联模式（in-line mode）、即时侦测（real-time detection）、主动防御（proactive prevention）、线速运行（wire-line speed）。另外，入侵防御系统和防火墙是两种完全独立的安全网关设备。从两个产品关注的安全范围来看，防火墙更多的是进行细粒度的访问控制，同时还提供网络地址转换、应用服务代理和身份准入控制等功能；入侵防御系统则重点关注网络攻击行为，尤其是对应用层协议进行分析，并主动阻断攻击行为。防火墙是实施访问控制策略的系统，对流经的网络流量进行检查，拦截不符合安全策略的数据包。而入侵防护系统（IPS）则倾向于提供主动防护，是预先对入侵活动和攻击性网络流量进行拦截，避免其造成损失，而不是简单地在恶意流量传送时或传送后才发出警报。在实际部署上，可以根据网络环境，充分发挥防火墙和IDS、IPS各自的技术优势，进行混合部署。

## 六、密码保护

在网络中通信有时通信双方会发送一些比较敏感的信息，如果直接明文在网上传输，就可能被居心叵测的人截获，从而达到其非法的目的。为保证通信双方信息传输不被第三方所知晓，使用加密技术把双方传输的数据进行加密，即使数据被第三方所截获，那么第三方也不会知晓其数据的真实含义。在此，通信双方所交换的信息中，未被加密的数据称为明文，而加密后的数据称为密文，加密采用的方式称作加密密钥。具体内容见本章第四节。

## 七、安全策略

安全策略可以认为是一系列政策的集合，用来规范对组织资源的管理、保护以及分配，已达到最终安全的目的。安全策略的制定需要基于一些安全模型，根据组织机构的风险及安全目标制定的行动策略即为安全策略。安全策略通常建立在授权的基础之上，未经适当授权的实体，信息不可以给予、不被访问、不允许引用、任何资源也不得使用。

## 八、网络管理员

网络管理员在防御网络攻击方面也是非常重要的，虽然在构建系统时一些防御措施已经通过各种测试，但上面无论哪一条防御措施都有其局限性，只有高素质的网络管理员和整个网络安全系统协同防御，才能起到最好的效果。

网络管理员行业对网络管理员的要求基本就是大而全，什么都得懂一些。一个合格的网络管理员最好在网络操作系统、网络数据库、网络设备、网络管理、网络安全、应用开发等六个方面具备扎实的理论知识和应用技能，才能在工作中做到得心应手，游刃有余。国家职业资格考试资格证对网管员的定义是从事计算机网络运行、维护的人员应用能力认定。

网络安全基本要素是保密性、完整性和可用性服务，但网络的安全威胁与网络的安全防护措施是交互出现的。不适当的网络安全防护，不仅可能不能减少网络的安全风险，浪费大量的资金，而且可能招致更大的安全威胁。一个好的安全网络应该是由主机系统、应用和服务、路由、网络、网络管理及管理制度等诸多因素决定的，但所有的防御措施对信息安全管理者提出了挑战，他们必须分析采用哪种产品能够

适应长期的网络安全策略的要求，而且必须清楚何种策略能够保证网络具有足够的健壮性、互操作性，并且能够容易地对其升级。

网络安全的管理与分析现已被提到前所未有的高度，现在 IPv6 已开始应用，它设计的时候充分研究了以前 IPv4 的各种问题，在安全性上得到了大大地提高，但并不是不存在安全问题了。

总之，网络安全是一个综合性的课题，涉及技术、管理、使用等许多方面，既包括信息系统本身的安全问题，也有物理的和逻辑的技术措施，一种技术只能解决一方面的问题，而不是万能的。因此只有完备的系统开发过程、严密的网络安全风险分析、严谨的系统测试、综合的防御技术措施、严格的保密政策、明晰的安全策略以及高素质的网络管理人才等各方面的综合应用才能完好、实时地保证信息的完整性和正确性，为网络提供强大的安全服务——这也是网络安全领域的迫切需要。

## 第三节　操作系统与数据库安全技术

### 一、操作系统安全体系结构

建立一个计算机系统往往需要满足许多要求，如安全性要求、性能要求、可扩展性要求、容量要求、使用的方便性要求和成本要求等，这些要求往往是有冲突的，为了把它们协调地纳入到一个系统中并有效实现，对所有的要求都予以最大可能满足通常是困难的。

因此系统对各种要求的满足程度必须在各种要求之间进行全局性地折中考虑，并通过恰当的实现方式表达出这些考虑，使系统在实现各项要求时有轻重之分，这就是体系结构要完成的主要任务。

#### (一)安全体系结构的内容

一个计算机系统的安全体系结构，特别是安全操作系统，主要包含如下四方面的内容。

1. 详细描述系统中安全相关的所有方面，包括系统可能提供的所有安全服务及保护系统自身安全的所有安全措施，描述方式可以用自然语言，也可以用形式语言。

2. 在一定的抽象层次上描述各个安全相关模块之间的关系。可以用逻辑框图来表达，主要用以在抽象层次上按满足安全需求的方式来描述系统关键元素之间的关系。

3. 提出指导设计的基本原理。根据系统设计的要求及工程设计的理论和方法，明确系统设计各方面的基本原则。

4. 提出开发过程的基本框架及对应于该框架体系的层次结构。它描述确保系统忠实于安全需求的整个开发过程的所有方面。为达到此目的，安全体系总是按一定的层次结构进行描述。

**（二）安全体系结构的类型**

在美国国防部的“目标安全体系”中，把安全体系划分为以下 4 种类型。

1. 抽象体系。抽象体系从描述需求开始，定义执行这些需求的功能函数。之后定义指导如何选用这些功能函数及如何把这些功能有机组织成为一个整体的原理及相关的基本概念。

2. 通用体系。通用体系的开发是基于抽象体系的决策来进行的。它定义了系统分量的通用类型及使用相关行业标准的情况，也明确规定系统应用中必要的指导原则。

3. 逻辑体系。逻辑体系就是满足某个假设的需求集合的一个设计，它显示了把一个通用体系应用于具体环境时的基本情况。逻辑体系与下面将描述的特殊体系的不同之处在于：特殊体系是使用系统的实际体系，而逻辑体系是假想的体系，是为理解或者其他目的而提出的。

4. 特殊体系。特殊安全体系要表达系统分量、借口、标准、性能

和开销，它表明如何把所有被选择的信息安全分量和机制结合起来以满足特殊系统地安全需求。

**（三）Flask 安全体系结构**

Internet 互联的一个主要特征是异构系统互联，意味着在 Internet 中普遍存在着不同的计算环境，以及运行在上面的应用，它们往往有着不同的安全需求。另一方面，任何安全概念都是被一个安全策略限制着，所以就存在着许多不同的安全策略甚至许多不同类型的策略。为了获得大范围的使用，安全方案必须是可变通的，足以支持大范围的安全策略。在分布式环境中，这种安全策略的可变通性的支持上也是不足的。

Flask 体系结构使策略可变通性的实现成为可能。基于 Flask 体系的操作系统原型成功克服了策略可变通性带来的障碍。这种安全结构中机制和策略的清晰区分，使得系统可以使用比以前更少的策略来支持更多的安全策略集合。

Flask 包括一个安全服务器来制定访问控制决策，一个微内核和系统其他客体管理器框架来执行访问控制策略。虽然原型系统是基于微内核的，但是安全机制并不依赖微内核结构，使得安全机制在非内核的情况下也能很容易的实现。

Flask 框架的安全服务器的安全策略由四个子策略组成：多级安全策略、类型加强策略、基于标识的访问控制策略和基于角色的访问控制策略，安全服务器提供的访问判定必须满足每个子策略的要求。

**（四）权能体系结构**

权能体系是较早用于实现安全内核的结构体系，尽管它存在一些不足，但是作为实现访问控制的一种通用的、可塑性良好的方法，目前仍然是人们实现安全比较偏爱的方法之一。权能体系的优点包括以下两个方面。

1. 权能为访问客体和保护客体提供了统一的方法，权能的应用对统筹设计及简化证明过程有多重要的影响。

2. 权能与层次设计方法非常协调。尽管对权能提供的保护及权能的创建是集中式的，但是由权能实现的保护是可适当分配的，也就是说，权能具有传递能力。这样一来，权能促进了机制与策略的分离。

## 二、操作系统安全配置方案

安全配置方案主要介绍常规的操作系统安全配置，包括 12 条基本配置原则：物理安全、停止 Guest 账号、限制用户数量、创建多个管理员账号、管理员账号改名、陷阱账号、更改默认权限、设置安全密码、屏幕保护密码、使用 NTFS 分区、运行防毒软件和确保备份盘安全。

### （一）物理安全

服务器运行的物理安全环境是很重要的，很多人忽略了这点。物理环境主要是指服务器托管机房的设施状况，包括通风系统、电源系统、防雷防火系统以及机房的温度、湿度条件等，服务器应该安放在安装了监视器的隔离房间内。对服务器的操作应该通过审计系统进行。

这些因素会影响到服务器的寿命和所有数据的安全。

### （二）限制用户数量

删除所有的测试账号、共享账号等，在计算机管理的用户中把 Guest 账号停用。用户组策略设置相应权限，并且经常检查系统的账号，删除已经不使用的账号。账号数量过多是黑客们入侵系统的突破口，系统的账号越多，黑客们得到合法用户的权限的可能性一般也就越大。

### （三）管理员账号改名

有些操作系统的 Administrator 账号是不能被停用的，这意味着别人可以一遍又一遍地尝试这个账号的密码。把 Administrator 账号改名可以有效地防止这一点。不要使用 Admin 之类的名字，这样的话等于

没改，而且应尽量把它伪装成普通用户。

**（四）陷阱账号**

所谓的陷阱账号是创建一个名为“Administrator”的本地账户，把它的权限设置成最低，什么事也干不了，并且设置一个复杂密码，这样可以让那些入侵者花费很长时间，并且可以借此发现他们的入侵行为。

**（五）更改默认权限**

将共享文件的权限从“Everyone”组改成“授权用户”。“Everyone”在操作系统中意味着任何有权进入网络的用户都能够获得这些共享资料。任何时候不要把共享文件的用户设置成“Everyone”，包括打印共享，默认的属性就是“Everyone”组，需要进行修改。

**（六）安全密码**

安全的密码对于一个网络是非常重要的，但是也是最容易被忽略的。一些网络管理员创建账号时往往用公司名、计算机名或者一些别的容易猜到的字符做用户名，然后又把这些账号的密码设置的比较简单，这是极不安全的。

**（七）防毒软件**

好的杀毒软件不仅能杀掉一些著名的病毒，还能查杀大量木马和后门程序。设置了防毒软件，黑客使用的那些有名的木马程序就毫无用武之地。同时要经常升级病毒库。

**（八）备份盘的安全**

一旦系统资料被黑客破坏，备份盘将是恢复资料的唯一途径。备份完资料后，把备份盘放在安全的地方。不能把资料备份在同一台服务器上，这样和没有备份是一样的。

## 三、数据库安全技术

政府机关、企事业单位的核心信息的80%是以结构化形式存储在数据库中的，数据库作为核心资产的载体，一旦发生泄密将会造成最为惨痛的损失。当前，数据库的安全防护作为信息安全防护任务的“最后一公里”，其重要性已经被越来越多的部门所认可。

经过多年的发展，网络安全、主机安全等产品线不断丰富，已非常成熟。但市场上的专业的数据库安全防护产品却很缺乏，这也是数据库安全建设面临的一个重要问题。

**（一）数据库基本安全架构**

数据库安全是指保护数据以防止不合法的使用所造成的数据泄露、更改或破坏。安全性问题不是数据库系统所独有的，所有计算机系统都有这个问题，只是在数据库系统中大量数据集中存放，而且为许多最终用户直接共享，从而使安全性问题更为突出。数据库的安全性和计算机系统地安全性，包括操作系统、网络系统的安全性是紧密联系、相互支持的。

数据库系统信息安全性依赖于两个层次：一层是数据库管理系统本身提供的用户/口令识别、视图、使用权限控制、审计等管理措施，大型数据库管理系统 Oracle、Sybase、Ingress 等均有此功能；另一层就是靠应用程序设置的控制管理，如使用较普遍的 Foxbase、Foxpro 等。作为数据库用户，最关心自身数据资料的安全，特别是用户的查询权限问题。对此，目前一些大型数据库管理系统（如 Oracle、Sybase 等产品）提供了以下几种主要手段。

1. 用户分类。不同类型的用户授予不同的数据管理权限。一般将权限分为三类：数据库登录权限和数据库管理员权限。

有了数据库登录权限的用户才能进入数据库管理系统，才能使用数据库管理系统所提供的各类工具和实用程序。同时，数据库客体的主人可以授予这类用户以数据查询、建立视图等权限。这类用户只能查阅部分数据库信息，不能改动数据库中的任何数据。

具有资源管理权限的用户，除了拥有上一类的用户权限外，还有

创建数据库表、索引等数据库客体的权限，可以在权限允许的范围内修改、查询数据库，还能将自己拥有的权限授予其他用户，可以申请审计。

具有数据库管理员权限的用户将具有数据库管理的一切权限，包括访问任何用户的任何数据，授予(或回收)用户的各种权限，创建各种数据库客体，完成数据库的整个数据库备份、装入重组以及进行全系统的审计等工作。这类用户的工作是谨慎而全局性的工作，只有极少数用户属于这种类型。

2. 数据分类。同一类权限的用户，对数据库中数据管理和使用的范围可能是不同的。为此，DBMS 提供了将数据分类的功能，即建立视图。管理员把某用户可查询的数据逻辑上归并起来，简称一个或多个视图，并赋予名称，再把该视图的查询权限授予该用户。这种数据分类可以进行得很细，其最小粒度是数据库二维表中一个交叉的元素。

3. 审计功能。大型 DBMS 提供的审计功能是一个十分重要的安全措施，它用来监视各用户对数据库施加的动作。有两种方式的审计，即用户审计和系统审计。用户审计时，DBMS 的审计系统记下所有对自己表或试图进行访问的企图及每次操作的用户名、时间、操作代码等信息。这些信息一般都被记录在数据字典之中，利用这些信息，用户可以进行审计分析。系统审计由系统管理员执行，其审计内容主要是系统一级命令以及数据库客体的使用情况。

**(二)数据库安全机制**

1. 认证。认证用来确认实体所宣称的身份，用于控制系统登录。

2. 访问控制。访问控制又称存取控制，是对信息资源使用的限制。主体为访问的发起者，是试图访问某个目标的用户或者是用户行为的代理，必须控制它对客体(可供访问的各种软硬件资源)的访问。主体通常为进程、程序或用户。

3. 数据加密技术。数据加密技术是将数据库中的原始数据(明文)

转换成人们所不能识别的数据(密文)，达到防止信息泄露的目的。加密方案应保证对入侵者事实上不可破解，而合法用户存取数据时因加解密而付出的空间和时间开销较小。譬如对于有次序关系而且多用于查询条件的属性采用同态加密算法，以保持数据之间的大小关系。数据库加密通常需要大量的密钥，数据及其相应密钥的生命周期较长，因而密钥管理是实现密文数据库的关键技术。密钥管理包括密钥的生产、存储、分发、删除、获取和应用。现代密钥管理采取多级安全密钥管理体制。

4. 审计。数据库审计提供用户使用数据库资源情况的记录。通过分析审计记录，可对影响系统安全的访问和访问企图进行事后分析和追查。从分析中还可以获得有关系统安全状况的信息，为改善和加强系统安全，发现和处理可疑事件提供决策信息。根据数据库系统特点，应实现选择性审计，对审计内容及粒度可根据需要配置。

5. 隐通道控制。隐通道是指通过系统原本不用于数据传达的系统资源来发送信息的通信方式。存取控制机制不能检测和控制通过隐通道传递的信息。隐通道的主要威胁在于它有可能被特洛伊木马利用。

### (三)数据库安全策略

1. 系统漏洞扫描。系统漏洞是指任意的允许非法用户未经授权就获得访问或提高访问层次的硬件或者软件特征。这种特征是广义的，漏洞可以是任何东西。某些漏洞可能由系统管理员引起，如没有安装已知漏洞的安全补丁、系统配置不正确及没有建立和加强安全策略。

数据库扫描器通过建立、依据、强制执行安全策略来保护数据库应用的安全。它可以自动识别数据库系统各种潜在的安全问题，产生通俗易懂的报告来表示安全风险和弱点，对违反和不遵循策略的配置提出修改建议。

2. 入侵检测技术。入侵检测是对非法使用系统资源的活动，以及对滥用系统资源的行为进行检测。

大多数数据库系统都提供了某种审计机制，但由于缺乏对审计信息进行实时处理的技术和能力，往往只是在通过其他途径发现入侵或罪犯迹象之后才来分析系统的审计信息，使审计信息仅仅作为一种事后的证据。因此，审计跟踪与实时预警结合起来，实现实时的入侵检测是非常有意义的。入侵检测的核心在于判别用户的行为是正常的还是入侵性的，可以采用的方法包括模式识别、统计分析、专家系统和人工智能。

**（四）数据库的加密技术**

对于一些重要部门或敏感领域的应用，仅靠上述这些措施是难以完全保证数据的安全性，某些用户尤其是一些内部用户仍可能非法获取用户名、口令字，或利用其他方法越权使用数据库，甚至可以直接打开数据库文件来窃取或篡改信息。因此，有必要对数据库中存储的重要数据进行加密处理，以实现数据存储的安全保护。

1. 数据库加密系统的基本要求。数据库加密系统应该满足以下基本要求：

（1）字段加密。在目前条件下，加/解密的粒度是每个记录的字段数据。如果以文件或列为单位进行加密，必然会形成密钥的反复使用，从而降低加密系统的可靠性或者因加/解密时间过长而无法使用。只有以记录的字段数据为单位进行加/解密，才能适应数据库操作，同时进行有效的密钥管理，并完成“一次一密”的密码操作。

（2）密钥动态管理。数据库客体之间隐含着复杂的逻辑关系，一个逻辑结构可能对应着多个数据库物理客体，所以数据库加密不仅密钥量大，而且组织和存储工作比较复杂，需要对密钥实现动态管理。

（3）合理处理数据。首先要恰当地处理数据类型，否则 DBMS 将会因加密后的数据不符合定义的数据类型和拒绝加载；其次，需要处理数据的存储问题，实现数据库加密后，应基本上不增加空间开销。在目前条件下，数据库关系运算中的匹配字段，如表间连接码、索引字段等数据不宜加密。文献字段虽然是检索字段，但也应该允许加密，因为文献字段的检索处理采用了有别于关系数据库索引的正文索引技术。

(4)不影响合法用户的操作。加密系统影响数据操作响应时间应尽量短，平均延迟时间不应超过1/10s。此外，对数据库的合法用户来说，数据的录入、修改和检索操作应该是透明的，不需要考虑数据的加/解密问题。

2. 数据库加密系统的基本流程。数据加密就是将明文数据经过一定的交换(一般为变序和代替)变成密文数据。数据解密是加密的逆过程，即将密文数据转变成可见的明文数据。

一个密码系统包含明文集合、密文集合、密钥集合和算法，其中密钥和算法构成了密码系统的基本单元。算法是一些公式、法则或程序，规定明文与密文之间的变换方法，密钥可以看做算法中的参数。

数据库密码系统要求将明文数据库加密成密文数据，数据库中存储密文数据，查询时将密文数据取出解密得到明文信息。

3. 数据库加密的特点。

(1)数据库密码系统应采用公开密钥。传统的密码系统中，密钥是秘密的，知道的人越少越好。一旦获取了密钥和密码体制就能攻破密码，解开密文。而数据库数据是共享的，有权限的用户随时需要知道密钥来查询数据。因此，数据库密码系统宜采用公开密钥的加密方法。设想数据库密码系统的加密算法是保密的，而且具有相当的强度，那么利用密钥，采用OS和DBMS层的工具，也无法得到数据明文。

(2)多级密钥结构。数据库关系运算中参与运算的最小单位是字段，查询路径依次是库名、表名、记录名和字段名。因此，字段是最

小的加密单位。也就是说当查得一个数据后，该数据所在的库名、表名、记录名、字段名都应是知道的。对应的库名、表名、记录名、字段名都应该具有自己的子密钥，这些子密钥组成了一个能够随时加/解密的公开密钥。

（3）加密机制。有些公开密钥体制的密码，其加密密钥是公开的，算法也是公开的，但是其算法是个人一套，而作为数据库密码的加密算法不可能因人而异，因为寻找这种算法有其自身的困难和局限性，机器中也不可能存放很多种算法，因此这类典型的公开密钥的加密体制也不适合于数据库加密。数据库加/解密密钥应该是相同、公开的，而加密算法应该是绝对保密的。

数据库加密的部署模式如图 5-2 所示。

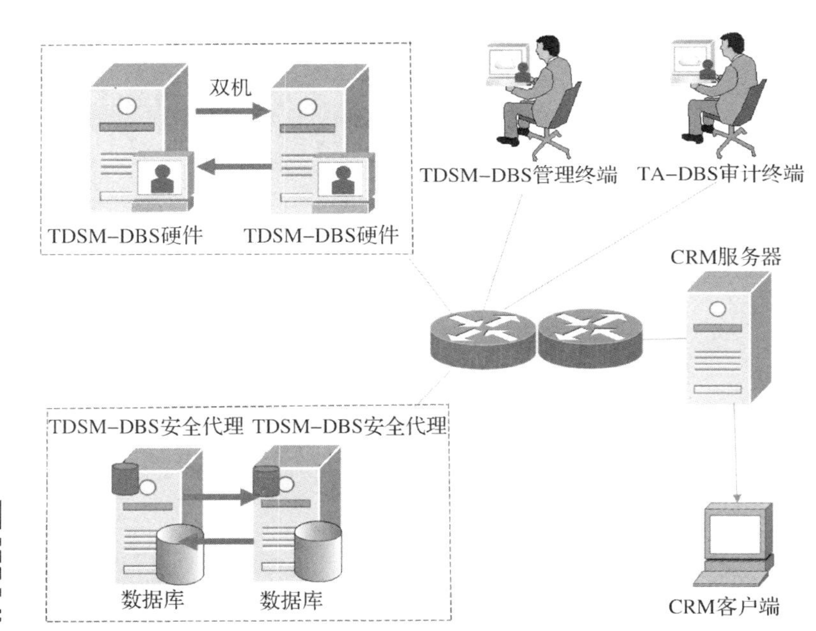

图 5-2　数据库加密部署模式

# 第四节　密码与认证技术

## 一、密码安全体系

### (一)信息加密技术概述

密码学是一门古老而深奥的学科，鲜为普通人所了解，它只在很少的范围内使用，如军事、外交、情报等重要领域。计算机密码学是研究计算机信息加密、解密及其变换的科学，它是集数学、计算机科学、电子与通信等诸多科学于一身的交叉学科，也是一门新兴的学科。随着计算机网络技术的迅速发展，密码学得到前所未有的广泛重视，并在计算机及网络系统中得到广泛的应用。信息加密技术就是发送方用加密密钥，通过加密设备或算法，将信息(明文)加密后发送出去。接收方在收到密文后。用解密密钥将密文解密，恢复为明文。如果传输中有人窃取，也只能得到无法理解的密文，从而对信息起到保密作用，密码通信模型如图5-3所示。

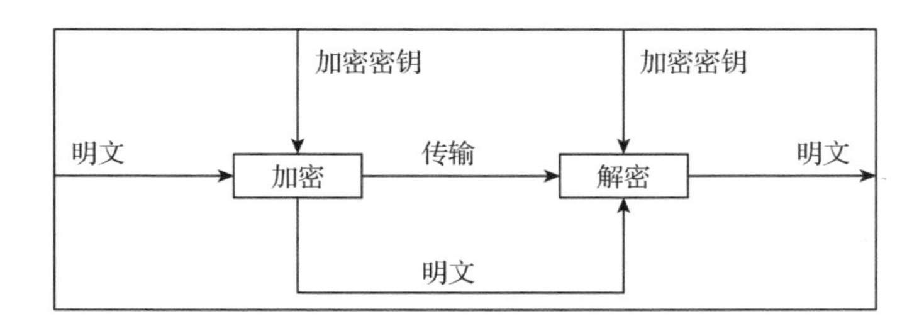


图5-3　密码通信模型

从图5-3可以看出，任何一个加密系统，不论形式多么复杂，至少包括下面四个组成部分：未加密的报文，也称明文；加密后的报文，也称密文；加密解密设备或算法；加密解密的密钥，它可以是数字，词汇或者语句。

常见加密方式以及其用途：

1. 对称加密。对称加密是指在加密通信过程中，把明文加密为密文的密钥和把密文解密为明文的密钥是同一个，加密时通常把明文切割为大小固定的数据块，逐个进行加密，此种加密方式比较简单，容易被暴力破解。常见的对称加密算法详见表5-2。

**表5-2　常见对称加密算法**

| 算法 | 特点 |
|---|---|
| DES | 64b 定长输出 |
| 3DES | 使用 54b 定长输出 |
| Twofish | 使用任何长度为 256 比特的单个密钥 |
| AES | 可快速加解密，且需要存储少 |

2. 非对称加密。又叫做公钥加密，顾名思义，就是通信双方加密和解密使用不同的密钥，通常使用非对称加密都有两个密钥，一个被称为公钥，一个被称为私钥。私钥顾名思义，就是由生产的个体自己保留，不外传；而公钥则会公开，用于提供给别人加密使用。另外公钥是从私钥中提取出来的，所以要有公钥得先生产私钥。非对称加密用途为：

（1）身份认证：由于非对称加密的密钥通常会成对出现，如果一方使用其私钥加密一段数据，而另一方用其公钥能解密，则可确定其身份。

（2）密钥交换：当通信双方需要交换密钥时，如A向B发送密钥，则可把密钥用B的私钥进行加密，然后再发给A，只有A才能对其进行解密，所以这样就确保了其密钥不被其他用户获取。

（3）数据加密：在通信时通信双方还可以直接使用非对称加密进行数据加密，但是加密效率不高。

**表5-3　常见非对称加密算法**

| 常见算法 | 特点 |
|---|---|
| RSA | 密钥较长，被破解可能性小 |
| DSA | 分组较短、密钥也比较短 |
| ELGamal | 加密过程较为繁琐，但比较安全 |

3. 单向加密。单向加密是加密方式中的另外一种，此类算法只负责加密，不负责解密，在 Linux 中也比较常见，那就是/etc/shadow 中保存用户密码的密码串，那就是使用单向加密算法加密再存放的。单向加密还有一个特性，就是其具有雪崩效应，数据的微小变化会引起加密结果的巨大改变。

使用单向加密，最常见的是用于数据完整性的校验，数据提供方先生成数据，然后使用单向加密算法计算出特征码，然后通过可信的手段传递给数据的接收方，并告诉其使用的加密算法和密钥，然后接收方接收到后使用数据提供方给的加密算法和密钥对数据再次提取特征码，如果所提取的特征码和对方提供的一样，则认为数据完整。

常见的单向加密算法如表 5-4 所示.

**表 5-4　常见单向加密算法**

| 常见算法 | 特征 |
| --- | --- |
| MD5 | 压缩性、容易计算、抗修改等 |
| SHA1 | 512 的数据块大小，分别处理每一数据块 |
| SHA256 | 属于哈希算法中的一种，其数据块大小为 256 |

### （二）信息加密技术

1. 信息加密方式。信息加密技术是所有网络上通信安全所依赖的技术。目前主要有三种方式：链路加密方式、节点加密方式和端对端加密方式。

（1）链路加密方式。链路加密方式把网络上传输的数据报文的每一位进行加密，不但对数据报文正文加密，而且把路由信息、校验和控制信息等全部加密。所以，当数据报文传输到某个中间节点时必须被解密，以获得路由信息并校验后进行路由选择、差错检测，然后再被加密发送给下一个节点，直到数据报文到达目的节点为止。

目前一般网络通信安全主要采用这种链路加密方式，其优点是：①由于在每一个中间传输节点消息均被解密后重新进行加密，因此，

包括路由信息在内的链路上的所有数据均以密文形式出现。这样，链路加密就掩盖了被传输消息的源点与终点，从而可以防止对通信业务进行分析。②它不受由于加、解密对系统要求变化等的影响，所以容易被采用。

其缺点是：①链路加密通常用在点对点的同步或异步线路上，它要求先对在链路两端的加密设备进行同步，然后使用一种链模式对链路上传输的数据进行加密。这就给网络的性能和可管理性带来了副作用。②在一个网络节点，链路加密仅在通信链路上提供安全性，而不对网络节点上的数据加密，消息以明文形式存在，因此所有节点在物理上必须是安全的。否则就会泄漏明文内容。

（2）节点加密方式。为解决在节点中数据是以明文的缺点，在中间节点里装有用于加、解密的保护装置，即由这个装置来完成一个密钥向另一个密钥的变换。因而，除了在保护装置里，即使在节点内也不会出现明文。

节点加密的优点：节点加密不允许消息在网络节点以明文形式存在，能给网络数据提供较高的安全性。

缺点：需要目前的公共网络提供者配合，修改他们的交换节点，增加安全单元或保护装置。

（3）端到端加密方式。端到端加密方式也称为面向协议加密方式，允许数据在从源点到终点的传输过程中始终以密文形式存在，信息在被传输时到达终点之前不进行解密，因为信息在整个传输过程中均受到保护，所以即使有节点被损坏也不会使消息泄露。因此，这种方式可以实现按各通信对象的要求改变加密密钥以及按应用程序进行密钥管理等，而且采用此种方式可以解决文件加密问题。

优点：①端到端加密系统的价格便宜些，并且与链路加密和节点加密相比更可靠，更容易设计、实现和维护。②端到端加密避免了其他加密系统所固有的同步问题，因为每个报文包均是独立被加密的，所以一个报文包所发生的传输错误不会影响后续的报文包。③从用户对安全需求的直觉来讲，端到端加密更自然些。单个用户可能会选用这种加密方法，以便不影响网络上的其他用户，此方法只需要源和目的节点是保密的即可。

缺点：信息所经过的节点都要用此地址来确定如何传输信息，不能掩盖被传输信息的源点与终点，因此它对于防止攻击者分析通信业务是脆弱的。

链路加密方式和端对端加密方式的区别在于：链路加密方式是对整个链路的通信采取保护措施，而端对端加密方式则是对整个网络系统采取保护措施。因此，端对端加密方式是将来的发展趋势。

2. 信息加密算法。信息加密算法有很多种，密码算法标准化是信息化社会发展的必然趋势，是世界各国保密通信领域得一个重要课题。按照发展进程来分，经历了古典密码、对称密钥密码和公开密钥密码阶段，古典密码算法有代码加密、替换加密、变换加密；对称加密算法包括 DES 及其各种变形，比如 Triple-DES、GDES，New DES 和 DES 的前身 Lucifer；欧洲的 IDEA；日本的 Skipjack。RC4，RCS 等；非对称加密算法包括 RSA、背包密码、McEliece 密码、Rabin、椭圆曲线、EIGamal D_ H 等我国为了实现强化网络安全，国家密码管理局公布了 SM 系列商密算法，涵盖对称密码算法 SM1/SM4、非对称密码算法 SM2、摘要算法 SM3，极大增加了我国信息安全的自主、可控。目前在数据通信中使用最普遍的算法有 DES 算法、RSA 算法和 IDEA 算法等。

(1)DES 加密算法(数据加密标准)。DES 使用相同的算法来对数据进行加密和解密，所以用的加密密钥和解密密钥是相同的，属于对称密钥加密算法。DES 主要采用替换和移位的方法加密。它用 56 位密钥对 64 位二进制数据块进行加密，每次加密可对 64 位的输入数据进行 16 轮编码，经一系列替换和移位后，输入的 64 位原始数据转换成

完全不同的64位输出数据。DES算法仅使用最大为64位的标准算术和逻辑运算，运算速度快，密钥产生容易，适合于在当前大多数计算机上用软件方法实现，同时也适合于在专用芯片上实现。

DES主要的应用范围有：

计算机网络通信。对计算机网络通信中的数据提供保护是DES的一项重要应用。但这些被保护的数据一般只限于民用敏感信息，即不在政府确定的保密范围之内的信息。

电子资金传送系统。采用DES的方法加密电子资金传送系统中的信息，可准确、快速地传送数据，并可较好地解决信息安全的问题。

保护用户文件。用户可自选密钥对重要文件加密，防止未授权用户窃密。

用户识别。DES还可用于计算机用户识别系统中。DES是一种世界公认的较好的加密算法。自它问世20多年来，成为密码界研究的重点，经受住许多科学家的研究和破译，在民用密码领域得到了广泛的应用。它曾为全球贸易、金融等非官方部门提供了可靠的通信安全保障。但是任何加密算法都不可能是十全十美的。它的缺点是密钥太短（56位），影响了它的保密强度。此外，由于DES算法完全公开，其安全性完全依赖于对密钥的保护，必须有可靠的信道来分发密钥。如采用信使递送密钥等。因此，它不适合在网络环境下单独使用。

针对它密钥较短的问题，科学家又研制了80位的密钥，以及在DES的基础上采用三重DES和双密钥加密的方法。即用两个56位的密钥K1，K2，发送方用K1加密，K2解密，再使用K1加密。接收方则使用K1解密，K2加密，再使用K1解密，其效果相当于将密钥长度加倍。

（2）RSA算法。RSA算法是一种非对称密钥加密算法，在迄今为止的所有公钥密钥体系中，RSA算法是理论上最为成熟完善、使用最广泛的一种公钥密码体制。它的安全性是基于大整数的分解，而体制的构造则是基于 Euler 定理。这种算法为公用网络上信息的加密和鉴别提供了一种基本的方法。它通常生成一对 RSA 密钥，其中之一是保密密钥，由用户保存，另一个为公开密钥，可对外公开，甚至可在网络服务器中注册。为提高保密强度，RSA 密钥至少为 500 位长，随着计算机计算性能的加速，目前 1024 位密钥已经不安全，一般推荐采用 2048 位或者更高。这就使得加密的计算量很大，为减少计算量，在传送信息时，常采用传统加密方法与公开密钥加密方法相结合的方式，即信息采用改进的 DES 或 IDEA 对话密钥加密，然后使用 RSA 密钥加密对话密钥和信息摘要。对方收到信息后，用不同的密钥解密并可核对信息摘要。

RSA 算法的加密密钥和加密算法分开，使得密钥分配更为方便，特别符合计算机网络环境。对于网上的大量用户，可以将加密密钥用电话簿的方式印出。如果某用户想与另一用户进行保密通信，只需从公钥簿上查出对方的加密密钥，用它对所传送的信息加密发出即可。对方收到信息后，用仅为自己所知的解密密钥将信息脱密，了解报文的内容。由此可看出，RSA 算法解决了大量网络用户密钥管理的难题。

RSA 并不能替代 DES，它们的优缺点正好互补。RSA 的密钥很长，加密速度慢，而采用 DES，正好弥补了 RSA 的缺点，即 DES 用于明文加密，RSA 用于 DES 密钥的加密。由于 DES 加密速度快，适合加密较长的报文；而 RSA 可解决 DES 密钥分配的问题。美国的保密增强邮件(PEM)就是采用了 RSA 和 DES 结合的方法，目前已成为 E-mail 保密通信标准。

(3)IDEA 算法。IDEA 算法又叫国际数据加密算法，是瑞士联邦技术学院开发的一种面向块的对称加密算法，其安全强度相对于 DES 的 56 位密钥，它使用 128 位的密钥，每次加密 64 位的块。这个算法被加强以防止一种特殊类型的攻击，任何人都可以得到这个算法，它

的安全性不在于隐藏算法本身，而在于保存好密钥。

IDEA 算法被认为是现今最好的、最安全的分组密码算法。算法可用于加密和解密。IDEA 用了混乱和扩散等操作，主要有三种运算：异或、模加、模乘，容易用软件和硬件来实现。用软件实现的速度与 DES 的速度一样快。

由于 IDEA 是在美国之外提出并发展起来的，避开了美国法律对加密技术的诸多限制，因此，有关 IDEA 算法和实现技术的书籍可以自由出版和交流，极大地促进了 IDEA 的发展和完善。但由于该算法出现的时间不长，针对它的攻击也还不多，还未经过较长时间的考验。因此，尚不能判断出它的优势和缺陷。

**（三）信息加密技术的发展**

1. Clipper 加密芯片的应用。密码虽然可为私人提供信息保密服务，但是它首先是维护国家利益的工具。正是基于这个出发点，考虑到 DES 算法公开后带来的种种问题，美国国家保密局（NSA）从 1985 年起开始着手制定新的商用数据加密标准，以取代 DES。1990 年开始试用，1993 年正式使用，主要用于通信交换系统中电话、传真和计算机通信信息的安全保护。

新的数据加密标准完全改变了过去的政策，密码算法不再公开，对用户提供加密芯片（Clipper）和硬件设备。新算法的安全性远高于 DES，其密钥量比 DES 多1000 多万倍。据估算，穷举破译至少需要 10 亿年。为确保安全，Clipper 芯片由一个公司制造裸片，再由另一公司编程后方可使用。

Clipper 芯片主要用于商业活动的计算机通信网。NSA 同时在着手进行政府和军事通信网中数据加密芯片的研究，并作为 Clipper 的换代产品。它除了具有 Clipper 的全部功能外，还将实现美国数字签名标准（DSS）和保密的哈希函数标准以及用纯噪声源产生随机数据的算法等。

2. 量子密码正在发展。量子技术在密码学上的应用分为两类：一是利用量子计算机传统密码体制进行分析，二是利用单光子的测不准原理在光纤一级实现密钥管理和信息加密，即量子密码学。量子计算是传统意义上的大规模并行计算系统，利用量子计算机可以在几秒钟内分解 RSA129 的公钥，而传统计算机要数月时间。

最新研究显示，量子密钥分配在光纤上的有效距离是 48 公里，它同样可以在无光纤的大气中传播 48 公里，该结果可以应用于低轨道卫星和地面站的保密通道。由于量子密码在传送距离上仍未能满足实际光纤通信的要求，其安全性仅基于现有物理定理，可能存在新的攻击方法，所以量子密码需要进行一段时间的深度研究。

加密技术随着网络的发展更新，将有更安全更易于实现的算法不断产生，为信息安全提供更有力的保障。现在，世界各国已经认识到网络安全的重要性，它是推动互联网发展、电子政务和电子商务的关键，除了采用信息加密技术外，还应配合采取黑客技术、防火墙技术、入侵检测技术、病毒防护技术等等。一个完善的网络安全保障系统，应该根据具体需求对上述安全技术进行取舍。

## 二、认证技术

数据加密是密码技术应用的重要领域，在认证技术中，密码技术也同样发挥出色，但它们的应用目的不同。加密是为了隐蔽消息的内容，而认证的目的有三个：一是消息(完整性)认证，即验证信息在传送或存储过程中是否被篡改；二是身份认证，即验证消息的收发者是否持有正确的身份认证符，如口令或密钥等；三是消息的序号和操作时间(时间性)等的认证，其目的是防止消息重放或延迟等攻击。

认证技术是防止不法分子对信息系统进行主动攻击的一种重要技术。加密和认证同是信息系统安全的两个重要方面，但它们不能相互替代。认证不能自动地提供加密功能，而加密也不能自然地提供认证功能。

### (一)认证技术的层次和体制

认证技术一般可以分为三个层次：安全管理协议、认证体制和密码体制。安全管理协议的主要任务是在安全体制的支持下，建立、强化和实施整个网络系统的安全策略；认证体制在安全管理协议的控制和密码体制的支持下，完成各种认证功能；密码体制是认证技术的基础，它为认证体制提供数学方法支持。

一个安全的认证体制至少应该满足以下要求：接收者能够检验和证实消息的合法性、真实性和完整性；消息的发送者对所发的消息不能抵赖，有时也要求消息的接收者不能否认收到的消息；除了合法的消息发送者外，其他人不能伪造发送消息。

认证体制中通常存在一个可信中心或可信第三方(如认证机构CA，即证书权威中心)，用于仲裁、颁发证书或管理某些机密信息。通过数字证书实现公钥的分配和身份的认证。

数字证书是标志通信各方身份的数据，是一种安全分发公钥的方式。CA 负责密钥的发放、注销及验证。CA 为每个申请公开密钥的用户发放一个证书，证明该用户拥有证书中列出的公钥。CA 中心的数字签名保证不能伪造和篡改该证书，因此，数字证书既能分配公钥，又实现了身份认证。

安全认证的概念可以细分为如下三个方面：数据源认证、实体认证及认证的密钥建立。

数据源认证：数据源认证包含从某个声称的源(发送者)到接收者的消息传输过程，该接收者在接收时验证消息以确认消息发送者的身份、原消息的完整性，以及消息传输的正确性。真实通信，并且第二主体所声称的身份应和第一主体所寻求的通信方一致。

认证的密钥建立：认证的密钥建立是认证协议和密钥建立协议的结合，用于确保协议参与实体身份的正确性，并在实体之间建立共享秘密以保证上层的安全通信。

实体认证：实体认证是一个通信过程，通过这个过程某个实体和另外一个实体建立一种真实通信，并且第二主体声称的身份应该和第一主体所寻求的通信方一致。

**（二）数字签名技术**

数字签名技术是一种实现消息完整性认证和身份认证的重要技术。

在文件上手写签名长期以来被用作作者身份的证明，或至少同意文件的内容。在计算机上，可以用数字签名（digital signature）来实现与文件上手写签名相同的功能。所谓数字签名，就是只有信息发送者才能产生的别人无法伪造的一段数字串，这段数字串同时也是对发送者发送信息真实性一个证明。数字签名也称为电子签名，是公钥密码系统的一种重要应用方式。现在，已经有很多国家制定了电子签名法。《中华人民共和国电子签名法》已于 2004 年 8 月 28 日第十届全国人民代表大会常务委员会第十一次会议通过，并已于 2005 年 4 月 1 日开始实施。

1. 数字签名的特点。手写签名与数字签名的主要区别在于：

体现形式不一样。手写签名印在文件的物理部分，手写签名反映某个人的个性特征，同一个人对不同文档的手写签名体现的个性特征相同；数字签名则以签名算法体现在所签的文件中。数字签名是数字串，它随被签对象不同而变化。同一个人对不同文档的数字签名是不同的。

验证方式不同。一个手写签名是通过和一个真实的手写签名相比较来验证；而数字签名能通过一个公开的验证算法来验证。任何人都可以验证一个数字签名。

拷贝形式不同。手写签名不易复制；数字签名容易拷贝。

2. 数字签名原理。如果 A 要向 B 发送一个消息，尽管该消息本身的保密性可能并不重要，但 A 希望 B 能够确认该消息确实是 A 发出的，并且消息在传输过程中没有被改动，即要实现消息真实来源的验

证和消息的完整性验证。

在这种情况下 A 使用自己的私人密钥来加密消息。如果 B 收到 A 的密文消息后，能够用 A 的公开密钥进行解密，这样就验证了该消息一定是由 A 发出的。因为除了 A 以外，没有其他人能够创建出可以用 A 的公开密钥来解密的密文来。并且因为如果没有 A 的私人密钥就不可能对消息进行改动，因此在消息的真实来源得以验证的同时，消息的数据完整性也能够得到验证。数字签名是不可抵赖的。即使 A 以后声称他没有发送这个消息给 B，但由于除了 A 以外，没有人能够生成同样的密文，这就说明 A 在说谎(图 5-4)。

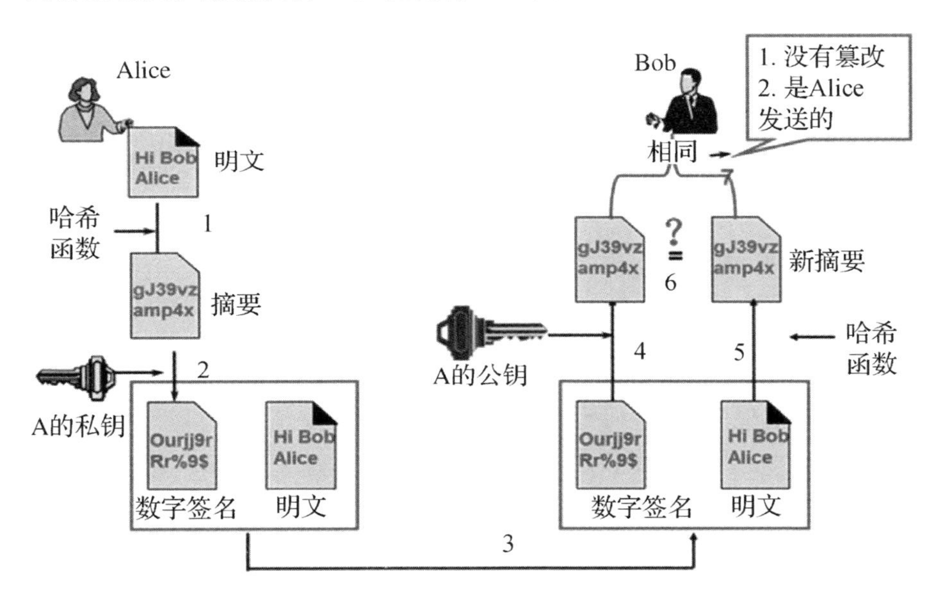


图 5-4　数字签名技术

### (三)身份认证技术

身份认证(Identification)是用户向系统出示自己身份证明的过程，又是系统查核用户身份证明的过程。这两个过程是判明和确认通信双方真实身份的两个重要环节，人们常把这两项工作统称为身份认证(或身份鉴别)。

进一步理解认证、授权与访问控制三个概念相结合构成身份的概念。认证是指验证用户或设备所声称身份是否有效的过程；授权是赋予用户、用户组特定系统访问权限的过程；访问控制指把来自系统资源的信息流限制到网络中被授权的人或系统。授权和访问大多数情况下都是在成功的认证之后进行。

可见身份认证机制是安全系统中的基础设施，是最基本的安全服务，它是外界进入安全系统的第一道屏障，其他的安全服务都依赖于它。如果身份认证出了问题，其他的安全服务也将功亏一篑。

从不同的角度，可以对常用的身份技术进行分类：

1. 基于秘密知识的认证、基于物品的认证、基于生物特征的认证和基于地址的认证。这种划分也是从用户使用认证系统的方式角度来说的。基于秘密知识的认证基于“你知道什么”。这里的”用户名 + 口令认证”应该理解为一切基于各种密码算法的软件认证方式，基于某种物品的认证方法基于“你拥有什么”，第三种基于生物特征的认证方法基于“你是什么”，第四种基于地址的认证方法基于 IP 地址和端口。

2. 静态认证与动态认证。这种划分基于认证过程中被验证一方的认证信息是否动态变化，是从认证方法的设计角度来说的。认证信息根据被认证者某些具有唯一性的信息生成的，它可以是你唯一知道的、唯一拥有的(例如所拥有的物品或者生物特征)等。在每一次的身份认证过程中被认证者向认证者提供的认证信息是静态的、不变化的。

3. 静态口令认证与动态口令认证。这种划分是基于用户在使用认证系统时每次输入的口令是否动态变化，是从用户使用认证系统的角度来说的。

4. 单因子认证、双因子认证和多因子认证。认证因子是指所有可用于身份认证的要素的集合。常用的认证因子比如 PIN 码、密码、响应记号(挑战/应答记号)、智能卡、生物学特征等。

5. 其他划分方法。从认证所采用的密码算法角度，可以分为基于对称密钥算法的认证方式、基于公开密钥算法的认证方式和基于HASH算法的认证方式。实用的安全身份认证系统往往是多种密码算法的混合系统，还可以从是否需要可信第三方的角度划分。

**（四）消息认证技术**

消息认证是指通过对消息或消息相关信息进行加密或签名变换进行的认证，目的是为防止传输和存储的消息被有意或无意地篡改，包括消息内容认证（即消息完整性认证）、消息的源和宿认证（即身份认证）及消息的序号和操作时间认证等。

消息认证所用的摘要算法与一般的对称或非对称加密算法不同，它并不用于防止信息被窃取，而是用于证明原文的完整性和准确性。也就是说，消息认证主要用于防止信息被篡改。

1. 消息内容认证。消息内容认证常用的方法是：消息发送者在消息中加入一个鉴别码（消息认证码 MAC、篡改检测码 MAC 等）并经加密后发送给接收者（有时只需加密鉴别码即可）。接收者利用约定的算法对解密后的消息进行鉴别运算，将得到的鉴别码与收到的鉴别码进行比较，若二者相等则接收，否则拒绝接收。

2. 源和宿的认证。一种方法是通信双方事先约定发送消息的数据加密密钥，接收者只需证实发送来的消息是否能用该密钥还原成明文就能鉴定发送者。如果双方使用同一个数据加密密钥，那么只需在消息中嵌入发送者的识别符即可。另一种方法是通信双方事先约定各自发送消息所使用的通行字，发送消息中含有此通行字并进行加密，接收者只需判别消息中解密的通行字是否等于约定的通行字就能鉴定发送者。为了安全起见，通行字应该是可变的。

3. 消息序号和操作时间的认证。消息的序号和时间性的认证主要是阻止消息的重放攻击。常用的方法有：消息的流水作业号、链接认证符、随机数认证法和时间戳等。

# 第五节　安全使用个人电脑

## 一、杀(防)毒软件不可少

病毒的发作给全球计算机系统造成巨大损失，令人们谈“毒”色变。上网的人中，很少有谁没被病毒侵害过。对于一般用户而言，首先要做的就是为电脑安装一套正版的杀毒软件。

现在不少人对防病毒有个误区，就是对待电脑病毒的关键是“杀”，其实对待电脑病毒应当是以“防”为主。目前绝大多数的杀毒软件都在扮演“事后诸葛亮”的角色，即电脑被病毒感染后杀毒软件才忙不迭地去发现、分析和治疗。这种被动防御的消极模式远不能彻底解决计算机安全问题。杀毒软件应立足于拒病毒于计算机门外。因此应当安装杀毒软件的实时监控程序，应该定期升级所安装的杀毒软件(如果安装的是网络版，在安装时可先将其设定为自动升级)，给操作系统打相应补丁、升级引擎和病毒定义码。由于新病毒的出现层出不穷，现在各杀毒软件厂商的病毒库更新十分频繁，应当设置每天定时更新杀毒实时监控程序的病毒库，以保证其能够抵御最新出现的病毒的攻击。

每周要对电脑进行一次全面的杀毒、扫描工作，以便发现并清除隐藏在系统中的病毒。当用户不慎感染上病毒时，应该立即将杀毒软件升级到最新版本，然后对整个硬盘进行扫描操作，清除一切可以查杀的病毒。如果病毒无法清除，或者杀毒软件不能做到对病毒体进行清晰的辨认，那么应该将病毒提交给杀毒软件公司，杀毒软件公司一般会在短期内给予用户满意的答复。而面对网络攻击之时，我们的第一反应应该是拔掉网络连接端口，或按下杀毒软件上的断开网络连

接钮。

专网杀毒软件仍存在以下几类问题：

1. 传统杀毒软件依赖病毒库，无法应对新的病毒安全形势。据知名安全公司 McAfee 的 2013 年度安全报告显示，目前病毒木马样本总数接近 6000 万，且逐月仍在增长。网络版杀毒软件依托本地病毒库查杀病毒，300M 的病毒库最多容纳 300 万左右的病毒样本，已经远远不能满足公安网病毒防范要求。

2. 病毒库升级不畅，限制了现有杀毒软件的杀毒能力。由于专网与互联网物理隔离，病毒库升级包靠各地干警手工导入，在消耗了大量人力物力的同时常常无法及时升级，导致专网内各种宏病毒、老病毒依然存在。

3. 杀毒软件管理中心无法级联，全网缺乏统一管控手段。目前杀毒软件由各省和地市信息中心自行采购部署，不同品牌的管理中心之间不支持级联，中心无法对全网计算机病毒情况进行统一和精细化的管控，无法指导各省对病毒疫情进行应急响应。

4. 无法对特种木马全网查杀，网络安全风险极大。特种木马是境外间谍机构针对我政府专网专门编写的计算机病毒，目前没有手段对其进行全网查杀。特种木马感染的计算机一旦连接互联网，则会造成专网泄密的重大案件，安全风险极大。

## 二、个人防火墙不可替代

如果有条件，安装个人防火墙以抵御黑客的袭击。所谓“防火墙”，是指一种将内部网和公众访问网分开的方法，实际上是一种隔离技术。防火墙是在两个网络通讯时执行的一种访问控制尺度，它能允许“同意”的人和数据进入的网络，同时将“不同意”的人和数据拒之门外，最大限度地阻止网络中的黑客来访问网络，防止他们更改、拷贝、毁坏重要信息。防火墙安装和投入使用后，并非万事大吉。要想充分发挥它的安全防护作用，必须对它进行跟踪和维护，要与商家保持密切的联系，时刻注视商家的动态。因为商家一旦发现其产品存在安全漏洞，就会尽快发布补救产品，此时应尽快确认真伪(防止特洛伊木马等病毒)，并对防火墙进行更新。在理想情况下，一个好的防火墙应该能把各种安全问题在发生之前解决。就现实情况看，这还是个遥远的梦想。目前各家杀毒软件的厂商都会提供个人版防火墙软件，防病毒软件中都含有个人防火墙，所以可用同一张光盘运行个人防火墙安装，重点提示防火墙在安装后一定要根据需求进行详细配置。合理设置防火墙后应能防范大部分的蠕虫入侵。

## 三、分类设置密码并使密码设置尽可能复杂

在不同的场合使用不同的密码。网上需要设置密码的地方很多，如网上银行、上网账户、E-mail、聊天室以及一些网站的会员等，应尽可能使用不同的密码，以免因一个密码泄露导致所有资料外泄。对于重要的密码(如网上银行的密码)一定要单独设置，并且不要与其他密码相同。

设置密码时要尽量避免使用有意义的英文单词、姓名缩写以及生日、电话号码等容易泄露的字符作为密码，最好采用字符与数字混合的密码。

不要贪图方便在拨号连接的时候选择“保存密码”选项；如果您是使用 Email 客户端软件(Outlook Express、Foxmail、The bat 等)来收发重要的电子邮箱，如 ISP 信箱中的电子邮件，在设置账户属性时尽量不要使用“记忆密码”的功能。因为虽然密码在机器中是以加密方式存储的，但是这样的加密往往并不保险，一些初级的黑客即可轻易地破译密码。

定期地修改自己的上网密码，至少一个月更改一次，这样可以确保即使原密码泄露，也能将损失减小到最少。

## 四、不下载不打开来路不明的软件、邮件及附件

不下载来路不明的软件及程序。几乎所有上网的人都在网上下载过共享软件(尤其是可执行文件)，在带来方便和快乐的同时，也会悄悄地把一些不欢迎的东西带到机器中，比如病毒。因此应选择信誉较好的下载网站下载软件，将下载的软件及程序集中放在非引导分区的某个目录，在使用前最好用杀毒软件查杀病毒。有条件的话，可以安装一个实时监控病毒的软件，随时监控网上传递的信息。

不要打开来历不明的电子邮件及其附件，以免遭受病毒邮件的侵害。在互联网上有许多种病毒流行，有些病毒就是通过电子邮件来传播的，这些病毒邮件通常都会以带有噱头的标题来吸引打开其附件，如果您抵挡不住它的诱惑，而下载或运行了它的附件，就会受到感染，所以对于来历不明的邮件应当将其拒之门外。

## 五、警惕“网络钓鱼”

目前，网上一些黑客利用“网络钓鱼”手法进行诈骗，如建立假冒网站或发送含有欺诈信息的电子邮件，盗取网上银行、网上证券或其他电子商务用户的账户密码，从而窃取用户资金的违法犯罪活动不断增多。公安机关和银行、证券等有关部门提醒网上银行、网上证券和电子商务用户对此提高警惕，防止上当受骗。

目前“网络钓鱼”的主要手法有以下几种方式：

1. 发送电子邮件，以虚假信息引诱用户中圈套。诈骗分子以垃圾邮件的形式大量发送欺诈性邮件，这些邮件多以中奖、顾问、对账等内容引诱用户在邮件中填入金融账号和密码，或是以各种紧迫的理由要求收件人登录某网页提交用户名、密码、身份证号、信用卡号等信息，继而盗窃用户资金。

2. 建立假冒网上银行、网上证券网站，骗取用户账号密码实施盗窃。犯罪分子建立起域名和网页内容都与真正网上银行系统、网上证券交易平台极为相似的网站，引诱用户输入账号密码等信息，进而通过真正的网上银行、网上证券系统或者伪造银行储蓄卡、证券交易卡盗窃资金；还有的利用跨站脚本，即利用合法网站服务器程序上的漏洞，在站点的某些网页中插入恶意 Html 代码，屏蔽住一些可以用来辨别网站真假的重要信息，利用 Cookies 窃取用户信息。

3. 利用虚假的电子商务进行诈骗。此类犯罪活动往往是建立电子商务网站，或是在比较知名、大型的电子商务网站上发布虚假的商品销售信息，犯罪分子在收到受害人的购物汇款后就销声匿迹。

4. 利用木马和黑客技术等手段窃取用户信息后实施盗窃活动。木马制作者通过发送邮件或在网站中隐藏木马等方式大肆传播木马程序，当感染木马的用户进行网上交易时，木马程序即以键盘记录的方式获取用户账号和密码，并发送给指定邮箱，用户资金将受到严重威胁。

5. 利用用户弱口令等漏洞破解、猜测用户账号和密码。不法分子利用部分用户贪图方便设置弱口令的漏洞，对银行卡密码进行破解。

实际上，不法分子在实施网络诈骗的犯罪活动过程中，经常采取以上几种手法交织、配合进行，还有的通过手机短信、QQ、MSN 进行各种各样的“网络钓鱼”不法活动。反网络钓鱼组织 APWG(Anti-Phishing Working Group)最新统计指出，约有 70.8% 的网络欺诈是针对金融机构而来。从国内前几年的情况看大多 Phishing 只是被用来骗取 QQ 密码与游戏点卡与装备，但 2016 年国内的众多银行已经多次被 Phishing 过了。可以下载一些工具来防范 Phishing 活动，如 Netcraft Toolbar，该软件是 IE 上的 Toolbar，当用户开启 IE 里的网址时，就会检查是否属于被拦截的危险或嫌疑网站，若属此范围就会停止连接到该网站并显示提示。

## 六、防范间谍软件

间谍软件(Spyware)是一种能够在用户不知情的情况下，在其电脑上安装后门、收集用户信息的软件。它能够削弱用户对其使用经验、隐私和系统安全的物质控制能力；使用用户的系统资源，包括安装在他们电脑上的程序；或者搜集、使用、并散播用户的个人信息或敏感信息。

到目前为止，间谍软件数量已有几万种。间谍软件的一个共同特点是，能够附着在共享文件、可执行图像以及各种免费软件当中，并趁机潜入用户的系统，而用户对此毫不知情。间谍软件的主要用途是跟踪用户的上网习惯，有些间谍软件还可以记录用户的键盘操作，捕捉并传送屏幕图像。间谍程序总是与其他程序捆绑在一起，用户很难发现它们是什么时候被安装的。一旦间谍软件进入计算机系统，要想彻底清除它们就会十分困难，而且间谍软件往往成为不法分子手中的危险工具。

从一般用户能做到的方法来讲，要避免间谍软件的侵入，可以从下面三个途径入手：

1. 把浏览器调到较高的安全等级——Internet Explorer 预设为提供基本的安全防护，可以自行调整其等级设定。将 Internet Explorer 的安全等级调到“高”或“中”可有助于防止下载。

2. 在计算机上安装防止间谍软件的应用程序，时常监察及清除电脑的间谍软件，以阻止软件对外进行未经许可的通讯。

3. 对将要在计算机上安装的共享软件进行甄别选择，尤其是那些不熟悉的，可以登录其官方网站了解详情；在安装共享软件时，不要总是心不在焉地一路单击“OK”按钮，而应仔细阅读各个步骤出现的协议条款，特别留意那些有关间谍软件行为的语句。

## 七、只在必要时共享文件夹

不要以为在内部网上共享的文件是安全的，其实在共享文件的同时就会有软件漏洞呈现在互联网的不速之客面前，公众可以自由地访问您的那些文件，并很有可能被有恶意的人利用和攻击。因此共享文件应该设置密码，一旦不需要共享时立即关闭。

一般情况下不要设置文件夹共享，以免成为居心叵测的人进入计算机的跳板。

如果确实需要共享文件夹，一定要将文件夹设为只读。通常共享设定“访问类型”不要选择“完全”选项，因为这一选项将导致只要能访问这一共享文件夹的人员都可以将所有内容进行修改或者删除。Windows98/ME 的共享默认是“只读”的，其他机器不能写入；Windows2000 的共享默认是“可写”的，其他机器可以删除和写入文件，对用户安全构成威胁。

不要将整个硬盘设定为共享。例如，某一个访问者将系统文件删除，会导致计算机系统全面崩溃，无法启动。

## 八、定期备份重要数据

数据备份的重要性毋庸讳言，无论防范措施做得多么严密，也无法完全防止“道高一尺，魔高一丈”的情况出现。如果遭到致命的攻击，操作系统和应用软件可以重装，而重要的数据就只能靠日常的备份了。所以，无论采取了多么严密的防范措施，也不要忘了随时备份重要数据，做到有备无患。

# 第六章 网络攻击防范

## 第一节　身份认证与访问控制

### 一、身份认证应用

认证是指对主客体身份进行确认的过程。身份认证是指网络用户在进入系统或访问受限系统资源时，系统对用户身份的鉴别过程。认证技术是用户身份认证与鉴别的重要手段，也是计算机系统安全中的一项重要内容。

身份认证基本方法和认证技术在第五章第四节中有详细描述。根据安全水平、系统通过率、用户可接受性、成本因素，可以选择适当的组合设计。

### 二、访问控制模型

近年来，随着网络技术的飞速发展与应用，各行业单位内部的信息化已经得到了普及。

各单位随着信息化的发展和普及，越来越多地把业务和管理工作放到网络上来操作，然而内部网络和访问终端往往部署散乱，终端系统参差不齐，这样单位内网以及庞大的终端用户就会面临着众多管理和访问的问题，主要体现在以下几方面：外来终端随意地访问内网，不设防；内网中的用户可以随意地访问核心网络，下载核心文件；不合规终端也可以接入到单位内网，对整个网络安全带来隐患；对不合规终端难以快速发现隐患，并进行统一修复和规范；对无线手持设备进入内网没有设限，造成安全隐患；对不同用户的网络访问权限难以管理。

针对以上问题以及诸多安全隐患需要一套综合完整的端点安全准入解决方案，它可以根据不同的用户分配不同的网络区域（VLAN 隔离和下发终端 IP），分配不同的网络访问权限；同时解决方案还要对入网请求的终端进行网络合规性检查和评估，并根据客户制定的检查标准，对不满足条件的终端提供进行修复向导。

### （一）访问控制的概念及要素

访问控制（access control）指系统对用户身份及其所属的预先定义的策略组限制其使用数据资源能力的手段。通常用于系统管理员控制用户对服务器、目录、文件等网络资源的访问。

访问控制的主要目的是限制访问主体对客体的访问，从而保障数据资源在合法范围内得以有效使用和管理。

访问控制包括三个要素：主体 S（subject），是指提出访问资源具体请求；客体 O（object），是指被访问资源的实体；控制策略 A（attribution）。

### （二）访问控制的功能及原理

访问控制的主要功能包括：保证合法用户访问受权保护的网络资源，防止非法的主体进入受保护的网络资源，或防止合法用户对受保护的网络资源进行非授权的访问。访问控制的内容包括认证、控制策略实现和安全审计，如图 6-1 所示。

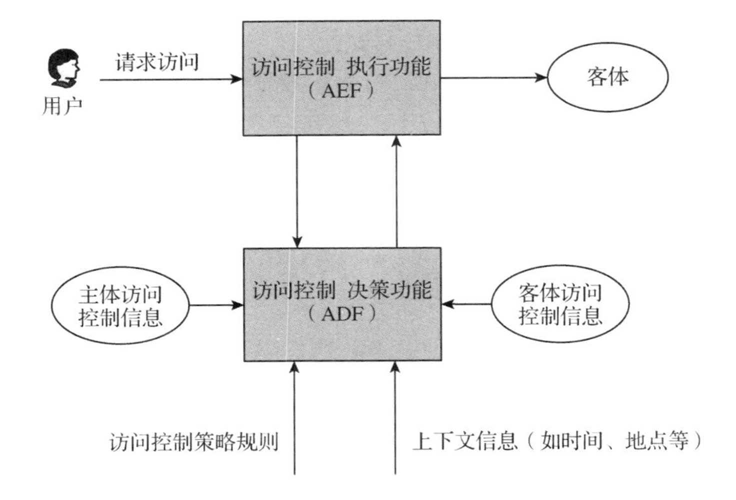


图 6-1　访问控制功能及原理

### （三）访问控制的类型

1. 自主访问控制。自主访问控制（discretionary access control，DAC）是一种接入控制服务，通过执行基于系统实体身份及其到系统资源的接入授权，包括在文件、文件夹和共享资源中设置许可。

2. 强制访问控制。强制访问控制（mandatory access control，MAC）是系统强制主体服从访问控制策略。是由系统对用户所创建的对象，按照规则控制用户权限及操作对象的访问。主要特征是对所有主体及其所控制的进程、文件、段、设备等客体实施强制访问控制。

MAC 的安全级别常用的为 4 级：绝密级、秘密级、机密级和无级别级，其中 T＞S＞C＞U。系统中的主体（用户，进程）和客体（文件，数据）都分配安全标签，以标识安全等级。

3. 基于角色的访问控制。角色（role）是一定数量权限的集合。指完成一项任务必须访问的资源及相应操作权限的集合。角色作为一个用户与权限的代理层，表示为权限和用户的关系，所有的授权应该给予角色而不是直接给用户或用户组。

基于角色的访问控制（role-based access control，RBAC）是通过对角

色的访问所进行的控制。使权限与角色相关联，用户通过成为适当角色的成员而得到其角色的权限。可极大地简化权限管理。

RBAC 模型的授权管理方法，主要有 3 种：根据任务需要定义具体不同的角色；为不同角色分配资源和操作权限；给一个用户组(Group，权限分配的单位与载体)指定一个角色。

RBAC 支持三个著名的安全原则：最小权限原则、责任分离原则和数据抽象原则。

## 第二节　网络病毒攻击防范

### 一、计算机病毒概述

#### (一)计算机病毒产生的背景

计算机病毒的产生是计算机技术和以计算机为核心的社会信息化进程发展到一定阶段的必然产物。它产生的背景是：

1. 计算机病毒是计算机犯罪的一种新的衍化形式。计算机病毒是高技术犯罪，具有瞬时性、动态性和随机性。不易取证，风险小而破坏大，从而刺激了犯罪意识和犯罪活动。

2. 计算机软硬件产品的技术上的脆弱性是根本原因。数据在输入、存储、处理、输出等过程中，易误入、篡改、丢失、作假和破坏；程序易被删除、改写；计算机软件设计的手工方式，效率低下且生产周期长；人们至今没有办法事先了解一个程序有没有错误，只能在运行中发现、修改错误，并不知道还有多少错误和缺陷隐藏在其中。这些脆弱性就为病毒的侵入提供了条件。

3. 计算机的普及应用是计算机病毒产生的必要环境。1983 年 11 月 3 日，美国计算机专家首次提出了计算机病毒的概念并进行了验证。

计算机的广泛普及，操作系统简单明了，软、硬件透明度高，能够透彻了解它内部结构的用户日益增多，对其存在的缺点和易攻击处也了解得越来越清楚。

### （二）计算机病毒的概念

《中华人民共和国计算机信息系统安全保护条例》中明确定义，计算机病毒指“编制或者在计算机程序中插入的破坏计算机功能或者破坏数据，影响计算机使用并且能够自我复制的一组计算机指令或者程序代码”。

### （三）计算机病的特点

1. 繁殖性。计算机病毒可以像生物病毒一样进行繁殖，当正常程序运行时，它也进行自身复制，是否具有繁殖、感染的特征是判断某段程序为计算机病毒的首要条件。

2. 潜伏性。计算机病毒潜伏性是指计算机病毒可以依附于其他媒体寄生的能力，侵入后的病毒潜伏到条件成熟才发作，会使电脑变慢。

3. 破坏性。计算机中毒后，可能会导致正常的程序无法运行，把计算机内的文件删除或受到不同程度的损坏。破坏引导扇区及 BIOS，硬件环境破坏。

4. 隐蔽性。计算机病毒具有很强的隐蔽性，可以通过病毒软件检查出来少数，隐蔽性计算机病毒时隐时现、变化无常，这类病毒处理起来非常困难。

5. 传染性。计算机病毒传染性是指计算机病毒通过修改别的程序将自身的复制品或其变体传染到其他无毒的对象上，这些对象可以是一个程序也可以是系统中的某一个部件。

6. 可触发性。编制计算机病毒的人，一般都为病毒程序设定了一些触发条件，例如，系统时钟的某个时间或日期、系统运行了某些程序等。一旦条件满足，计算机病毒就会“发作”，使系统遭到破坏。

### （四）计算机病毒的种类

根据多年来专家对于计算机病毒的研究，按照科学的、系统的、严密的方法，计算机病毒分类如下：

1. 病毒存在的媒体。根据病毒存在的媒体，病毒可以划分为网络病毒、文件病毒、引导型病毒。网络病毒通过计算机网络传播感染网络中的可执行文件，文件病毒感染计算机中的文件(如：COM，EXE，DOC 等)，引导型病毒感染启动扇区(Boot)和硬盘的系统引导扇区(MBR)。还有这三种情况的混合型，例如：多型病毒(文件和引导型)感染文件和引导扇区两种目标，这样的病毒通常都具有复杂的算法，它们使用非常规的办法侵入系统，同时使用了加密和变形算法。

2. 病毒传染的方式。按照计算机病毒的传染方式，病毒可以划分为磁盘引导区型传染的计算机病毒、操作系统型传染的计算机病毒和一般应用程序传染的计算机病毒。磁盘引导区型传染的计算机病毒主要是用计算机病毒的全部或部分来取代正常的引导记录，而将正常的引导记录隐蔽在磁盘的其他存储空间，进行保护或不保护。操作系统型传染的计算机病毒是利用操作系统中提供的一些程序而寄生或传染的计算机病毒。一般应用程序传染的计算机病毒是寄生于一般的应用程序，并在被传染的应用程序执行时获得控制权，且驻留内存并监视系统的运行，寻找可以传染的对象进行传染。

3. 病毒破坏的能力。根据病毒破坏的能力可划分为以下几种。

无害型，除了传染时减少磁盘的可用空间外，对系统没有其他影响。

无危险型，这类病毒仅仅是减少内存、显示图像、发出声音及同类音响。

危险型，这类病毒在计算机系统操作中造成严重的错误。

非常危险型，这类病毒删除程序、破坏数据、清除系统内存区和操作系统中重要的信息。

这些病毒对系统造成的危害，并不是本身的算法中存在危险的调用，而是当它们传染时会引起无法预料的和灾难性的破坏，由病毒引起其他的程序产生的错误也会破坏文件和扇区，这些病毒也按照他们引起的破坏能力划分。

4. 病毒特有的算法。根据病毒特有的算法，病毒可以划分为以下几种。

(1)伴随型病毒。这一类病毒并不改变文件本身，它们根据算法产生 EXE 文件的伴随体，具有同样的名字和不同的扩展名(COM)，例如：XCOPY. EXE 的伴随体是 XCOPY. COM。病毒把自身写入 COM 文件并不改变 EXE 文件，当 DOS 加载文件时，伴随体优先被执行到，再由伴随体加载执行原来的 EXE 文件。

(2)“蠕虫”型病毒。通过计算机网络传播，不改变文件和资料信息，利用网络从一台机器的内存传播到其他机器的内存，计算网络地址，将自身的病毒通过网络发送。有时它们在系统存在，一般除了内存不占用其他资源。

(3)寄生型病毒。除了伴随和“蠕虫”型，其他病毒均可称为寄生型病毒，它们依附在系统的引导扇区或文件中，通过系统的功能进行传播，按算法分为：

练习型病毒，病毒自身包含错误，不能进行很好的传播，例如一些病毒在调试阶段。

诡秘型病毒，它们一般不直接修改 DOS 中断和扇区数据，而是通过设备技术和文件缓冲区等 DOS 内部修改，不易看到资源，使用比较高级的技术。利用 DOS 空闲的数据区进行工作。

变型病毒(又称幽灵病毒)，这一类病毒使用一个复杂的算法，使自己每传播一份都具有不同的内容和长度。它们一般的做法是一段混有无关指令的解码算法和被变化过的病毒体组成。

## 二、防病毒原理

### (一)杀毒引擎

从技术上讲，“杀毒引擎”是一套判断特定程序行为是否为病毒程序或可疑程序的技术机制。杀毒引擎是杀毒软件的主要部分，是去检测和发现病毒的程序。形象地说，它是杀毒产品的发动机，没有这个发动机，反病毒产品就只是一个空壳，无法正常运转。

### (二)病毒匹配

在与病毒的对抗中，及早发现病毒很重要。早发现、早处理，可以减少损失，当然最容易的方法就是用最新的杀毒软件进行检测。但是要知道，杀毒软件病毒库的更新永远赶不上病毒的产生速度，但是病毒总会在被感染的计算机上留下“作案痕迹”。

常用的监测病毒方法有：特征代码法、校验和法、行为监测法、软件模拟法。这些方法依据的原理、实现时所需条件、检测范围各不相同。

1. 特征代码法。特征代码法是监测已知病毒的最简单、开销最小的方法，它的实现是采集已知病毒样本。病毒如果既感染 COM 文件，又感染 EXE 文件，对这种病毒要同时采集 COM 型病毒样本和 EXE 型病毒样本。打开被检测文件，在文件中搜索，检查文件中是否含有病毒数据库中的病毒特征代码。如果发现病毒特征代码，由于特征代码与病毒一一对应，便可以断定被查文件中患有何种病毒。

采用病毒特征代码法的检测工具，面对不断出现的新病毒，必须不断更新版本，否则检测工具便会老化，逐渐失去实用价值。病毒特征代码法对从未见过的新病毒，自然无法知道其特征代码，因而无法去检测这些新病毒。

优点：一是当特征串选择得很好时，病毒检测软件让计算机用户使用起来很方便快捷，对病毒了解不多的人也能用它来发现病毒。二是不用专门软件，用 PCTOOLS 等软件，也能用特征串扫描法去检测特定病毒。三是可识别病毒的名称。四是误报警率低。五是依据检测结果，可做杀毒处理。

缺点：一是速度慢。随着病毒种类的增多，检索时间变长。如果检索5000种病毒，必须对5000种病毒特征代码逐一检查；如果病毒种类再增加，检查病毒的时间就变得很长。此类工具检测的高速性将变得日益困难。二是不能检查多态性病毒。特征代码法是不可能检测多态性病毒的。三是不能对付隐蔽性病毒。隐蔽性病毒如果先进驻内存，后运行病毒检测工具，隐蔽性病毒就能先于检测工具，将被检查文件中的病毒代码剥去，检测工具的确是在检查一个虚假的好文件，而不能报警，被隐蔽性毒病毒所蒙骗。

2. 校验和法。校验和法是一种计算正常文件内容的校验和，将该校验和写入文件中或写入别的文件中保存，在文件使用过程中，定期地或每次使用文件前检查文件现有内容算出的校验和与原来保存的校验和是否一致，从而发现文件是否被感染的方法。

这种方法既能发现已知病毒，也能发现未知病毒，但是它不能识别病毒类，不能报出病毒名称。由于病毒感染并非文件内容改变的唯一的非他性原因，且文件内容的改变有可能是正常程序引起的，所以校验和法常常误报警，而且此种方法也会影响文件的运行速度。

优点：一是方法简单。二是能发现未知病毒。三是被查文件的细微变化也能发现。

缺点：一是必须发布通行记录正常态的校验和。二是会误报警。三是不能识别病毒名称。四是不能对付隐蔽型病毒。

3. 行为监测法。利用病毒的特有行为特征性来监测病毒的方法，称为行为监测法。通过对病毒多年的观察、研究，有一些行为是病毒的共同行为，而且相对比较特殊。在正常程序中，这些行为比较罕见。当程序运行时，监视其行为，如果发现了病毒行为，立即报警。

优点：一是可发现未知病毒。二是可准确预报未知的多数病毒。

缺点：一是可能误报警。二是不能识别病毒名称。三是实现时有一定难度。

4. 软件模拟法。多态性病毒每次感染都变化其病毒密码，对付这种病毒，特征代码法失效。因为多态性病毒代码实施密码化，而且每次所用密钥不同，把染毒的病毒代码相互比较，也无法找出相同的可能作为特征的稳定代码。虽然行为检测法可以检测多态性病毒，但是在检测出病毒后，因为不知病毒的种类，难以做杀毒处理。软件模拟法则是成功地模拟了CPU执行，在DOS虚拟机下伪执行计算机病毒程序，安全并确实地将其解密，使其显露本来的面目，再加以扫描。

四种检测方法优缺点比较见表6-1。

**表6-1　四种检测方法**

| 方法 | 优点 | 缺点 |
| --- | --- | --- |
| 特征代码法 | 方便快捷、不用专门软件、可识别病毒的名称、误报警率低、依据检测结果，可做杀毒处理 | 速度慢、不能检查多态性病毒，不能对付隐蔽性病毒 |
| 校验和法 | 方法简单、能发现未知病毒、能发现被查文件的细微变化 | 必须发布通行记录正常态和校验和、误报警率高、不能识别病毒名称、不能对付隐蔽型病毒 |
| 行为监测法 | 可发现未知病毒、可相当准确地预报未知的多数病毒 | 误报警率高、不能识别病毒名称、实现困难 |
| 软件模拟法 | 识别多态性病毒 | 需要与特征代码结合使用 |

# 第三节　网络攻防体系

网络安全问题伴随着网络的产生而产生，像病毒入侵、黑客攻击等安全事件，每时每刻都在发生，遍布世界各地。由于网络分布的广域性、网络体系结构的开放性、信息资源的共享性和通信信道的共用性特点，使计算机网络存在较多的脆弱点。网络管理人员都知道：如果知道自己被攻击了就赢了一半，但问题的关键是：如何知道自己被攻击了，并采取适当的防护策略。

## 一、网络攻击技术

网络攻击手段也是随着计算机及网络技术的发展而不断发展的，这里根据网络攻击的方式及其造成的后果来分类进行介绍。

1. 网络扫描。常见网络攻击及其原理网络攻击手段也是随着计算机及网络技术的发展而不断发展的，这里根据网络攻击的方式及其造成的后果来分类进行介绍。网络扫描是黑客攻击的重要步骤，可以分为被动式策略扫描和主动式扫描，被动式策略是基于主机之上，对于系统不合适的设置、脆弱的口令以及其他同安全规则抵触的对象进行检查，而主动式扫描对系统进行模拟攻击，可能会对系统造成破坏。例如，可以用软件 GetNTUer 进行系统用户扫描获得用户名和密码，用软件 PortScan 进行开放端口扫描，用软件 Shed 进行共享目录主机扫描，用软件 X-Scan 进行漏洞扫描，还可以利用 TCP 协议编程实现端口扫描，用 Sniffer 进行网络监听等等。

2. 病毒攻击。病毒攻击病毒是指编制或者在计算机程序中插入的破坏计算机功能或者破坏数据，影响计算机使用并且能够自我复制的一组计算机指令或者程序代码。病毒代码潜藏在其他程序、硬盘分区表或引导扇区中等待时机，一旦条件成熟便发作。病毒可以通过计算机网络传播感染网络中的可执行文件，感染计算机中的文件（如：COM，EXE，DOC 等），感染启动扇区（Boot）和硬盘的系统引导扇区（MBR），很多的病毒都具有复杂的算法，它们使用非常规的办法侵入系统，同时使用了加密和变形算法。常见的网络病毒有宏病毒、蠕虫病毒、木马病毒、网页病毒等。病毒的来源主要有两种：一是文件下载，二是电子邮件。

3. 侦听获取信息。侦听获取信息网络侦听，指在计算机网络接 El 处截获网上计算机之间通信的数据，它常常能轻易地获得其他方法很难获得的信息。如用户口令、金融账号、敏感数据、低级协议信息等，

Sniffer 就是一个完善的监听工具，其原理是：根据局域网数据交换广播原理，监听主机对局域网中广播的数据包全部接收分析，获取通信数据。网络监听的检测比较困难。

4. 网络入侵。网络入侵网络入侵是常见的网络攻击方式，它是在网络扫描的基础上，利用系统漏洞和各种软件夺取系统的控制权，达到攻击的目的。譬如：(1)利用缓冲区溢出入侵。通过往程序的缓冲区写超出其长度的内容，造成缓冲区的溢出，从而破坏程序的堆栈，使程序转而执行其他指令，以达到攻击目的，最常见的方法通过某个特殊程序的缓冲区溢出转而执行一个 shell，通过 shell 的权限可以执行更高的命令。(2)口令攻击，运用各种软件工具和安全漏洞破解网络合法用户的口令或避开系统口令验证过程，然后冒充合法用户，潜入网络系统，夺取系统的控制权。(3)欺骗攻击。就是将一台计算机假冒为另一台被信任的计算机进行信息欺骗，主要有 IP 欺骗、DNS 欺骗、Web 欺骗、ARP 欺骗、电子邮件欺骗、地址欺骗与口令欺骗等。(4)暴力攻击。就是一个黑客试图用计算机和信息去破解一个密码。字典攻击是最常见的一种暴力攻击。

5. 拒绝式服务攻击。拒绝式服务攻击拒绝服务攻击，它是一种简单的破坏性攻击，通常利用 TCP/IP 协议的某个弱点，或者是系统存在的某些漏洞，通过一系列动作，使目标丰机(服务器)不能提供正常的福气网络服务，即阻止系统合法用户及时得到应得的服务或系统资源。常见的拒绝服务攻击手段主要有服务端口攻击、电子邮件轰炸、分布式拒绝服务攻击等。这里重点介绍一下分布式拒绝服务(Distributed Denial of Service，DDOS)攻击，它一般基于客户－服务器模式，它的特点是先使用一些典型的黑客入侵手段控制一些高带宽的服务器，然后在这些服务器上安装攻击进程，集数十台、百台甚至上千台机器的力量对单一攻击目标实施攻击。在悬殊的带宽力量对比下，被攻击的主机会很快因不胜重负而崩溃。分布式拒绝服务攻击发展十分迅速，其隐蔽性和分布性很难被识别和防御。

## 二、网络攻击过程

虽然黑客攻击的过程复杂多变，但是仍然具有规律可循。总体来说，网络攻击过程可划分为七个步骤，具体见表 6-2 所示。

**表 6-2　网络攻击过程**

| 步骤 | 名称 | 详细描述 |
| --- | --- | --- |
| 1 | 踩点 | 利用技术手段或者社会工程学手段搜集主机信息，确定攻击目标和攻击目的 |
| 2 | 扫描 | 利用踩点结果，挖掘目标系统存在的系统漏洞、操作系统、开放端口、开放服务等 |
| 3 | 获取访问权限 | 利用主机本身漏洞或者采用跳板攻击的技术获得目标主机的某种权限 |
| 4 | 提升权限 | 获取目标主机的管理员权限 |
| 5 | 控制信息 | 窃取、篡改或删除目标主机中的用户资料 |
| 6 | 掩盖痕迹 | 篡改或删除系统日志，清除痕迹 |
| 7 | 创建后门 | 便于再次入侵 |

其中，第一步和第二步属于攻击前的准备阶段，第三步、第四步和第五步属于攻击的实施阶段，最后两步属于攻击的善后阶段。

网络攻击详细流程如图 6-2 所示。

## 三、网络攻击技术分析

综合以上分析可知，入侵者对目标网络进行攻击，主要是利用系统漏洞和管理漏洞，并结合密码猜解和病毒、后门等工具对目标主机实施攻击。

“扫描”是网络攻击的第二个步骤，也是一切入侵的基础。入侵者通过扫描，可以获得足够多的信息。目前，攻击者使用的扫描工具除了采用传统的端口扫描技术、漏洞扫描技术、服务识别技术、操作系统探测技术外，还融合了间接扫描、秘密扫描、代理扫描、认证扫描、

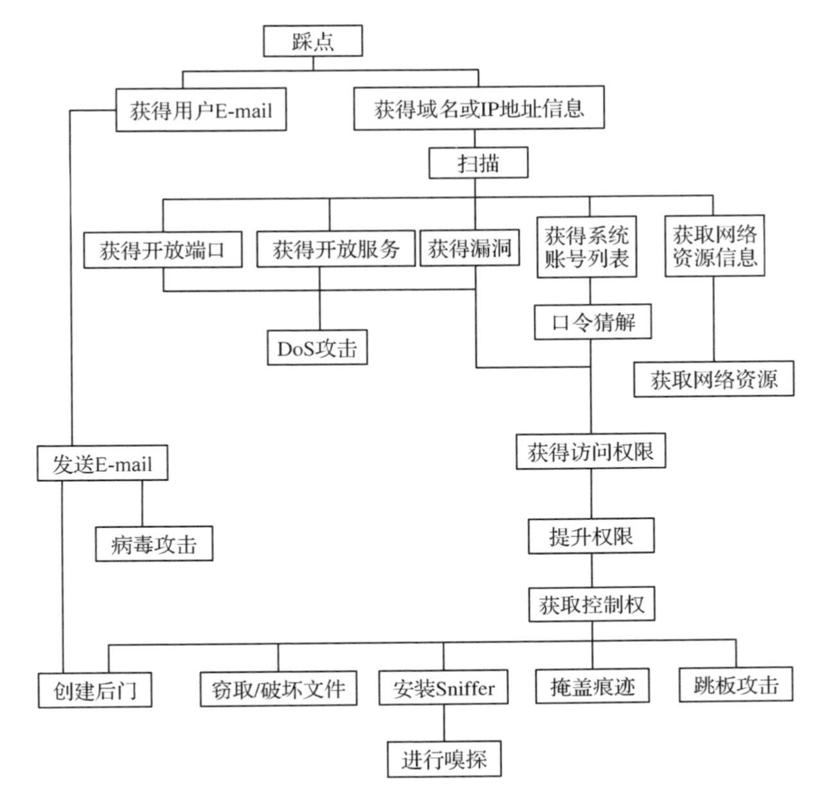


**图 6-2　网络攻击流程**

多线程检测、高效的服务器流模式以及多字典同时探测等技术，使扫描结果更准确。

以冲击波、振荡波为代表的利用漏洞传播的病毒是新型病毒攻击方式，一旦感染，则会造成系统不可用。

木马病毒是指通过特定的程序（木马程序）来控制另一台计算机。木马通常有两个可执行程序：一个是控制端，另一个是被控制端。“木马”程序是目前比较流行的病毒文件，与一般的病毒不同，它不会自我繁殖，也并不“刻意”地去感染其他文件，它通过将自身伪装吸引用户下载执行，向施种木马者提供打开被种主机的门户，使施种者可以任意毁坏、窃取被种者的文件，甚至远程操控被种主机。

网络钓鱼技术是最新出现的攻击方式，其本质为欺诈行为。大多采用垃圾邮件的方式骗取用户的个人资料，特别是账号和密码等个人机密信息；或者网页包含攻击程序。这种技术与IP地址欺骗技术是不同的，属于社会工程学攻击范畴。总的来说，网络攻击呈现以下特点：(1)网络攻击的自动化程度和攻击速度不断提高。目前，分布式攻击工具能够很有效地发动拒绝服务攻击，扫描潜在的受害主机，对存在安全隐患的系统实施快速攻击。(2)攻击工具日趋复杂，攻击者不断利用更先进的技术武装攻击工具，攻击工具的特征比以前更难发现，已经具备了反侦破、动态行为、更加成熟等特点。(3)攻击者利用安全漏洞发动攻击的速度越来越快。

## 四、网络防御技术发展分析

网络安全技术的发展严重滞后于网络技术本身。正是由于网络技术本身的不足、网络安全技术的不完善、攻击技术的不断更新和网络安全防范体系的不健全，造成了网络攻击事件层出不穷，严重危害到正常的社会活动。网络攻击技术和网络防御技术是一对“矛”和“盾”的关系，虽然网络攻击技术越来越复杂，而且常常超前于网络防御技术，但是，经过了几年的发展之后，目前也形成了一些有效的防御手段。

网络防御技术可以划分为五大类：加密技术、访问控制、检测技术、监控技术、审计技术。综合运用这些技术，可以有效地抵御网络攻击。网络安全产品就是基于这些技术实现的，并且经过几年的发展，已经形成了一定规模的体系结构。图6-3为网络防御技术体系结构。

## 五、网络攻防体系

综上所述，网络攻击与防御技术/产品可以构成二维的网络攻防体系，如表6-3所示。其中“▲”表示防御有效。

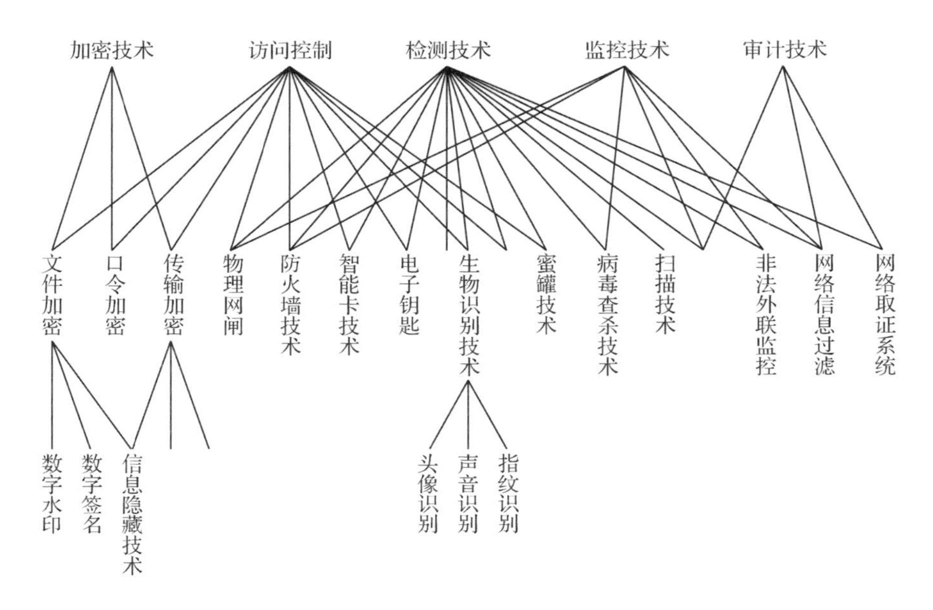


图 6-3 网络防御体系结构

表 6-3 网络攻防体系

| 对抗性 攻击 防御 | 扫描 | | 漏洞攻击 | 密码猜解 | 病毒/后门 | 嗅探/监听 | 欺骗 |
|---|---|---|---|---|---|---|---|
| | 端口扫描 | 漏洞扫描 | | | | | |
| 物理网闸 | | | ▲ | ▲ | ▲ | | ▲ |
| 防毒网关 | | | | | ▲ | | ▲ |
| 抗攻击网关 | | | ▲ | | ▲ | | ▲ |
| 防火墙/防毒墙 | ▲ | ▲ | ▲ | | ▲ | | |
| IDS/IPS | ▲ | ▲ | ▲ | ▲ | ▲ | | |
| VPN/VLAN | | | | ▲ | ▲ | ▲ | ▲ |
| 电子钥匙 | | | | ▲ | | | ▲ |
| 生物识别 | | | | ▲ | | | ▲ |
| 智能卡 | | | | ▲ | | | ▲ |
| 信息隐藏 | | | | ▲ | | ▲ | |
| Honeypot | | | | | | | ▲ |
| 病毒查杀 | | | | | ▲ | | |
| 脆弱性扫描 | ▲ | ▲ | ▲ | ▲ | | | |

（续）

| 对抗性 攻击 / 防御 | 扫描 | | 漏洞攻击 | 密码猜解 | 病毒/后门 | 嗅探/监听 | 欺骗 |
|---|---|---|---|---|---|---|---|
| | 端口扫描 | 漏洞扫描 | | | | | |
| 监控 | | | ▲ | | ▲ | | |
| 审计 | | | | ▲ | | | |

信息安全是一项复杂的系统工程，涉及管理和技术等方方面面，特别是攻击技术不断发展，给信息防护工作带来严峻的挑战，必须从信息攻防对抗体系的角度来考虑信息安全的综合防御问题。

# 参考文献


360 互联网安全中心 . 2016 年第三季度中国互联网安全报告，2016.

范渊 . 智慧城市与信息安全(第 2 版)[M]. 北京：电子工业出版社，2016.

龚静 . 2005. 浅谈网络安全与信息加密技术[J]. 华南金融电脑，2005，13(6)：48－51.

郭启全 . 信息安全等级保护政策培训教程[M]. 北京：电子工业出版社，2016.

贾铁军 . 网络安全实用技术[M]. 北京：清华大学出版社，2011.

贾铁军 . 网络安全技术及应用(第 2 版)[M]. 北京：机械工业出版社，2014.

贾铁军 . 2014. 网络安全技术与实践[M]. 北京：高等教育出版社，2014.

寇晓蕤，王清贤 . 网络安全协议：原理、结构与应用[M]. 北京：高等教育出版社，2016.

黎纲榭 . 2016. 中国网络安全产业现状剖析与对策建议从产业之“火”到应对之“策”[J]. 信息安全与通信保密，2016(4)：22－31.

李力，王虹 . 国内外网络安全问题现状及相关建议[J]. 医疗卫生备，2009，30(05)：108－109.

李世东 . 把握互联网时代，拓展互联网思维[EB/OL] . 中国林业网 www. forestry. gov. cn，2015 年 1 月 20 日 .

李世东 . 论第六次信息革命[J] . 中国新通信，2014 (14).

李世东 . 融合与创新[EB/OL] . 中国林业网 www. forestry. gov. cn，2012 年 8 月 3 日 .

李世东 . 中国林业信息化顶层设计[M] . 北京：中国林业出版社，2012.

李世东 . 中国林业信息化发展战略[M] . 北京：中国林业出版社，2012.

李世东 . 中国林业信息化建设成果[M] . 北京：中国林业出版社，2012.

李世东 . 中国林业信息化决策部署[M] . 北京：中国林业出版社，2012.

李世东 . 中国林业信息化示范案例[M] . 北京：中国林业出版社，2012.

李世东 . 中国林业信息化政策制度[M] . 北京：中国林业出版社，2012.

李世东 . 中国林业信息化标准规范[M] . 北京：中国林业出版社，2014.

李世东 . 中国林业信息化绩效评估[M] . 北京：中国林业出版社，2014.

李世东 . 中国林业信息化示范建设[M] . 北京：中国林业出版社，2014.

李世东 . 中国林业信息化政策解读[M] . 北京：中国林业出版社，2014.

李世东 . 中国林业信息化政策研究[M] . 北京：中国林业出版社，2014.

梁亚声，汪永益，刘京菊，汪生 . 计算机网络安全教程(第 2 版)[M]. 北京：机械工业出版社，2014.

刘建伟，毛剑，胡荣磊 . 网络安全概论[M]. 北京：电子工业出版社，2009.

邵波，王其和 . 计算机网络安全技术及应用[M]. 北京：电子工业出版社，2005.

石志国，薛为民，江俐．计算机网络安全教程(第 2 版)[M]．北京：清华大学出版社，2012.

刘威．当前网络安全形势与展望[EB/OL]．新华网 http：//www. xinhuanet. com/，2014 年 11 月．

新华网．国外网络安全立法对我国的启示[EB/OL]．新华网 http：//www. xinhuanet. com，2015 年 7 月．

中国互联网络信息中心．第 39 次中国互联网络发展状况统计报告[EB/OL]，中国互联网信息中心 http：//www. cnnic. net. cn，2017.

国家林业局办公室．中国林业网管理办法[EB/OL]．中国林业网 http：//www. forestry. gov. cn，2010 年 7 月．

国家林业局办公室．国家林业局办公网管理办法[EB/OL]．中国林业网 http：//www. forestry. gov. cn，2010 年 7 月．

国家林业局办公室．国家林业局专网管理办法[EB/OL]．中国林业网 http：//www. forestry. gov. cn，2010 年 7 月．

国家林业局办公室．国家林业局网络信息安全应急处置预案[EB/OL]．中国林业网 http：//www. forestry. gov. cn，2010 年 7 月．

中央网络安全与信息化领导小组办公室．即时通信工具公众信息服务发展管理暂行规定．中国网信网 http：//www. cac. gov. cn，2014 年 8 月．

中央网络安全与信息化领导小组办公室．互联网用户账号名称管理规定．中国网信网 http：//www. cac. gov. cn，2015 年 2 月．

中央网络安全与信息化领导小组办公室．移动互联网应用程序信息服务管理规定．中国网信网 http：//www. cac. gov. cn，2016 年 6 月．

《中国林业信息化发展报告》编纂委员会．2010 中国林业信息化发展报告[M]．北京：中国林业出版社，2010.

《中国林业信息化发展报告》编纂委员会．2011 中国林业信息化发展报告[M]．北京：中国林业出版社，2011.

《中国林业信息化发展报告》编纂委员会．2012 中国林业信息化发展报告[M]．北京：中国林业出版社，2012.

《中国林业信息化发展报告》编纂委员会．2013 中国林业信息化发展报告[M]．北京：中国林业出版社，2013.

《中国林业信息化发展报告》编纂委员会．2014 中国林业信息化发展报告[M]．北京：中国林业出版社，2014.

《中国林业信息化发展报告》编纂委员会．2015 中国林业信息化发展报告[M]．北京：中国林业出版社，2015.

《中国林业信息化发展报告》编纂委员会．2016 中国林业信息化发展报告[M]．北京：中国林业出版社，2016.